瀬戸内法50年

―未来への提言―

環瀬戸内海会議

はじめに

　瀬戸内海という特定海域の環境保全と漁業資源の維持・回復等をめざし、1973年に臨時措置法としてスタートした瀬戸内海環境保全特別措置法（以下、瀬戸内法）という法律がある。同法第3条は「瀬戸内海が、わが国のみならず世界においても比類のない美しさを誇る景勝地として、また国民にとって貴重な漁業資源の宝庫として、その恵沢を国民がひとしく享受し、後代の国民に継承すべきものである」とうたう。1960年代後半、浅瀬や干潟を埋めて広大な臨海コンビナートを作り、人口が都市に集中し、汚染水を垂れ流し続けたことへの反省から水質規制を打ち出した。有機物、窒素、リンの負荷量を削減することで、赤潮は減り、海はきれいになったと言われる。2023年、同法の施行から半世紀がたった。

　しかし、実際のところ半世紀に及ぶ時間の中で海がどうなってきたのかは定かではない。生物多様性や生態系の観点からは豊かさが失われ、人々の海への関心は低くなっている。半世紀に及んで瀬戸内海がどう変わり、現在どうなっているのかについて全体像は浮かんでこない。

　そこで、環瀬戸内海会議は、瀬戸内法制定から半世紀の2023年を瀬戸内海の環境保全について生物多様性や生態系をキーワードに包括的に振りかえり、近未来へ向けどうするのかを考える年にすべく、2022年10月、「瀬戸内法50年プロジェクト」を立ち上げた。それから丸1年間、「漁民に学ぶ」べく全漁協を対象にしたアンケート調査、その上での聞き取り調査、瀬戸内法に基づく環境行政を批判的に検証し、それを実施する自治体へのアンケート調査を行った。調査で得たことをどう活かすのかを考える2回のシンポジウム（豊島、神戸）を開き、最後に「未来への提言」をまとめ、2023年12月、環境省、農林水産省、国土交通省の3省に提出した。本書は、これら一連の取り組みを1冊にまとめたものである。生物多様性の低下が国際的に大きな課題になっている今、瀬戸内海を例に進行中の事態をとりまとめることで、「その恵沢を後代に継承」する一つの材料になればと念じている。

環瀬戸内海会議共同代表　阿部悦子

湯浅一郎

目 次

写真：広島県竹原市忠海から撮影。島々の影が連なる瀬戸内の風景。この海域は最も海砂が採取され海底が壊変した。

序章

日本の環境行政が始まったのは、1970年秋の臨時国会（第64回国会）からである。この時、公害対策基本法の一部改正や水質汚濁防止法など公害関係14法案が審議され、可決・成立し、公害国会と言われた。翌年7月、環境庁が発足する。その1年後、播磨灘で大規模なシャットネラ赤潮が発生し、約1,400万尾のハマチが大量斃死した。これを契機に、1973年10月、議員立法として瀬戸内海環境保全臨時措置法（同法は1978年、特別措置法となるが、以下、両者ともに瀬戸内法と呼ぶ）が施行された。日本で初めてCOD（化学的酸素要求量）という有機汚濁に関する指標を用いて海洋汚染に関する総量規制が導入されていった。そして2023年は、それから50年のメモリアルな年であった。
　私たち環瀬戸内海会議は、瀬戸内法制定から半世紀の2023年を、瀬戸内海の環境保全について生物多様性をキーワードに包括的に振り返り生物多様性から瀬戸内海の健全性を検証する年にすべく、2022年10月、「瀬戸内法50年プロジェクト」を立ち上げた。これは石油文明ともいえる20世紀後半から21世紀の前半にかけての半世紀、人類が沿岸の海に対して行ってきた行為が自然をどのように変えてきたのかをフォローしていく作業にもなるはずだとの信念があった。

 # 1.プロジェクトの構成と本書

　プロジェクトは以下の四つの要素で構成され、1年かけて取り組んだ。
　　1. 生物多様性から見る海の変遷
　　2. 瀬戸内法に基づく環境行政（国や自治体）の批判的検討
　　3. 漁協アンケートと聞き取り調査
　　4. 未来へ向けた提言

1.　生物多様性から見る海の変遷
　この項は、プロジェクトの背景として、既存資料の分析から生物多様性や生物生産性の変遷につき整理したもので第1章とした。生物多様性の変遷を議論できる長期にわたるモニタリング調査はほとんどない。これに対し一定の答えを出せる唯一のデータが、環瀬戸内海会議の顧問でもあった故藤岡義隆氏が1960年から始めた呉市における海岸生物調査である。これは、2015年から環瀬戸内海会議が引き継ぎ、できる限り継続することをめざしている。また急激な減少が危惧されてきたスナメリクジラやカブトガニなど希少種の出現状況を既存資

料からフォローし、併せて水産漁獲統計から漁獲量の変遷を分析した。

2.　瀬戸内法に基づく環境行政（国や自治体）の批判的検討

　この項は第2章にまとめた。瀬戸内法による環境行政の変遷を整理し、問題点を検討した。臨時措置法でのCOD負荷量を半減させる特別の措置により1970年代初めの垂れ流し状態は規制され、大阪湾東半分を除けば、水質は徐々に改善された。1980年代からは、流入栄養塩の削減指導が始まり、1980年からリン、1996年から窒素の負荷量が規制されるようになる。その後、2010年頃から栄養塩不足が問題となり、2015年の瀬戸内法改正において海域によっては栄養塩を増やすこともできる栄養塩類管理制度の導入が決まった。初めて生物多様性や生物生産性の確保が理念として盛り込まれたが、それがどのように環境施策に反映されたのかなどを分析する。また沿岸11府県へのアンケート調査の結果（資料1、276頁〜）に関する分析も行なった。

3.　漁協アンケートと聞き取り調査

　この項はプロジェクトの中核である。海を生業とする瀬戸内沿岸に暮らす漁業者が日々経験し感じていることをできる限り集める取り組みで、これを第3章とした。これは漁協アンケートとそれを前提とした漁民からの「聞き取り調査」である。調査の目的は、生物多様性の観点から、水産生物の増減、海岸の状況や海の環境の変化、そしてスナメリクジラやカブトガニなどの希少種の出現状況を明らかにすることである。漁業者は、日々の生活や仕事の中で、海の変化を肌身で感じている。漁獲量は近年大幅に減少している。漁業者の声を聞くことにより、統計資料からだけでは読み取れない海の「リアルな」実態が浮かびあがると考えた。

　まず、瀬戸内海沿岸11府県の326全漁協を対象にアンケート調査を行った。そして、1971年の「瀬戸内海汚染総合調査団」による調査対象となった漁協を含め、アンケートに回答した117漁協の中から66漁協を選び、詳細な聞き取り調査を実施した。このような作業は、政府、自治体、研究者レベルでもほとんど実施されてきていないことから、得られる知見はきわめて有用なものになると考えられる。しかし、これをどう掲載するかについては迷いがあった。生のままでは読み物としての体裁にならないので、書籍には不向きではないかとの懸念があったからである。しかし、議論の結果、聞き取り調査の結果はプロジェクトの中核をなすものであり、すべてそのまま掲載することにこそ意義があるということになった。そこで第3章は生の報告を本書の約4割弱の紙面を割いて掲

載している。瀬戸内海の現在とその変遷につき、海を生業とする漁民がどう認識し、どう訴えているかに関する生の声を多くの人に知ってもらうことを優先させたわけである。漁民の証言、生の叫びをそのまま掲載することで、同時代、更には後世の瀬戸内海沿岸に暮らす住民や自治体職員、研究者などにも、瀬戸内法50年としての2023年という切り口でみた瀬戸内海の状況を共有してもらうことができる。それは、瀬戸内海との関わりにつき、今後へ向けてどう対応していけばいいのかを多くの人と共同で考えていく基盤形成への寄与にもなるだろう。今回、私たちは、瀬戸内海汚染総合調査団の1972年の「報告書」を参考として漁協の聞き取り調査を行ったが、それと同じように、今回のデータが、後日どこかで大きな意味を持ってくる可能性もある。読者の皆さんには、以上のような意図のもとに生の資料がそのまま掲載されていることをご理解いただきたい。

　上記の過程で節目ごとに状況を整理するために2回のシンポジウムを行なった。第1回豊島シンポジウムは、2023年7月2日、廃棄物問題に地域住民が闘った香川県豊島で開催したが、その概要を第4章とした。まず半世紀前、「瀬戸内海汚染総合調査団」の一員として関わった山田國廣京都精華大学名誉教授に「汚染調査団から50年を振り返り、これからの瀬戸内海を考える」と題して基調講演をお願いした。次いで豊島からの報告として廃棄物対策豊島住民会議の石井　亨氏が「豊島事件と瀬戸内海」と題して講演した。本会共同代表湯浅一郎は、「生物多様性の国際取組みを活かそう」との短い講演を行い、パネル討論を行った。
　第2回神戸シンポジウムは、50年前の瀬戸内法の施行日を念頭に2023年10月1日、プロジェクト活動を総括するシンポジウムとし、「未来への提言（案）」を検討する場として位置づけたもので、第5章に掲載した。この日、漁協からのアンケートや聞き取り調査をまとめたA4　165ページの「調査報告書」を刊行し、併せてプロジェクト調査から見えることを「未来への提言（案）」としてまとめ、パネル討論を行った。
　第1部は、基調講演とプロジェクトからの2つの報告である。基調講演は、「水産の立場から瀬戸内海の現在と未来を考える」と題して鷲尾圭司元水産大学校理事長にお願いした。その上で、プロジェクト報告として、「漁協アンケート＆聞き取り調査報告」を本会事務局次長青野篤子が、「沿岸自治体アンケート調査報告」を副代表末田一秀が、それぞれ報告した。そののち、第2部とし

て、パネル討論「未来への提言」を実施した。パネラーは西井弥生、安藤眞一、
鷲尾圭司、そして湯浅一郎である。

4.　未来へ向けた提言

　これらの全体を踏まえて、12月初めプロジェクトとしての「未来への提言」
を取りまとめたのが第6章である。漁協聞き取りや自治体アンケート結果などか
ら、「1. 調査から見えてきたこと」を整理し、「2. 未来に向けてなすべきこと」
を取り出し、そこからおのずと出てくる「3. 国、地方自治体への要望」事項を
とりまとめた。2023年12月初め、「未来への提言」をとりまとめ、12月12日、
衆議院第1議員会館において環境省、農林水産省、及び国土交通省に関連資料一
式を提出し、住民とともに協力して、少しでも生物多様性や生物生産性に富ん
だ海と地域を残す努力をしようと訴えた。交渉での3省の文書回答を資料2（299
頁〜）に掲載した。

　本書は、瀬戸内法から50年の2023年をとおした1年間の活動とそこから生まれ
た成果を一つにしたものである。前述のとおり漁民の証言を生のまま掲載した
ため全体として読み物と資料が混在しており、一般の書物とはかなり異なる構
成となっている。それでもプロジェクトの目標とした「未来への提言」とその
基礎となった117漁協のアンケート調査と66漁協の聞き取り調査結果、さらに沿
岸11府県の自治体アンケート調査結果がひとまとめになっている書籍は過去に
例がないと考えられる。次の時代のありようを構想する際の重要な素材になれ
ば望外の喜びである。

2.「生物多様性国家戦略」に照らして　　瀬戸内海の環境施策を検証する

　本序章の最後に、プロジェクトの推進に当たって常に意識すべきこととして、
2023年は、生物多様性の保持、回復にとって新たな世界目標に基づく意欲的な
活動が始まった年であることに触れておかねばならない。

　2023年3月31日、政府は、生物多様性基本法第11条に基づき「生物多様性国家
戦略2023-2030-ネイチャーポジテイブ実現に向けたロードマップ」（以下、
「新戦略」）を閣議決定した。新戦略は「今までどおり（as usual）から脱却」
し、「社会、経済、政治、技術など横断的な社会変革」を目指すという基本理
念を掲げている。その具体化のために2030年までに「陸と海の30％以上を保護

区にする（30by30）」など25の行動目標が盛り込まれた。その第2部 行動計画の「第1章　生態系の健全性の回復」には6項目の行動目標がある。

・　行動目標1-1「陸域及び海域の30％以上を保護地域及びOECMにより保全するとともに、それら地域の管理の有効性を強化する」。ここでOECMとは、環境省の訳では「保護地域以外で生物多様性保全に関する地域」とされる。

・　行動目標1-2「土地利用及び海域利用による生物多様性への負荷を軽減することで生態系の劣化を防ぐとともに、既に劣化した生態系の30％以上の再生を進め、生態系ネットワーク形成に資する施策を実施する」。

　両者ともに「30％以上」となっている箇所は、原案では「30％」であったが、環瀬戸内海会議のパブコメでの意見が取り入れられた結果、「以上」が入ったものである。

　この背景にあるのは、2022年12月19日、モントリオール（カナダ）で開催された生物多様性条約第15回締約国会議（以下COP15）が、2030年までに生物多様性の劣化を反転させることを目的として採択した「昆明（クンミン）・モントリオール世界生物多様性枠組み」という新たな国際合意である。枠組みは4つのゴールと23のターゲット目標で構成されるが、「今までどおりから脱却し」、「社会、経済、政治、技術を横断する社会変革をめざす」という理念を掲げて強い意欲を示している。特に「1. 生物多様性の脅威を減らす」に関わって以下が重要である。

・　目標3：「陸と海の少なくとも(at least)30％を保護地域、及びOECMにより保全する(30by30)」。

・　目標2：「劣化した生態系の少なくとも30％を陸と海で効果的に回復させる。」

　このように生物多様性国家戦略には、1993年に発効した生物多様性条約が基礎にあるのである。しかし条約発効から30年間の国際的努力にもかかわらず成果らしいものは全く見えてこない。私たちが、2023年に「瀬戸内法50年プロジェクト」を進めている年に、生物多様性の保持、回復のための新たな国際合意に基づく生物多様性国家戦略が策定されたというタイミングを活かす視点を念頭に置いていきたい。

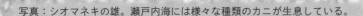

第1章　生物多様性、水産生物の変遷

　プロジェクトを始めるにあたり、その背景として既存資料を分析することによって生物多様性や生物生産性の変遷につき見えることを、第1章とする。生物多様性の変遷を長期にわたり鳥瞰できるモニタリングデータはほとんどないなかで、一定の答えを出せる唯一のデータとして、環瀬戸内海会議の顧問でもあった故藤岡義隆氏が1960年から始めた呉市における海岸生物調査の結果を紹介する。その一部は、2015年から環瀬戸内海会議が引き継いでいる。また急激な減少が危惧されてきたスナメリクジラやカブトガニなど希少種の出現状況をフォローした。併せて生態系の重要な一部を構成する水産漁獲統計から漁獲量の変遷を分析した。

写真：シオマネキの雄。瀬戸内海には様々な種類のカニが生息している。

1973年の瀬戸内法施行から半世紀がたつ。しかし瀬戸内法が施行されてから今日までに瀬戸内海の生態系や生物多様性はどう変遷してきたのか、また瀬戸内法は生態系や生物多様性の回復や維持にどの程度有効だったのかは、明確ではない。COD、窒素、リンなどの水質に関しては一定のデータがあるが、生物相の長期的な変化を追跡できるデータは皆無に近い。

　そこで、いくつかの観点から生物多様性の変遷を具体的にフォローしてみた。長期にわたるデータとして、1960年に呉の海岸で始めた故藤岡義隆氏の海岸生物調査結果はますます重要性を高めている。そこで、この機に呉の3地点につき藤岡の調査結果と現在も環瀬戸内海会議が行っている調査結果をつなぎ合わせ、1960年から現在までの経過を俯瞰した資料を作成した。瀬戸内海はアジアのカブトガニ分布の東限で、どこでも普通にいたが、大幅に減少してきた。干潟の消滅が最大の原因で、産卵や幼生の生育の場をつぶしたことで生きる場が失われてしまったのであろう。スナメリクジラは、海砂採取、環境ホルモンの影響などが懸念されてきたが、セスナ機からの目視による全域調査や海運業者のアンケート調査から周防灘に多くの目撃があることがわかっていた。その他の海域でも孤立化したとはいえ生息地が点在していることがうかがえる。最後に、生物多様性の一部を構成する水産生物の漁獲統計から見えることをまとめた。これらにより、「瀬戸内法50年プロジェクト」の前提となる認識を共有しておくことができると考えられる。

1. 減少著しい海岸生物の種数

　『瀬戸内海の生物相』については、稲葉が1983年(注1)、1988年(注2)に集大成している。それによると、瀬戸内海では動物3,188種、植物1,085種など合計4,322種が認められるという。動物は、軟体動物1,065種、節足動物731種、棘皮動物82種などから構成される。実に多くの種が生息している。しかし、私たちは、海洋生物の分類学を進めているわけではなく、瀬戸内海の生物相の変遷と現状を議論することが目的なので、ここでは市民が分類できる程度の範囲で考えたい。

　そんな中で元中学校教員の故藤岡義隆氏の海岸生物に関する観察結果は注目に値する。

　藤岡(2000年/注3)は、1960年以来、中学生とともに毎年夏に呉市周辺の定

点で海辺に見られる浅海動物の
観察を行なってきた。呉市周辺
の6ケ所（天応、狩留賀、黒瀬川
河口、長浜・小坪、戸浜、鹿
島）の観察地点（図1-1）で、
毎年夏（7〜9月）の大潮に、海岸
線約200m〜500mにわたって、海
岸から水深10〜15mまでの海底に
見られる生物を調べてきた。対
象生物は、初年度に同定できた
計97種で、棘皮動物46種［ナマ
コ類、ウニ類（ウニ、カシパ
ン）、ヒトデ類、ウミシダ］、
節足動物41種［完胸類（フジツ
ボ、カメノテ）、長尾類（テッ
ポウエビ、シャコ）、カニ類
（ヘイケガニ、コブシガニな
ど）］、原索動物5種（ホヤ
類）、海綿動物5種である。

①天応
②狩留賀
③黒瀬川河口
④長浜・小坪
⑤戸浜
⑥鹿島

図1-1　呉周辺の浅海動物の調査地点（藤岡）

　図1-2は各地点ごとの総種数の経年変化であるが、一目して種数が著しく減
少していることがわかる。1960年代の初期には、長浜、戸浜、鹿島など沖合に
面して、藻場が豊かな岩礁海岸では80〜90種類と多い。呉湾（天応、狩留賀）
と工場地帯や宅地に隣接した黒瀬川河口では60種ほどでやや少ない。

　種数の減少が最も早く起こるのは、広湾に面した黒瀬川河口と長浜で、1965
年に急激な減少が起こり、特に黒瀬川河口では1年に34種も減っている。これ
に対し呉湾側では減少は緩やかで、この時点では戸浜・鹿島での変化は見られ
ない。1970年代の前半になると急激な減少が共通して起こるが、1974〜1976年
にかけては種類数の回復が見られる。この時期、アラメ、ホンダワラなどの藻
場が回復し、それに伴って種が回復したものと見られる。しかし1976年から
1990年頃までは緩やかな形での減少が再び起こっている。

　注目すべきは戸浜、鹿島での変遷である。両者は近くに工場地帯や都市はな
く、自然海岸が維持され、当初は対照地点として選ばれ、実際1970年以前は安
定した種数が維持されていた。藤岡は、調査を始めた頃の戸浜では、「呉市沿

岸に生息する棘皮動物のほとんどが、ここで発見できた。ウミシダ類の幼体はいくらでも採取できたし、ブンブク類を潜水しないで採取できるのは戸浜だけであった」と回顧している。それが1970年を境に、戸浜では急激に、鹿島でも緩やかに減少が始まった。1960年から1992年までに戸浜で82種から25種へ、鹿島でも89種から32種へと減少している。両者とも周辺の流れは速く、水質の変化は少ない。戸浜、鹿島における種の減少は、瀬戸内海全域で同様の現象が起きていた可能性を示唆している。

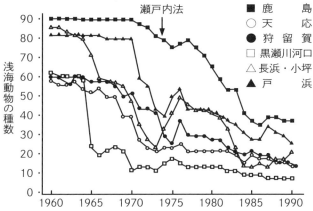

図1-2　呉周辺の海岸における浅海動物の総種数の変遷（藤岡、1990）

　表1-1は呉の6地点における浅海動物の生息状況の記録を、1960年と1990年で比較したものである。1960年は、種数も多いし、個体数も多く表中の●が詰まっているが、1990年になると、空白だらけになっていることが一目瞭然である。30年間の間に、多くの種が、呉の海岸から姿を消していったことがうかがい知れる。

　藤岡によれば、ヒトデやウニなどで姿を消していく際には順番があることが示されている。瀬戸内海で見られるヒトデ類は、マヒトデ、イトマキヒトデ、オオシマヒメヒトデ、ヌノメイトマキヒトデ、モミジガイ、トゲモミジガイ、ヤツデヒトデ、ヒメヒトデ、アカヒトデなどである。ヒトデ形亜門のもう1つの仲間がクモヒトデ類である。瀬戸内海でよく見られるものは、トゲクモヒトデ、ニホンクモヒトデ、トウメクモヒトデ、アカクモヒトデ、チビクモヒトデ、アオスジクモヒトデ、ウデナガクモヒトデなどがある。岩礁海岸の潮間帯下部で、転石を裏返えすと、バフンウニなどと並んでしばしば見かけるのがクモヒトデ類である。

表1-1　呉周辺における浅海動物の種類と個体数の1960年と1990年の比較表

1960年度

門	綱	目	種	天応	狩留賀	黒瀬川	長浜・小坪	戸浜	鹿島
	ナマコ綱		テツイロナマコ	●					●
			トラフナマコ	●			●	●	
			マナマコ	●●●	●●●	●●	●●●	●●●	●●●
			フジマナマコ	●●●	●●●	●●	●●●	●●	●●●
			ニセクロナマコ	●●●	●●		●●	●	●●
			バイカナマコ	●	●				
キョク皮動物門	海胆綱	不正形目	オカメブンブク			●●●		●●	
			ヒラタブンブク			●●		●●	
			ブンブクチャガマ			●		●	
			スカシカシパン			●		●	
			ハスノハカシパン	●	●				
			ミナベリハスノハカシパン			●			
			ヨツアナカシパン	●●	●●			●●	●●
			フジヤマカシパン	●●				●●	
			タコノマクラ	●					●
		正形目	ムラサキウニ	●●●	●●●			●●●	●●●
			アカウニ	●●	●●			●●	●●
			ヒメウニ	●	●				●
			サンショウウニ	●●	●●				●
			バフンウニ	●●●●	●●		●●●	●●●	●●●
	蛇尾綱	蛇尾目	クモヒトデ				●●	●●	●●
			トウメクモヒトデ	●●●	●●				
			ウデナガクモヒトデ						
			トゲクモヒトデ	●●●	●●		●●●	●●●	●●●
			アカクモヒトデ				●	●	●
			チビクモヒトデ					●	
			アオスジクモヒトデ						
			トゲクモヒトデsp		●				
			オキノテズルモズル						
	海星綱		ヒトデ	●●●	●●		●		
			ヤツデヒトデ	●●	●●				●●
			オオシマメヒトデ	●●	●				●
			ヒメヒトデ	●					●
			イトマキヒトデ	●●●●	●●			●	●●●
			ヌノメイトマキヒトデ	●●	●			●	●●
			トゲイトマキヒトデ	●●	●				●
			アカヒトデ	●					●
			スナヒトデ	●					●
			ヤツデスナヒトデ						●
			モジガイ	●●	●●				●
			トゲモジガイ	●●	●				●
			ニセモジガイsp	●●					
	海西合綱	ウミシダ目	ニッポンウミシダ					●●	●●
			オオウミシダ					●	●
			アヤウミシダ						●
			トラフウミシダ						●
		完胸目	カメノテ			●			
			イワフジツボ	●●●●	●●●●	●●●	●●●●	●●●●	●●●●
			アカフジツボ	●●	●●			●●	●●
節足動物		十脚目	テッポウエビ	●	●●				●●
			オニテッポウエビ	●					●
			テナガテッポウエビ						●
			フトミゾテッポウエビ	●●	●●				
			アナシャコ			●●●●		●●●	
			ニホンスナモグリ			●●●●		●●●	
		口脚目	シャコ			●●		●	
			ハナシャコ			●●		●	
			トゲシャコ			●			●
			ヘイケガニ			●			●
			キメンガニ	●●●	●●				●
			ジュイチゲコブシガニ			●●		●	
			ナナトゲコブシガニ			●●		●	
			テナガコブシガニ			●●		●	
			ヨツメコブシガニ			●●		●	
			キンセンガニ			●			●
	甲殻綱		ソバガラガニ			●	●●●	●	●
			マメブツガニ			●			●
			クモガニ			●			●
			アケウス			●			●
			ワタクズダマシ			●	●●●	●●●	●
			イソクズガニ			●			●
		十脚目短尾類	ヒシガニ	●●	●●			●	●
			イチョウガニ			●			●
			ガザミ			●		●	●
			ジャノメガザミ	●		●			●
			ガザミsp	●					●
			イシガニ	●		●			●
			オウギガニ	●●		●●	●●●●	●●●	●●●
			ヒメオウギガニ	●					●
			サメハダオウギガニ	●					●
			イラカオウギガニ	●					●
			スナガニ	●		●●●			
			ヤマトオサガニ			●●●●			
			イワガニ	●●●	●●		●	●	●
			イソガニ	●●●	●●	●●●	●	●	●
			ヒライソガニ	●●	●	●			●
			ハクセンシオマネキ			●			
原索動物	尾索綱	海鞘目	シロボヤ	●●●	●●●●	●	●		●
			エボヤ	●●●	●●●	●	●	●	●●
			ベニボヤ	●	●				●
			マボヤ	●●	●				●
			ユウレイボヤ						
海綿動物	尋常海綿綱		ナミイリカイメン	●●●	●●				●
			ダイダイイソカイメン	●●	●				
			クロイゲカイメン	●●	●				●
			ムラサキカイメン	●●	●				●
			アバタカイメン	●					

1990年度

門	綱	目	種	天応	狩留賀	黒瀬川	長浜・小坪	戸浜	鹿島
	ナマコ綱		テツイロナマコ						
			トラフナマコ						
			マナマコ	●	●		●	●	●
			フジマナマコ	●	●			●	●
			ニセクロナマコ						
			バイカナマコ						
キョク皮動物門	海胆綱	不正形目	オカメブンブク						
			ヒラタブンブク						
			ブンブクチャガマ						
			スカシカシパン						
			ハスノハカシパン						
			ミナベリハスノハカシパン						
			ヨツアナカシパン						
			フジヤマカシパン						
			タコノマクラ						
		正形目	ムラサキウニ	●				●	●●
			アカウニ	●					●
			ヒメウニ						
			サンショウウニ						●
			バフンウニ	●	●		●●●	●	●●●
	蛇尾綱	蛇尾目	クモヒトデ				●		●●
			トウメクモヒトデ						
			ウデナガクモヒトデ						
			トゲクモヒトデ	●					●●●
			アカクモヒトデ						
			チビクモヒトデ						
			アオスジクモヒトデ						
			トゲクモヒトデsp					●	●
			オキノテズルモズル						
	海星綱		ヒトデ	●	●				
			ヤツデヒトデ						
			オオシマメヒトデ						
			ヒメヒトデ						
			イトマキヒトデ		●				
			ヌノメイトマキヒトデ		●				
			トゲイトマキヒトデ						
			アカヒトデ						
			スナヒトデ						
			ヤツデスナヒトデ						
			モジガイ						
			トゲモジガイ						
			ニセモジガイsp						
	海西合綱	ウミシダ目	ニッポンウミシダ						
			オオウミシダ						
			アヤウミシダ						
			トラフウミシダ						
		完胸目	カメノテ				●		●●
			イワフジツボ	●●●	●●	●●	●●	●●●	●●●●
			アカフジツボ						●
節足動物		十脚目	テッポウエビ						●
			オニテッポウエビ						
			テナガテッポウエビ						
			フトミゾテッポウエビ						
			アナシャコ		●				
			ニホンスナモグリ		●●				
		口脚目	シャコ						
			ハナシャコ						
			トゲシャコ						
			ヘイケガニ						
			キメンガニ						
			ジュイチゲコブシガニ						
			ナナトゲコブシガニ						
			テナガコブシガニ						
			ヨツメコブシガニ						
			キンセンガニ						
	甲殻綱		ソバガラガニ						
			マメブツガニ						
			クモガニ						
			アケウス						
			ワタクズダマシ						●
			イソクズガニ						
		十脚目短尾類	ヒシガニ						
			イチョウガニ						
			ガザミ						
			ジャノメガザミ						
			ガザミsp						
			イシガニ	●					●
			オウギガニ					●●	●
			ヒメオウギガニ						
			サメハダオウギガニ						
			イラカオウギガニ						●
			スナガニ			●			
			ヤマトオサガニ			●●●			
			イワガニ	●	●				●
			イソガニ	●●●		●●●	●	●	●
			ヒライソガニ						●
			ハクセンシオマネキ						
原索動物	尾索綱	海鞘目	シロボヤ	●	●			●	●
			エボヤ	●●	●			●	●
			ベニボヤ						
			マボヤ	●	●				●
			ユウレイボヤ						
海綿動物	尋常海綿綱		ナミイリカイメン	●●	●●●			●●	●●●
			ダイダイイソカイメン	●			●	●	●
			クロイゲカイメン				●	●	●
			ムラサキカイメン	●				●	●
			アバタカイメン					●	●

● 10個体以下　●● 10～15　■■ 50～100　●●● 100～500

1960年当時、呉周辺の海岸では、どの地点においても、瀬戸内海の典型例として示した16〜20種ほどのヒトデ類、クモヒトデ類がいたが、大別して次の順で減少している。

① もっとも初期の1960年代に消滅：アカヒトデ、ウデナガクモヒトデ、チビクモヒトデ、アオスジクモヒトデ

② 1970年代に消滅：トゲイトマキヒトデ、スナヒトデ、ヤツデスナヒトデ、ヤツデヒトデ、ニホンクモヒトデ

③ 1980年代に減少・消滅：オオシマヒメヒトデ、ヌノメイトマキヒトデ、トゲモミジガイ、トウメクモヒトデ、アカクモヒトデ

④ 現在も生存：マヒトデ、イトマキヒトデ、トゲクモヒトデ

　現在は、④だけしか存在していない地点も相当数ある。他方では川尻町岩戸や竹原市吉名のように、①のグループが現存している海域も、少ないとはいえ存在している。1995年、湯浅は、川尻町岩戸の渚線付近でアカヒトデを発見し、「懐かしのアカヒトデ発見」として新聞の地域版に大きく報道された。その後、同地点では毎年アカヒトデを確認していた。

　次にカニ類であるが、藤岡により1960年に確認されたものは、呉周辺では長浜が最も多く28種にのぼる。主なものは、ヘイケガニ、キメンガニ、トゲコブシガニ、キンセンガニ、クモガニ、ヒシガニ、ガザミ、イシガニ、オウギガニ、スナガニ、ヤマトオサガニ、イワガニ、イソガニ、ヒライソガニなどである。ヘイケガニ、キメンガニは、ともに砂泥底に生息し、甲面にこぶ状の突起が散在し、それぞれ人面、鬼面の模様が見られることで知られ、呉市の吉浦という地域ではキメンガニがお祭りのシンボルとなっており、地域でポピュラーな生物であったことがうかがえる。

　ヒシガニ、キンセンガニ、テナガコブシガニ、スナガニなどは、砂底におり、イシガニ、オウギガニ、イワガニ、イソガニ、ヒライソガニは、岩礁の潮間帯・転石域に生息している。そしてヤマトオサガニ、ガザミは干潟と、それぞれ異なった環境に棲み分けている。

　カニ類に関する種数の経年的な変化を見ると、黒瀬川河口や長浜では1960年には22〜28種いたが、1970年代の初めには20種近くが消滅し、1976年に一旦かなり回復するが、その後再び減少し、1980年代の後半には1960年比で20％程度にまで減少してしまった。当初、対照地点として選んだ戸浜、鹿島では、1970年までは、ほぼ変化しないが、1970年代前半から減少し始め、1980年代の後半には1960年比で40％〜45％になっている。その後もゆるやかに減って1990年に

は30%前後になっている。これらを総合すると、エビ、カニ類の変遷は大別して次のような順で起こっており、これは、ウニ、ヒトデなどで見たのと同様に、環境の変化に対する生物の耐久性、海洋汚染に対する強さの類型化と見ることができる。

① もっとも初期の1960年代に消滅：ヒシガニ
② やや弱いグループ（1970年代に消滅）：ヘイケガニ、キメンガニ、ジュウイチトゲコブシガニ、キンセンガニ、イチョウガニ
③ 1980年代に減少・消滅：クモガニ、ワタクズダマシ、ガザミ、イシガニ、ヒメオウギガニ、テッポウエビ、シャコ
④ 現在も多くの地点で生存：イワガニ、オウギガニ、イソガニ、ヒライソガニ

　現在も、多くの自然海岸では④だけしか存在しない。他方では川尻町岩戸や竹原市吉名のように、①、②のグループが現存している海域も、少ないとはいえ存在している。

　藤岡は、2001年まで調査を続けたが、体調悪化によりその後の調査は残っておらず、2010年に死去した。長期にわたる調査を引き継ぐべく、環瀬戸内海会議の有志が、2012年から同一地点での調査を再開した。3年ほどの予備調査を経て、2015年よりほぼ同じ方法による調査ができるようになったと判断し、瀬戸内法50年プロジェクトを契機に、その後のデータを追加して作成したのが図1-3である。藤岡の調査には、1990年代半ばから当会の湯浅が藤岡と共に調査を行っていた関係で、それが実現できたと考えている。

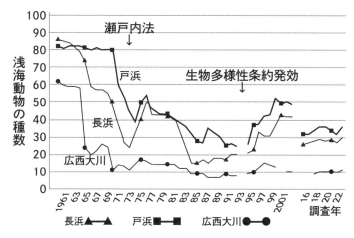

図1-3　環瀬戸内海会議の調査を追加した呉における浅海動物の種数の変遷

図1-3には1990年代半ばからの種の回復傾向があるが、この時には、どの地点も1980年代初めのレベルにまで種数が回復していた。例えば長浜では、2002年には42種となり、1990年の22種と比べて倍増し、1982年当時の種数に相当している。回復種の代表的なものとしては、カメノテ、ヤツデヒトデ、ニホンクモヒトデ、アカウニ、サンショウウニ、テッポウエビ、シャコなどがある。この全体的な回復傾向の実態が何を意味するのかが問題であったが、その後また種数がやや減少気味になり、一つの傾向が見えるわけではない。

2. 絶滅危惧も一定量保持のカブトガニ

　「生きた化石」として知られるカブトガニは節足動物の剣尾綱で、カニというよりはクモ網に近い仲間である。2億年ほど前の中生代ジュラ紀の化石とほぼ同じ形態を保って今を生きている（注4）。化石から推定されている祖先は、約5億年さかのぼる古生代カンブリア紀の三葉虫である。孵化したばかりのカブトガニの幼生は、三葉虫型幼生と呼ばれている。世界的には、アメリカ東海岸と東南アジアから日本にかけて分布する。日本では瀬戸内海のほぼ全域と九州北部が分布域とされ、少なくとも1960年頃まではごく普通に生息していた。

　波あたりの少ない穏やかな浅い内湾に生息する。大小に関わらず淡水の存在が必要で、内湾は河川がなくても海岸の砂地から湧水が出現している場合も多い。水温が18℃以上となる5月から10月頃にかけて活動し、冬場は深みで休んでいると言われる。

　雌雄で仲が良く、多くの場合、番（つがい）で行動する。夏の大潮の時、上げ潮に乗って海岸付近に番でやってきてやや粗めの砂場に産卵する。卵は50日前後で孵化し、半年から1年に一回のペースで脱皮をくり返し、約10年で成体になると言われている。孵化した直後から6令くらいまでの幼生は、産卵した砂場よりやや沖合の泥場で生活する。

　幼生が干潟にいるのは、夏の強い日差しから身を守る、餌となるゴカイやアサリを捕りやすい、水鳥などの外敵から身を守り易いなどの理由が考えられる。ちなみに天敵としては、サギ、カモメといった海鳥、ウナギなどの魚類があげられる。

　瀬戸内海の海岸では、広大な河口干潟を除くと、沖に突き出た岩場と陸側に湾曲した砂場が交互に連なっている。また潮汐が卓越していることで、小潮の低潮線付近に砂地から泥に変わる境界線ができており、その境から少し沖に行

くと泥場があるというのが一般的である。この泥場が、カブトガニの幼生が生活する場となる。

さらに成体は藻建ての刺し網によくかかることから沖合のアマモ場にいるのではないかと言われているが、海中での行動についてはあまりデータがない。

このように自然状態で生活史が成立するためには産卵のための砂場、幼生が育つ泥干潟、成体の生活するアマモ場のセットが必要で、瀬戸内海の自然海岸は、どこもそのような条件が整っていた。逆に言えば、この3点セットのどれか一つでもなくなると、そこで生活史は切断されてしまうことになる。

1994年、水産庁はカブトガニを絶滅危惧種に位置づけ、「21世紀の早い段階で絶滅する」と予測しているが、瀬戸内海のカブトガニは、それほど数が減っている。減少の第一の要因は、1960年代に始まり高度経済成長の原動力となった大規模な埋立てや開発行為によって、大きな河川の河口付近にあった広大な干潟や浅場がことごとく埋立てられていったことである。

最も典型的なのは岡山県の笠岡である。広大な干潟には無数のカブトガニがひしめき、生江浜という海岸は1928年に国の天然記念物に指定されている。しかし、今日、笠岡のカブトガニは壊滅に近い。戦後の農業干拓によりほとんどの干潟が干拓され、陸と化してしまった。戦前、天然記念物の指定を受けた生江浜は陸になってから久しい。

図1-4は、笠岡における幼生や卵の確認数の歴史である。干拓地の堤防の完成から5年たつ1980年には幼生が見られなくなり、それから5年を経て今度は産卵も確認されなくなってしまった。笠岡市立カブトガニ博物館が人工孵化した幼生を放流することで、笠岡周辺からのカブトガニの絶滅を防ぐ努力を続けている。いわば点滴によってかろうじて危篤状態を持続させているわけである。

また、開発の波からはずれ、海岸形状としては干潟や自然海岸が残っている地域でも、個体数の減少が著しいと推定される。経年的な推移を調べた例は少ないが、広島県竹原での経過を追ってみる。地元の漁師からは、「1970年代の初頭くらいまでは釣りをしても成体がかかるほど沢山いて、珍しいものではなかった」「昔は港に行けばごろごろ転がっていた。農薬や洗剤の使用が本格化してから急に減ったかな」「ドラム缶に入れてゆでていた。卵はポン酢で食べるとうまかった」などの話が出てくるほど、ごく普通の生物だった。竹原の場合、近くの臼島や阿波島で、1960年代から海砂採取が行われていたことも影響しているかもしれない。更に1994年から始まったゴルフ場計画で、付近

の山が造成され、工事中の赤土や泥水で藻場が衰退し、海岸形状は自然に近い状態を維持しているにもかかわらず、生息数が減少しているものと見られる。

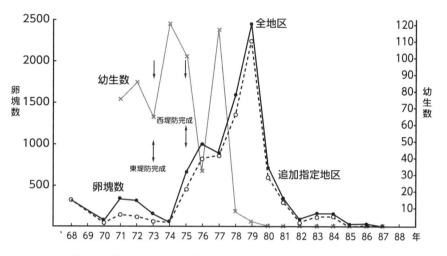

図1-4　笠岡におけるカブトガニの産卵数と幼生数の経年変化
（「日本カブトガニの現況」（注5）を基に湯浅作成）

　瀬戸内海で何らかの形で現在も生息が確認されている地域としては、笠岡市（岡山県）、竹原市、江田島町（広島県）、吉海町（愛媛県大島）、周防灘沿岸の田布施、埴生、下関（山口県）、曽根（福岡県）、中津、杵築（大分県）などがあげられる。このうち、産卵、幼生、成体がそろって確認されているのは、竹原、埴生、下関、杵築で、これらは瀬戸内海の中西部に集中している。瀬戸内海東部でも岡山県の日生から赤穂にかけての海域などに生息の可能性もあるが、明確に確認されている例はない。

　杵築の守江湾では、東大グループと自治体職員の連携でバイオテレメトリーなどの新しい手法を使った詳細な調査が進められている。干潟を生息地とする期間は孵化してから4年後までである。成体になるまでの脱皮回数は約14～15回で、年数は約10年であるなどの成果が出ている。

　吉海町では、しばらく確認されていなかったが、1995年に6番（つがい）が港の干潟に産卵のために来ていた。しかし干潟の200m先でマリーナ用地の埋立てが始まり、産卵の確認が途絶えてしまった。

　竹原では、1993年の聞き取りなどからアマモ場での刺し網に成体がよくかか

ることがわかり、小河川の河口域で産卵が確認された（注6）。その後1998〜2000年、地元の市民グループによって、カキ棚近くの泥場で3令から5令、6令と見られる幼生が毎年10数個体確認されている。これについては、『住民が見た瀬戸内海』所収の清瀬祥三氏の「カブトガニは生きていた」（注7）に詳しい報告が掲載されている。また広島市に近い江田島湾の奥部では、2000年7月、1番（つがい）のカブトガニが交接し、翌日の調査で9カ所に産卵しているのを「海辺の生き物調査団」が確認した。

　山口カブトガニ研究懇話会によると、成体と産卵が確認されているのは田布施町、山口湾、山陽町から下関市などで、山口湾が最も状態がよく、幼生も確認されている。

　カブトガニを守るためには、自然海岸、干潟、藻場という場の保全が最も重要である。逆に、カブトガニが生きられる海を維持または回復することが、生態系の健全性を回復し、人間が持続的に海とつきあっていくことにつながっていると考えるべきであろう。

3. 減少著しいスナメリクジラ

　瀬戸内海の動物界の頂点に位置するものとしてスナメリクジラ（以下スナメリ）がある。スナメリはクジラ・イルカ類の仲間で最小の種類で、体長1.5〜2m位である。体色は薄い灰色で、頭は丸く、背びれがない。世界的にはアラビア海、インド洋から太平洋にかけて広く分布しているが、極めて沿岸性が強い。日本では外房から仙台湾、伊勢・三河湾、瀬戸内海、有明海、大村湾など5カ所に分布し、特に瀬戸内海は回遊が多いことで知られていた。

　先にカブトガニ生息地の一つとして広島県竹原市をあげたが、同海域はスナメリの回遊海面として、またスナメリの生態を利用した伝統的な漁法があることでも知られてきた。特に竹原市高崎の沖に浮かぶ阿波島南端の白鼻岩を中心に半径1,500mの円内は、1930年11月、「スナメリクジラの回遊海面」として天然記念物に地域指定されている。阿波島を対岸にした高崎の道路沿いに建つ記念碑には次のような記述がある。

　「この阿波島近海は、冬から春にかけて多く集まるので有名である。イカナゴなどの小魚類を追うスナメリクジラの泳ぎ方は独特なもので、なかなか壮観である」「この付近には、スナメリ網代と呼ばれる漁法が行われている。これ

は、スナメリに追われたイカナゴの群が海底にもぐってくるのを捕食しようとして集まるタイやスズキを釣るもので、スナメリを利用しためずらしい漁法である」と。

　残念ながら、この漁法は今ではその面影すらない。また1975年ころ呉から松山行きのフェリーに乗れば、大抵、スナメリが船にそって泳いでいるのに遭遇していた。1979年頃、竹原市高崎の海岸で、スナメリの死骸を見たこともある。それが、いつの頃からかほとんど姿を見せなくなって久しい。この体験は、広島周辺の多くの市民に共通していて、その後、過去20数年間に生息数が減少したことを想起させるが、問題は実際どうなのかである。この点に関する定量的なデータは余りないが、粕谷の1999年日本哺乳類学会での報告がある。

　粕谷ら（1999年/注8）は、1999年3〜6月にかけて、渡船からの目視調査と三重大練習船による4回の調査航海を行い、スナメリ出現海域と特定海域12ルート（鳴門海峡、福田から姫路、家島から小豆島にかけての北岸、豊島北岸、香川県の広島から手島、竹原市から大崎上島、蒲刈島北側から呉市仁方、松山市三津浜から中島、怒和島から情島・屋代島、柳井から長島・祝島）での航走1回当たりの発見頭数を求め、1976〜1978年にかけて行なった同様の調査と比較検討している。

　1976年の調査からは、12ルートすべてで多少の差はあれスナメリが確認され、瀬戸内海全域における生息頭数は約5,000頭と推定されている。これに対し1999年調査では、前回、発見数が多かった小豆島周辺、竹原市阿波島周辺、大崎下島北岸などでは、発見ゼロとなっている。スナメリの新たな濃密海域も見いだされていない。すべての特定調査海域において発見頭数が減少し、全く発見されなかったルートが12ルートの内7ルートにのぼっている。1999年の航海一回当たりの発見頭数は、1976年の15%程度にまで低下している。つまり1/7にまで減少した可能性があるという。

　回遊海面として天然記念物に指定されている竹原市阿波島周辺では、少なくとも粕谷の1999年の調査では、全く発見されていない。1999年にも発見されている海域は山口県周辺に集中している。特に柳井から長島、祝島にかけての海域では、1976年当時とほぼ同じレベルで発見されており、20年間にあまり減少していないものと推定される。

　山口県東部海域では粕谷の1999年調査とほぼ同時期に、地元の祝島漁協（1999年/注9）が詳細な調査をしている。同漁協は、1999年5月5日から8月31日までの間、上関か

ら祝島の航路定期船、及び漁協組合員の毎日の操業を通じて、スナメリを発見した場合、日時、場所、頭数を報告するようにし、極めて詳細な記録をとっている。

　調査期間中の確認回数は総計366回。約2/3が朝夕に集中している。67％は1～3頭であるが、10頭以上の群れの目撃が7％ある。例えば「45まで数えたが多数」「子連れ多し、約30」「イワシを追いせめていた、約30」などの記述がある。これらは、生殖活動も含めて、この海域にスナメリが定着していることを示唆している。5月、6月の目撃場所を見ると長島西端の南西部に集中していること、同時に長島と祝島の周辺一帯に分散していることがわかる。ちなみに、最も多く確認されている海域は、原発の建設予定地であり、温排水の拡散が予想される海域と合致している。

　一方、粕谷の1999年調査で生息が確認されなかった竹原周辺では、近年、目撃情報がやや増えている気配がある。竹原のスナメリ・ウォッチングの会によれば、「99年夏、三原市幸崎の自宅から300mほど沖合海上でスナメリの潮噴きを発見。一瞬の出来事だった」「99年秋、大久野島へ向かうフェリー上で観光客が数頭のスナメリを見たと駅で話しているのを聞いた」とある。また海砂採取反対期成同盟の吉田徳成氏らの聞き取りによれば、船釣りや漁の最中に、「2001年10月13日、阿波島の北側から長浜の間で5～6頭」、「2001年4月末、長浜から忠海にかけた海域で、30～40頭発見」などの情報がある。特にこうした群れの確認はきわめて重要である。

　実は、竹原市の阿波島周辺や忠海沖は、1960年代半ばから海砂採取が続けられてきた海域である。しかし、水産生物の生息地が破壊され、多量の濁水がでるなど環境への影響が大きいことから、広島県は1998年から海砂採取を禁止した。そうした中で、近年、スナメリの目撃回数が増えているのである。直接、スナメリと関係ないかもしれないが、海砂採取中止後、アマモ場の回復傾向も筆者らの調査で確認されている。

　さらに白木原（2003年/注10）が、セスナ機で南北のラインを決め調査した記録（図1-5）によると、目撃は周防灘に多いが、それ以外の海域では拡がりを持って生息している状況が見られないとしている。特に芸予諸島・備讃瀬戸など、元来、多くのスナメリの生息が認められていた海域で皆無に近いことが際立っている。

　以上から、スナメリは1970年代と比べ大幅に生息数が減少しているとみられる。それでも山口県周辺などの周防灘では、1970年代に匹敵する生息が見られ

ることも特筆すべきである。スナメリ減少は、餌であるイカナゴなどの減少、内分泌撹乱物質の蓄積などによる生殖能力の低下、海砂採取による影響など複数の要因が考えられ、それらが同時に影響していると見るべきであろう。広島県の海砂採取海域では、採取を中止した1998年ごろから目撃回数が増えているとの情報があることは、人間の付き合い方によっては、いくらかでも回復していく可能性があることも示唆しているのではないだろうか。

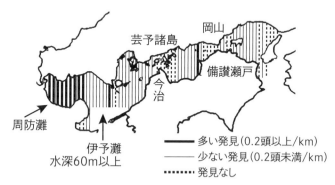

図1-5　セスナ機による調査ライン別のスナメリの発見頻度
（2000年4月）（白木原、2003）

4. バランスが崩れた水産動物の変遷

　これまで海岸生物や希少生物について見てきたが、人間にとって有用な水産生物はどうなのかを検討することも重要である。武岡（1996年/注11）によれば、瀬戸内海における単位面積あたりの漁獲量は20.6t（トン）/km²・年で、閉鎖性海域として知られる他の海域と比べても、世界的に見て極めて生産性の高い海である。例えば、同じ単位で見ると、チェサピーク湾6.5t、北海5.7t、バルト海2.2tといった具合である。この高い生産性は、瀬戸内海が8ないし9個の灘と瀬戸が交互につながりあい、潮汐に伴う潮流の影響を強く受けた海域であるという地形的、物理的構造によっている。成層した浅くて広い灘から瀬戸に運ばれた栄養塩は、瀬戸部で鉛直混合され、それが再び灘に戻り利用されることにより、効率的にくり返し使われるメカニズムが備わっている。

　稲葉（1988）によると、瀬戸内海からは430種の魚類が報告され、偶然内海に進入して捕獲されたと思われるものなどを除くと385種が分類されている。内海の東西で比べると、東半から285種、西半から322種となり、東からの入り

込みは、西からの86%となり、豊後水道側が多い。またエビ類60種、イカ・タコ類20種などが生息している。

　水産庁が把握している毎年の漁獲量は、漁業技術の発達や変化、漁業就業者の変化などの社会経済的側面が反映されている面もあり、漁獲量の変化をそのまま資源現存量の変化と見なすことはできない。しかし、その点を差し引いても、一定の量的な把握であることも事実であり、漁獲量を通して見えることも少なくないと思われる。そこでその推移を見てみる。

表1-2　瀬戸内海における漁獲量の推移（単位はt）

	1965	1970	1975	1980	1985	1990	1995	2000	2005	2010	2015	2018	2020
カタクチイワシ	57274	78038	79966	40091	99729	31548	22646	36522	35895	36681	41217	37963	40760
イカナゴ	43312	58581	28079	74248	29894	39272	17772	13457	19803	12433	13545	2905	890
マアジ	8862	5649	7231	2043	2805	4715	9764	10344	4788	3285	1863	1659	1767
カレイ類	8703	10030	13075	13538	11574	10238	12021	10045	7928	4885	3841	2889	2308
タチウオ	1999	9325	13332	12840	12771	15445	16840	11826	9189	6710	3741	2272	1390
マダイ	2872	2014	2911	3512	4232	4032	3848	4529	4558	4410	4036	4878	5017
サワラ類	1500	1712	1719	3835	5683	2946	1019	512	1222	1438	2518	2037	2873
イカ類	8217	11793	14166	9012	5627	4939	6235		8857	5762	4469	3354	3933
タコ類	10552	8583	11310	8039	5725	11439	12669	11269	10673	7865	5473	3163	3790
クルマエビ	968	466	1240	1056	1476	1113	1166	838	545	319	178	157	108
エビ類	22909	17160	19695	20120	21151	17874	15003	11243	9283	6421	4733	3426	2792
ナマコ	4109	5251	4667	3716	2803	1924	2197						
カイ類	57779	76479	51272	44639	59646	26012	8256	9241	3973	2913	2316	1658	1612
ハマグリ	625	142	87	153	38	82	49	199	20				
アサリ類	15729	21419	19816	30202	45023	10153	3433	3438	393	234	137	83	75

（出典：瀬戸内海環境保全協会『瀬戸内海の環境保全-資料集（令和2年版）』を基に環瀬戸内海会議が作成。空白は、統計方法の変更などに伴い該当データがない。）

　瀬戸内海の漁獲量の推移は、過去半世紀にわたり劇的な変化をたどっている。漁獲量は、戦前は年間10万t台前半であったが、戦後の初期の1960年代前半は25万t前後と安定している。高度経済成長が始まり社会経済的に大きな節目となった1965年には30万tになり、1970年にかけて富栄養化に対応して漁獲量は急増している。この増加を支えたのは、カタクチイワシ、イカナゴなど低級魚で、逆にマダイ、マアジ、タコ、エビなど高級魚や底ものが減少した。

　1970年代前半から1985年は漸増期で、1985年に過去最高の46万tを記録する。この時増加したのは、カタクチイワシ、イカナゴ、タチウオなどである。ところが1985年からは減少が始まり、現在に至るまで一貫して減少が続き、2000年には1960年代前半の25万t前後と同じレベルになった。漁獲量だけでみれば、1960年代半ばと同程度であるが、中身は全く違っている。カタクチイワシ、イカナゴが大幅に減少し、アサリ・ハマグリなどの貝類も減少している。2005年に20万tを下り、2010年18万t、2015年15万t、2019年12万tと漸減している。最

近10年から15年の急激な減少は驚くばかりである。海で何が起きているのか注視せねばならない。1986年に変曲点があるのは、何なのか？ そして現在から未来へ向けて、どのように推移するのか全く予断を許さない情勢である。

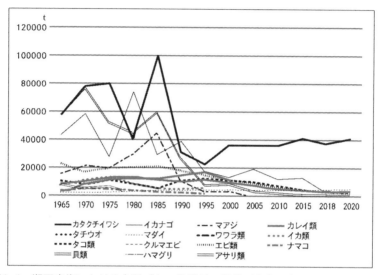

図1-6　瀬戸内海における魚種ごとの漁獲量の推移（出典；瀬戸内海環境保全協会「瀬戸内海の環境保全－資料集（令和2年版）」を基に環瀬戸内海会議が作成。

　魚種別に変遷を見ると、1985年頃から減少しているのは、カタクチイワシ、イカナゴ、マアジ、カレイ類、タチウオ、サワラ、その他エビ、貝類（アサリ含む）などである。逆に増加しているのはマダイくらいである。

カタクチイワシ：年による変動が大きいが、1970年から1985年までが多く、1985年の9万9,700tをピークに急激に減少し、1995年は最低値2万3,000tとなる。その後は、1965年の5万7,000tよりやや低い3万5,000t〜4万tという低レベルのまま推移している。

イカナゴ：1965年から1980年までが高レベルであるが、1985年以降は半分以下の1万t台が続いた。2017年からはさらに落ち込み、2020年は890tと極めて深刻な状態である。

マアジ：2000年頃までは4,000〜1万tの間で変動していたが、2005年以降は減り続け、2013年に3,000tを切り、その後は2,000t以下の低水準が続いている。

カレイ類：1965年から2005年頃までは8,000t〜1万3,000tの間を変動し、最大は1980年の1万3,500tであった。2005年以後は減少傾向となり、2018年からは

2,000t台になったままである。

タチウオ：1965年には2,000tだったのが、富栄養化に伴い一貫して増加し、1995年には1万6,800tにまで増えていた。ところが、その後は減り続け、2013年4,646tとなり、2020年は1965年当時と同じ1,390tにまで落ち込んでいる。

サワラ：1985年をピークに減少し、1995年には1965年よりも少なくなっている。

マダイ：70年代までは3,000t弱が続いていたが、80年代以降は4,000t台のまま推移し、2020年に5,000tとなったように、マダイだけがやや増え気味である。1980年代からの種苗の放流が盛んになる中で、量を維持しているように見えているだけである可能性が高い。

イカ：70年代前半がピークで、その後は徐々に減少する。2005年は8,800tであったが、2020年には3,900tと4,000tを切って半減している。

タコ：年による変動が大きい。それでも2010年は7,865tで、まだ一定の漁獲量があるが、その後、2015年〜2020年には4,000t前後となり、その前と比べ半減している。

クルマエビ：ピークは1985年の1,476tであるが、21世紀になってから徐々に減り、2005年545t、2010年319t、2015年178tと減り続けている。

エビ類：1965年の2万2,909tが最大で、2000年までは1万tを保持していた。ところが21世紀になり減り続けており、2020年には2,782tと3,000t台を切っている。

ナマコ：1970年台をピークに減少し続け、1990年代には以前の半分以下になる。

貝類：1970年がピークで7万6,500tほど。1985年まではそれ以前の水準を維持して5万9,600tあった。ところが1990年代以降は急激に減少し、1995年には8,200tにまで減っている。2000年に9,241tが、2020年には1,612tと1/5以下になっている。特にアサリの減少は著しい。1985年に4万5,000tなのが、1995年に3,400tへと激減している。貝類の減少は、1985年からの減少が目立っており、埋立てによる浅場の消失だけでなく、何か別の要因も考えねばならない。

　次にこれらを海域ごとに見てみる。1960年代には、富栄養化や赤潮、貧酸素水塊が慢性化してしまった大阪湾では、1980年まではカタクチイワシが全体の40〜50%を占めていたが、1990年代になってからは4〜6%と急激に減少している。タコ、イカ、カレイなどの比率が極めて低い。貝類は、元々少ないが、1965年には9,500tあったものが、1970年1,400t、1980年には73tへと減少し続けている。特にアサリは、1970年にはゼロとなり、この頃には泥干潟が壊滅したことを示唆している。

他方、備讃瀬戸は、浅くて流れが速い瀬戸部の典型である。最も多いのが、1970年代までは貝類であることは際だった特徴である。それも一貫して減少し続け、1990年代には1,000tを前後するところまで減少している。次いでイカナゴが多いが、1980年のピークを境に減り続け、1995年には1,880tにまで減っている。海砂採取による砂堆の破壊で生息地を無くしたことが最大の要因と見られる。タコ、エビ、カレイはかなり多い。

　伊予灘は、豊後水道からの沖合系水が来る海域で、比較的水質は保持されている。そのため、イカ、タコ、エビ類があわせて20%を占めており、底ものの漁獲量が目立つ。イカナゴは少なく、カタクチイワシは1970年に1万7,200tあったものが、1995年には2,010tとなっている。貝類はあまり多くはないが、これも減少している。これに対し、タチウオは、大阪湾と同様に一貫して増加し続けており、1965年の4倍になっている。

　このような変遷をたどる原因は何なのか？　現時点で明快な答えはない。しかし、海域ごとの環境的特性があり一概に言えないが、どの海域も本来の漁獲構成が崩れ、生物の多様性を保った生態系の健全性の維持という観点からは水産生物群のバランスが崩れていることが推測される。戦前を中心に「豊ぎょうの海」とうたわれたときの漁獲量が10万t前後であることと、今はそれよりも多いにもかかわらず、バランスを欠いた海と言われることのかね合いに関する問いも消えない。まずは、バランスの崩れ方を克明に記録することが重要であろう。

（注）
1. 稲葉明彦 編著(1983)『瀬戸内海の生物相Ⅰ』（広島大学理学部附属向島臨海実験所）
2. 稲葉明彦 編著(1988)『瀬戸内海の生物相Ⅱ』（広島大学理学部附属向島臨海実験所）
3. 藤岡義隆(2000)：広島沿岸の生態系の変遷、環瀬戸内海会議編『住民が見た瀬戸内海』（技術と人間）
4. 関口晃一編(1989)『日本カブトガニの現況』（日本カブトガニを守る会）
5. 関口晃一(1991)『カブトガニの不思議』（岩波新書）
6. 湯浅一郎(1993)：ヒロシマにカブトガニの生息地（技術と人間）
7. 清瀬祥三(2000)：カブトガニは生きていた、環瀬戸内海会議編『住民が見た瀬戸内海』（技術と人間）
8. 粕谷俊雄・山本祥輝(1999)：日本ほ乳類学会1999年度大会 講演要旨集
9. 祝島漁協(1999)：スナメリ確認調査統計表
10. 白木原国雄（2003)：日本におけるスナメリの分布（月刊海洋35-8）
11. 武岡英隆(1996)：瀬戸内海と世界の閉鎖性海域の比較、岡市友利・小森星児・中西 弘編：『瀬戸内海の生物資源と環境』（P. 218〜232）（恒星社厚生閣）

コラム1 ◎「環瀬戸内海会議」発足物語（1990年5月〜6月）

　1990年5月3日の夕刻、新大阪駅のプラットホームで帰りの新幹線を待っていたとき、偶然同じ列に並んだ4人が会話を交わしたことが始まりだった。

　この日、『ゴルフ場亡国論』を著した山田國廣氏が呼び掛けた「ゴルフ場問題西日本集会」に別々に参加したその4人は、広島県の舟木高司、原戸祥次郎、岡山県の松本宣崇と、愛媛県の阿部悦子だった。同じ集会に参加した後の懇親会が終わり、プラットホームの長い列にひと塊に並んだことが、奇跡的に思えるのだが、それぞれに缶ビールを片手に、4人は列車の中で向かい合って座った。自己紹介をした後、私は1週間後の5月11日に「リゾートを考える体験島めぐりツアー」をすることを話した。当時「愛媛瀬戸内リゾート構想」では、愛媛の島々（岩城島、赤穂根島、佐島、弓削島）にゴルフ場計画があった。愛媛で活動を開始していた「ゴルフ場とリゾート法を考える愛媛県民の会」が、フェリーを借り切って島々を巡り、弓削島に降りて「弓削町の自然を考える会」のメンバーにゴルフ場予定地を案内してもらう計画だった。当日、今治港を出発したフェリーには150人が乗船し、広島からも舟木をはじめ10人の参加、弓削のメンバー30人に迎えられてにぎやかな交流が繰り広げられた。

　この交流を通して6月16日に広島で「環瀬戸内海会議」の発足集会を開くことになる。集会には10府県から110人が参加、山田國廣氏が講演、岐阜県の南修治氏が「立ち木トラスト」の経験を話した。この場で瀬戸内のゴルフ場反対の取り組みを共同で進めること、立ち木トラストに取り組むことも決まったのだ。翌日の新聞には「開発から瀬戸内守れ」「ナショナルトラスト発足」「国内最大」「沿岸30団体が連絡会議」と紹介された。

　あの日の新幹線の4人はそれぞれ、代表（阿部悦子）、初代事務局長（原戸祥次郎）、トラスト事務局長（舟木高司）、2代目で現在の事務局長（松本宣崇）として活動し今日に至っている。　　　　　　　　　　　　　　　　　　　　　　　　　（文：阿部悦子）

フェリーで弓削島に降り立つ人々（1990年5月）

コラム2 ◎ 海岸生物調査
— みんなで見つめる「瀬戸内海」渚の生物ウォッチング —

　瀬戸内海の環境を考える上で、海の生物の経年的な変化の実態を知ることはとても重要です。市民が、素人でも海に親しみ、足元の海を見つめることが、瀬戸内海の環境を守る大きな力になると信じ、始めたのが海岸生物調査です。

　2002年から沿岸各地の市民や生協などの団体に協力を呼びかけ調査を始め、2003年からは瀬戸内海沿岸各地で調査が続けられ、2022年時点で240カ所、延べ4,680人の方が調査に参加。

　この海岸生物調査を語るうえで、欠かせないのが小西良平。（写真左端）

　穏やかな人柄で、知識も豊富、いつもニコニコしながら子どもからの問いに答えていた姿を記憶している。2007年には、2002年～2006年の5年間の調査結果を中心となって取りまとめ、「瀬戸内海沿岸の海岸生物調査報告書」を作成した。

　この広域的な海岸生物調査と共に、定点調査としては、広島県呉市の藤岡義隆が1960年から呉市内の6つの定点で生物種類数を調査し、1990年には教育研究全国集会で「呉市周辺海域の浅海動物の変遷」を報告。そのうち3地点につき現在は、井出、湯浅らが中心となって環瀬戸内海会議が調査を引き継いでいる。これらの報告書は、生物が海の環境により変化する姿がくっきりわかることを訴えている。

　また、継続的な調査といえば、小豆島で調査をしている冨田恒子。80歳を越えても調査を続け、指標生物以外の海岸生物を含めた詳細な報告書には、頭が下がる。

　一方、広島県の江田島市では、毎月、特に2月は真夜中の2時頃から（年によっては雪の降る中でも）しかも小中学生を中心に海岸生物調査を行っている。大潮の時刻に合わせての調査だが、寒さよりも楽しさが勝っている。

　海岸生物調査は、いろいろな恩恵も・・・サザエやアカニシを見つけたときは、素直に "ご褒美だ！"
（文：坂井　章）

指標生物の海岸生物調査

第2章　瀬戸内法による国と自治体の施策を検証する

　瀬戸内法施行50年に当たり、瀬戸内法による環境行政の変遷を整理し、問題点を検討した。臨時措置法でのCOD負荷量を半減させる特別の措置により1970年代初めの垂れ流し状態は規制され、特別措置法による総量規制制度の導入で大阪湾東半分を除けば水質は徐々に改善された。1980年代からは、流入栄養塩の削減指導が始まり、1980年からリン、1996年から窒素の負荷量が規制された。その後、2010年頃から栄養塩不足が問題となり、2015年の瀬戸内法改正では栄養塩を増やすこともできる栄養塩管理制度の導入が決まった。生物多様性や生物生産性の確保が初めて理念として盛り込まれたが、それが環境施策にどう反映されたのかなどを分析する。

　また実際に施策を行う自治体の施策の状況をアンケート調査結果を踏まえて分析した。

写真：香川県庁最上階展望室から瀬戸内海を眺望。右側は屋島。小豆島で計画される新内海ダム（県営ダム）に反対して県庁前で街頭宣伝行動（2012.8.6）

1. 瀬戸内海環境保全臨時措置法の制定

1950年代後半からの高度経済成長時代、生産性を優先して工場排水は十分な処理がされないまま放流され、水俣病などの公害病発生を招いた。その反省から公害国会と言われた1970年の国会では公害対策基本法の改正や水質汚濁防止法の制定が行われた。

しかし、閉鎖性水域である瀬戸内海では、下水道がまだ普及しておらず未処理の生活排水が大量に流入することも相まって、赤潮による被害が続出。1972年に播磨灘を中心に発生した大規模赤潮では、養殖ハマチが大量に死亡した。また、自然海岸の埋立てや、魚介類の育成の場となる干潟や藻場の喪失が急速に進行していた。

そこで、瀬死の海を救う必要があるとして1973年に瀬戸内海環境保全臨時措置法が全会一致の議員立法として制定された。3年間の時限立法で、この間に政府に環境保全の基本となるべき計画を策定することを義務づけるとともに、環境庁長官が関係府県ごとに有機汚濁の指標である化学的酸素要求量（COD）で産業排水の汚濁負荷量の限度量を割り当てるなど規制の強化が図られた。水質汚濁防止法は濃度規制であったが、総量規制の考え方が初めて盛り込まれた意義は大きい。

2. 瀬戸内海環境保全特別措置法への 改正と施策の展開

1）瀬戸内海環境保全特別措置法への改正

臨時措置法は、1978年に恒久法である瀬戸内法に改正された。瀬戸内法では、国が環境保全の目標や施策等の基本的方向を示す瀬戸内海環境保全基本計画を定め、これに応じて関係府県が当該府県の区域において実施すべき施策について定める府県計画を定めることが規定されている。

2）総量規制の実施

瀬戸内法への改正で、CODの総量削減制度が本格的にスタートすることになった。環境大臣が目標年度、発生源別、都道府県別の削減目標量を基本方針で定め、関係府県がこれに基づき総量削減計画を策定して規制を実施する仕組みで

ある。1979年の第1次計画から5年ごとに目標年次が更新され、現在は2024年度
を目標とする第9次の計画が実施されている。

　また、富栄養化対策として1980年からリン、1996年に窒素の削減指導が行わ
れるようになり、2001年12月に基本方針が策定された第5次総量削減計画から
はリンと窒素も総量削減の対象項目となった。

　なお、2021年の瀬戸内法改正で総量削減の規定は削除され、水質汚濁防止法
に根拠を移して実施されている。

　図2-1にCOD、図2-2に全窒素、図2-3に全リンの発生負荷量を示す。総量規制
の結果、CODの負荷量は着実に削減されてきた。一方、窒素とリンでは、削減指
導の開始年度が違うことから、窒素の負荷量減少が遅れて始まったことが見て
取れる。栄養塩のバランスという観点からはいびつな削減であったと言える。
また、貧栄養が指摘されるようになった近年の削減量は抑えられる傾向にあり、
2024年度を目標年次とする第9次総量削減計画では、目標値が2019年度よりも
増加している。

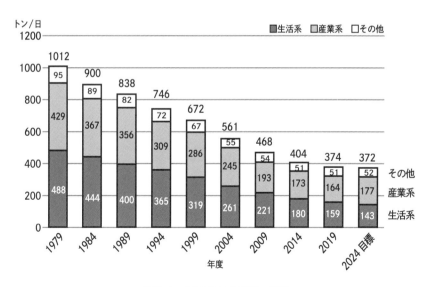

図2-1　COD発生負荷量の推移

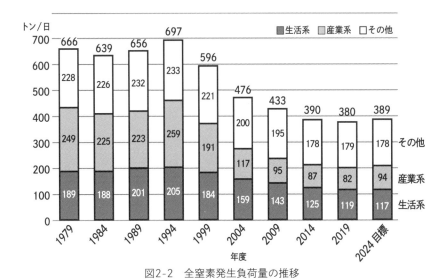

図2-2　全窒素発生負荷量の推移

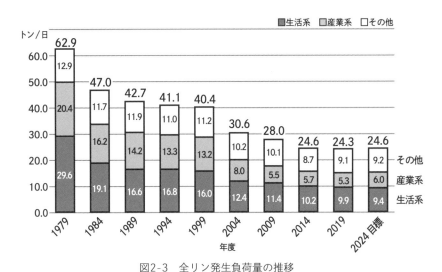

図2-3　全リン発生負荷量の推移

　しかし、流入負荷量の減少は必ずしも環境改善につながっていない。瀬戸内海全体の平均COD濃度は図2-4のとおり横ばいで推移している。瀬戸内東部の湾灘ごとのデータも示されており、大阪湾と紀伊水道では大きく水質が違うことも見て取れる。なお、2020年の値は集計上の異常値の疑いがある。水質の改善が

見られない要因としては、過去に流入した有機物が底質に溜まっていて溶出することや水質浄化に寄与する干潟や藻場が喪失したことなどが考えられる。赤潮も過去に比べれば減少したものの依然として毎年発生が見られている。

一方、栄養塩類は瀬戸内海の平均濃度も減少傾向にある。

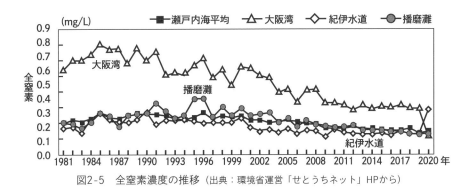

図2-4　COD濃度の推移（出典：環境省運営「せとうちネット」HPから）

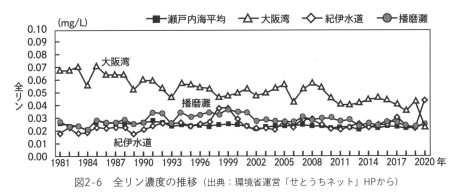

図2-5　全窒素濃度の推移（出典：環境省運営「せとうちネット」HPから）

図2-6　全リン濃度の推移（出典：環境省運営「せとうちネット」HPから）

3）自然海浜の保全

　瀬戸内法では、関係府県が条例により、「①水際線付近において砂浜、岩礁その他これらに類する自然の状態が維持されているもの　②海水浴、潮干狩り、その他これらに類する用に公衆に利用されており、将来にわたってその利用が行われることが適当であると認められるもの」に該当する区域を自然海浜保全地区として指定できると規定された。環境省のHPによると2009年末までに91の地区が指定されている。

4）埋立て規制

　臨時措置法の時点で、埋立てについては「瀬戸内海の特殊性につき十分配慮しなければならない」とされた。この配慮については、1974年に瀬戸内海環境保全審議会から基本方針が示されているが、「厳に埋立ては抑制すべきであり、やむをえず認める場合は…」とされていて、埋立てが禁止されているわけではない。臨時措置法施行（1973年11月2日）後、2022年11月1日までの間に5,002件、総面積13,694.7haの埋立て免許又は承認が行われている。

 # 3. 2015年の瀬戸内法改正

　リンや窒素の削減が進められ、近年漁獲量が激減してきたことから貧栄養が指摘されるようになった。2004年に関係13府県22市で構成する瀬戸内海環境保全知事・市長会議は、豊かで美しい里海として再生するための法整備に向けて活動を開始、2013年11月には10府県の漁協も「瀬戸内海を豊かな海として再生するための法整備に向けた要望書」を国等に提出している。

　そこで、自公両与党は、2014年6月、瀬戸内法改正案を議員立法として提出したが、富栄養化対策を全面削除するなど多くの問題を含むものであった。この改正案は、一度も審議されないまま、この年11月の国会解散で廃案となった。

　一方、環瀬戸内海会議も知事・市長会議に先立つ2003年に「埋立て、産廃持込み、海砂採取」の全面禁止を瀬戸内法に明記させるよう衆参両院議長あて請願署名運動を開始し、2014年春に10万筆を超える署名を提出するなど、瀬戸内法改正を求めてきた。

　2015年4月に瀬戸内海再生議員連盟が超党派に再編されて改めて改正法案が練り直された。環瀬戸内海会議は、瀬戸内圏選出、衆参の環境委員の超党派の議員等に、この間、ロビー活動を展開した。結果的に環瀬戸内海会議が主張し

た埋立て禁止などは盛り込まれなかったものの、自民、公明、民主、維新の4党の議員提案で法案が提出され、2015年9月に成立した。

　改正法では、基本理念の項目が新設され「豊かな海」をめざすとされた。これは、これまでの目標である「きれいな海」からの大転換である。また、藻場、干潟の保全・再生・創出等の措置を講じることや、湾、灘その他の海域ごとの実情に応じて取り組むことが打ち出された。府県計画を定めるときには、湾灘その他の海域を単位として関係者により構成される湾・灘協議会の意見を聴くことも規定された。具体的施策としては、漂流ごみ・海底ごみの除去、貧酸素水塊の発生機構の解明、栄養塩類の適切な管理に関する調査・研究等に関する規定が新設された。

　法に基づく環境保全基本計画も法改正に先立って全面改定され、「水質の保全」「自然景観の保全」という従来の二本柱から「水質の保全及び管理」「自然景観及び文化的景観の保全」「沿岸域の環境の保全、再生及び利用」「水産資源の持続的な利用の確保」の四本柱になった。

 ## 4. 2021年の瀬戸内法改正

　2015年法改正では、栄養塩に関する知見が不十分だとして、附則で「施行後5年を目途として栄養塩管理の在り方などについて検討を行う」とされた。その検討は中央環境審議会水環境部会瀬戸内海環境保全小委員会で行われ、2020年3月に「瀬戸内海における今後の環境保全の方策の在り方について」が答申された。栄養塩を管理していく方針が示され「管理対象の水域、栄養塩類濃度の目標値、管理計画等の設定、対策の実施、効果や周辺環境への影響の評価、管理への反映等のPDCA*の具体的な手順を示すとともに、これらの実施体制の在り方の明確化を検討する必要がある。この際、地域の関係者の合意形成が必要であり、この合意形成に当たっては、湾・灘協議会等の場の活用をPDCAの手順に位置付けることを検討する必要がある。」などとされていた。さらに同小委員会は、順応的管理プロセスによる栄養塩類の管理や湾・灘協議会の役割強化等について追加的な議論を行い、2021年1月22日に意見具申を行った。

（＊PDCA＝データの蓄積と並行しながら、人為的に管理し得る範囲において対策を実施し、その後、モニタリングによる検証と対策の変更を加えていくという順応的管理の考え方に基づく取組。）

意見具申案に対してのパブコメに、環瀬戸内海会議は、生物多様性の確保という課題への対応方策を具体的に提言すべき、未利用埋立て地を利用しての磯浜復元などを盛り込むべき、栄養塩類管理計画の策定に当たって湾・灘協議会での議論を義務付けるべきなど7項目の意見を提出した。

　改正法案は、参議院先議で審議された。

　環瀬戸内海会議では、国会への働きかけを行った結果、参議院環境委員会では徳永エリ議員が「2015年に基本理念に導入された『生物多様性の確保』という課題に対してこの5年間どのような対応方策を実施してきたのか？」とか「ノリの色落ちは、栄養塩類の不足だけではなく、海水温の上昇や埋立てによる藻場の喪失など複合的な要因ではないのか？　栄養塩を増やした時、タラシオシーラという大型珪藻類が増殖してしまう現象を抑えられる見込みはあるのか？」といった質問をしてくれた。衆議院では近藤昭一議員が生物多様性の認識や過去からの調査の位置づけや拡充について、長尾秀樹議員が湾・灘協議会の設置が進まない理由や複数府県にまたがる協議会のあり方について、環瀬戸内海会議の質問案を踏まえた質疑を行ってくれた。

　改正法案は、2021年6月3日に衆議院で可決成立した。主な改正内容は、①栄養塩類管理制度の創設　②自然海浜保全地区の指定対象の拡充　③海洋プラスチックごみを含む漂流ごみ等の発生抑制等に関する責務規定　④気候変動による環境への影響に関する基本理念の改正　となった。

　参議院では環瀬戸内海会議が主張してきた「未利用埋立て地等を利用し、自然の力をいかした磯浜の復元に努めること」「基本理念に掲げられている生物多様性の確保等を適切に行うために必要な施策についての調査研究及びその結果に基づいた具体的施策の推進については、ポスト愛知目標の策定作業や日本における次期生物多様性国家戦略の策定作業との関連性を念頭に置くことなど」が、附帯決議として採択された。加えて衆議院では「栄養塩類の順応的な管理計画に大きな影響を与えると想起される生態系や食物連鎖構造と水産資源の変遷についての包括的な調査研究を実施すること」「きめ細やかな取組を推進できるよう湾・灘協議会のあり方の検討を行うこと」などが附帯決議として採択された。

　改正法は2022年4月1日に施行され、国は施行に先立つ2月25日に瀬戸内海環境保全基本計画を変更した。大きな変更点は　①栄養塩類の管理　②気候変動への対応　③海洋プラスチックごみ対策　であった。

コラム3 ◎ 2015年の瀬戸内法改正を巡って

超党派、参議院発議で再提案とその問題点

　2015年通常国会に自公、民主、維新の4党が提出した改正案は、自公旧改正案の富栄養化条項の全面削除が撤回され、貧酸素水塊、生物多様性を加えた点は評価できた。ただ、問題もあった。

　第1に、埋立てと赤潮・富栄養化の関係の究明と対策が不十分で具体性に欠け、環瀬戸内海会議の最重要課題だった「埋立て禁止」は却下された。

　第2に、「豊かな海」のための「事業」の内容が不明で、有害産廃の「鉄鋼スラグ」などによる新たな埋立てなどの危惧が残った。

　第3に、各地の未利用・遊休埋立て地での「磯浜・干潟の復元・回復」を、自然に任せた形で試みる点の明記がなかった。

　第4に、湾・灘の協議会で「広く住民の意見を求める」としたのは一歩前進だが、「環境NPO参加」の具体的な明記がなかったことだ。

埋立て規制の審議と附帯決議

　この改正案審議は通常国会の終盤にようやく動き始めた。8月27日の参議院委員会では市田忠義議員（共産）と水野賢一議員（無）らが、9月11日の衆議院委員会では島津幸広議員（共産）、玉城デニー議員（生活）らが、水質の改善や生物多様性について質問し、特に未使用・遊休の埋立て地の多さと広大さを政府が実態を把握していない、新たな埋立ての抑制をすべきと環境省や国交省を厳しく質した。発議者の一人である水岡俊一参議院議員（立憲）も説明に立った。審議では、環瀬戸内海会議の提案や活動を紹介する発言があったようだが、公式議事録では残念ながら削除されている。

　環境委員会では附帯決議が行われた。その内容は、①無駄な（埋立て等の）予算のバラ播きを抑制し、②瀬戸内法、生物多様性の総括と調査・研究を行い、③未利用埋立て地や既存施設の活用を新たな埋立てに優先させる、というもの。ここにも我々の主張が反映されている。

　瀬戸内法改正案は、8月28日に参議院本会議で可決され、衆議院に送られたが、同院環境委員会での可決まで10日以上もかかり、さらに2週間以上を経て、衆議院本会議で全会一致の可決・成立となる。この間の国会は「安保法制＝戦争法」を巡って大混乱しており、この国会で成立した最後の法律となった。

（文：若槻武行）

5. 自治体の実施体制は？
― アンケート調査結果から ―

　2度の法改正で、瀬戸内法は、制定当初から大きく変わった。そこで、法に規定されている関係13府県から京都府、奈良県を除いた沿岸11府県に対し、その取り組み状況を把握するためアンケート調査を行った。

　アンケートは、2023年6月19日に環境部局と水産部局に対し調査票を郵送して回答を求めた。期限までに回答のなかったところには督促を行って、9月半ばまでに全自治体から回答を得た。調査結果から見えてきたのは、関係府県の取り組みの弱さである。中には、法改正の趣旨を理解しているのか疑いたくなる回答もあった。（回答は資料1、276頁参照）

1) 府県計画の変更

　国の基本計画変更を受けて、各府県は瀬戸内海環境保全計画を変更する必要がある。大阪府、岡山県、香川県、徳島県が変更済み、その他の県は作業・検討中であったが、広島県は現計画中の変更を予定していない旨の回答であった（質問1）。速やかに改正して新たな取り組みで対策を強化すべきであろう。

　変更済みの4府県に、変更にあたっての湾・灘協議会、環境審議会での議論状況、パブコメの実施状況を訊いたところ、湾・灘協議会を設置していない大阪府は環境審議会の、その他の3県は湾・灘協議会や環境審議会の審議経過の回答があった。また、パブコメも4府県とも行われていた（質問1-2）。

　変更済みの計画や検討中の計画案のポイントを示すよう求めたところ、国の基本計画改定ポイントである「順応的な栄養塩類の管理」、「海洋プラスチックごみを含む漂流ごみ等の発生抑制等を含めた対応」、「気候変動への対応」との回答が多かったが、大阪府からは「底層DO（溶存酸素）の改善をめざすことを位置づけた」「局所的な対策として、浅場の保全・再生の推進、小型の環境改善施設の設置、底質環境の改善として海底耕うんの継続的実施 などを位置づけた」「栄養塩濃度の管理のあり方については、短期的な検討が必要なノリ等の生物の生産性の確保等に支障が生じている特定の海域と、長期的な検討が必要な湾南部全体の海域の管理のあり方を分けて検討を進めることを新たに位置づけた。」といった具体的な説明がなされた。

　2015年の改正で湾、灘その他の海域ごとの実情に応じて取り組むことが打ち出された。したがって、各府県の環境保全計画では湾灘ごとに目標や対策を書

き分ける必要があるはずだが、変更済みの岡山県、愛媛県、香川県の計画はそうなっていない。理由を尋ねたが、「県面積が小さいこともあり、県全域で、県民みんなで里海づくりに取組んでいる」とした香川県以外は、十分な回答は得られなかった（質問1-4）。なかでも岡山県の回答は「HPで確認を」という不誠実なものだったので、大塚愛県議（みどり岡山）に依頼して2023年11月20日に環境管理課長に面談して質問する機会を設定してもらった。課長からは播磨灘と備讃瀬戸の環境の状況に違いはなく対策を分ける必要がないとの説明が行われたが、環瀬戸内海会議からは少なくともその旨を計画に記載すべきであると指摘を行った。また、「アンケートへの回答は県政をアピールするいい機会であるにもかかわらず、信頼を損ねるような回答である」との苦言には、返す言葉がないようであった。

2）栄養塩類管理計画

　2021年改正では、ノリの色落ちなど栄養塩不足が指摘されていることを踏まえ、特定の海域への栄養塩類供給を定める計画を定めることができることになった。アンケート時点で、栄養塩類管理計画を策定していたのは兵庫県のみで、その他の府県に策定予定を訊いたところ具体的な策定予定があるのは、「今年度から計画策定に取り組んでおり、令和7年度までの策定を目途」とした愛媛県と、「令和5年度内の策定を目指している」とした香川県のみで、その他は「未定」「検討中」との回答であった（質問3）。

　なお、栄養塩類管理計画の策定にあたっても、湾・灘協議会の意見を聴くべきだと質問したところ、前向きな回答が多かった（質問3-2）ので、今後を注視したい。

3）湾・灘協議会

　2015年改正で、府県計画を定める際は「湾、灘その他の海域等を単位として関係者により構成される協議会の意見を聴き、その他広く住民の意見を求める等、必要な措置を講ずるものとする。」とされている。しかし、和歌山県、大阪府、福岡県、大分県は湾・灘協議会を設置していないため、その理由を訊いたが、いずれも他の手段で意見を聴いているからとのことであった（質問2-2）。それで十分なのか、さらに検証する必要がある。

　湾・灘協議会を設置している県にあっても、本来「湾、灘その他の海域等を単位として」設置されるべきところ、兵庫県、岡山県、山口県、愛媛県、香川

県はそうなっていない。理由を訊いたところ、兵庫県の回答は「播磨灘・紀伊水道については、播磨灘等環境保全協議会を平成28年度に設置しています。大阪湾については、湾・灘協議会の設置に向けて、関係府県・市との意見交換に努めていきます。」であり、既設の協議会の「播磨灘等」に大阪湾は含まれず、大阪湾については未設置であることが確認できた。その他の県の回答は、理由らしい理由が示されず、「協議会運営を効率的に行うため、県全域の関係者からなる体制としている」とした愛媛県の回答などは法の趣旨を理解しているのか疑わしいものであった（質問2-3）。

　メンバーに関しては、広島県が市民活動グループをメンバーにしている他は、多様な意見をくみ上げる構成になっているとは言えない（質問2）。

　今後、栄養塩類管理計画の策定が進んでいくことが予想される。その際にどれだけ関係者の意見を聞いて合意形成が図られるか、湾・灘協議会が本来果たすべき役割は大きいはずだ。府県をまたぐ湾灘については、統一した協議会での議論も必要なはずで、これまでどおりの府県任せでは設置は進まないだろう。法改正時の衆議院附帯決議に従い、国があり方の検討を進めて改善策を講じるべきだ。

4）自然海浜保全地区

　2021年改正で、水際等で藻場等が再生・創出された区域等も指定可能になった。各府県の自然海浜保全地区の指定に関する条例を法の施行に合わせて改正する必要があったが、和歌山県と兵庫県は行っていない。これについて尋ねたところ、和歌山県は「改正予定はない」、兵庫県は「検討します」とのことであった（質問4）。法に整合するように条例は整備されるべきである。

　指定要件の追加に伴い新たな指定の検討状況について尋ねたところ、新規指定地候補の有無について調査しているのは大阪府、兵庫県、岡山県などであり、調査すら行っていない県が多数ある（質問4-2）。これでは法改正が活かされない。環境省は2015〜2017年度に行った藻場・干潟分布状況調査を参考に追加指定してほしいと国会答弁しており、追加指定に消極的な府県に市民サイドから働きかけることも必要だ。

5）生物多様性

　2015年改正で新たに盛り込まれた「生物の多様性や生産性の確保」という基本理念を各府県の環境保全基本計画にどのように盛り込んでいるか訊いたとこ

ろ、「目標に、藻場・干潟の保全・創造等を含む必要な環境整備の一層の推進に努めること、生物多様性の保全上重要な地域について引き続き保全を推進すること、等を掲げている。」（和歌山県）、「生物多様性・生物生産性の確保の重要性にかんがみ、栄養塩類管理等について効果的な取組を検討すること、藻場・干潟等についてはできるだけ保全・再生・創出に努めることを盛り込んでいる。」（大分県）、「計画の目標で、山・川・里・海の水循環・物質循環を一体的に捉え、県民総ぐるみによる、水質が良好で、生物多様性・生物生産性の確保されたきれいで豊かな「とくしまのSATOUMI」の実現を掲げている。」（徳島県）などの回答が得られた（質問5）。

　2023年3月31日に閣議決定された「生物多様性国家戦略2023-2030」では、「今までどおりから脱却し」、「社会、経済、政治、技術など横断的な社会変革」をめざすという基本理念を掲げたうえで、「陸と海の30％以上を保護区にする（30 by30）」などの行動目標が盛り込まれていることを指摘し、各府県の環境保全計画にこの行動目標を盛り込むか、また「生物多様性の観点から重要度の高い海域」を保護区に指定するか尋ねたところ、「府県計画の策定（令和4年10月）より後に国家戦略が閣議決定されているため、具体的な行動目標は定めていませんが、湾奥部における生物が生息しやすい場の創出や大阪府海域ブルーカーボン生態系ビジョンに基づく取組み等を推進していくこととしています」（大阪府）のように、環境保全計画を変更済みの府県は当然のことながら行動目標を盛り込めていないとの回答であった。検討中の県においては、盛り込むことも可能であるはずだが、「県計画の目標については、瀬戸内海環境保全基本計画の目標と整合をとる必要があると認識」（愛媛県）との回答は、「生物多様性国家戦略2023-2030」よりも前に改訂された瀬戸内海環境保全基本計画に行動目標が書かれていないから書くつもりはないと読み解くことができるだろう。

　2023年12月12日に「未来への提言」を国に提出した際、環境省海域環境管理室長は、行動目標について「（瀬戸内海環境保全基本計画の）次回の検討にあたっては具体的な記載を検討する」と説明したが、府県計画をまだ改訂中の県が多いことから、府県計画に行動目標が盛り込まれるよう速やかに助言を行うべきである（質問5-2）。

6）埋立て
　瀬戸内法第13条では埋立て等についての特別の配慮が規定されているにもかかわらず、効果的な埋立て抑制にはつながらなかったと指摘したうえで、その原因や

改善策について尋ねたが、「埋立て抑制に一定の効果があった」(和歌山県)、「環境保全に十分配慮」(福岡県、大分県等) といった回答であった (質問6)。また、遊休埋立て地があると回答したのは、和歌山県だけであった (質問7)。

7) 水産部局

　瀬戸内法が湾灘ごとの実情に応じた対応を求めていることから、湾灘ごとの漁業の現状を把握できるデータ、湾灘ごとの栄養塩類濃度と漁獲高の関係を示すデータ、湾灘ごとの海水温と漁獲高の関係を示すデータを求めたが、ことごとくないとの回答であった (質問9、10、12)。湾灘ごとの現状を的確に把握するすべがないのであれば、湾灘ごとの実情に応じた対応などできるはずがない。

　栄養塩類濃度の管理のために行っている施策については、兵庫県が2019年10月に『環境の保全と創造に関する条例』を改正して望ましい栄養塩類濃度 (下限値) を設定しており、策定済みの「栄養塩類管理計画」に基づいて、工場・事業場、下水処理場からの計画的な栄養塩類供給を開始している。下水処理施設等の管理運転による栄養塩類供給は、岡山県、大分県、香川県も実施している。兵庫県、岡山県、大分県は海底耕うんの実施中で、和歌山県、広島県、山口県、福岡県等は調査の実施を施策として回答した (質問11)。

　海水温の上昇に対する適応策について取り組んでいるのは、「ノリ養殖において高水温化に対応した養殖品種の開発」(兵庫県)、「高水温に適した魚種放流や再生産を促す資源管理の推進、高水温に適応した養殖手法の開発を岡山県地球温暖化対策実行計画に記載」(岡山県)、「漁船漁業：水温上昇に伴う魚種変遷 (低利用魚・未利用魚等) に対応した加工開発。養殖漁業：高水温でも養殖可能なヒラメ種苗の創出」(大分県)、「藻類における高温耐性品種の開発等」(徳島県) であり、その他の県は「特に行っていない」との回答であった (質問13)。今後も地球温暖化に伴う海水温の上昇は避けられないと考えられるので、適応策の検討、実施が望まれる。

　漁獲高の変遷をどう認識し、評価しているか尋ねたが、「栄養塩類(特に窒素)の減少に影響を受けている」(兵庫県)、「漁業構造を支える様々な要因が大きく影響」(山口県)、「水温上昇をはじめとする様々な海洋環境の変化や、水産資源の減少」(大分県)、「水温上昇や栄養塩類濃度の減少が関わっている可能性は否定できませんが、因果関係には不明な点が多い」(香川県) との回答以外は要因への言及はなかった (質問14)。

コラム4 ◎「瀬戸内トラスト」で24か所のゴルフ場をストップ
——5,000人のオーナーにより15,000本の立ち木に「札掛け」

「瀬戸内海を毒壺にするな」「山を崩せば海が変わる」を合言葉に、1990年6月16日、広島での発足総会と共に始まった「ゴルフ場反対立ち木トラスト」。発足から10年目には集まった2,000万円を超す基金による成果を発表した。この活動はゴルフ場阻止ばかりでなく、1995年からの阪神淡路大震災の被災地に樹を贈る「立ち木ボランティア」、翌1996年には産廃跡地に樹を植えよう！と呼び掛ける「豊島未来の森トラスト」へと広がっていった。

その「瀬戸内トラスト」の実務全般を担当したのが広島の原戸祥次郎代表の「森と水と土を考える会」。データ化と会計処理を担ったのは舟木高司、オーナー希望者からの入金を確認し、契約書を交わし、各地の「札掛け」の準備をするなど、日々の煩雑で膨大な事務作業は、会の事務局長の森田修他、岸本久美子、藤井純子、大森充ら4人が担った。

弓削島で第一回立ち木トラスト実施(1990年)

一方、首都圏では後に環瀬戸内海会議の副代表を務めた倉橋澄子が自ら関わる生協などに瀬戸内の危機を知らせ、オーナーの拡大を担った。倉橋と共に岡禮子、張替洋子、菅波鈴江らは環境省交渉など、現在まで続く「瀬戸内法改正」の当初の運動の担い手にもなった。

1990年当時、時代を席巻した「リゾート法」を背景にしたゴルフ場ブームは、10年も待たず下火になるのだが、この間、企業と自治体によって無謀なゴルフ場計画が強引に持ち込まれた現地の人々の果敢な運動、故郷を開発から守った多くの人々がいたことを忘れてはならない。

「瀬戸内トラスト」は、上流と下流をつなぎ、生産者と消費者をつなぎ、都市と山村、島々を「トラスト運動」でつないだ運動だった。「瀬戸内海はひとつ」「瀬戸内海を毒壺にするな」を合言葉に一定の成功を収めたのではなかったか。これら多くのトラストによる「人のつながり」が、今日までの環瀬戸内海会議の基盤を作った。

10年の総括後は事務局が岡山に移り、今日まで松本宣崇にその任が引き継がれている。
(文：阿部悦子)

第3章　漁民は語る

―漁協アンケートと聞き取り調査―

　プロジェクトの中核は、海を生業とする瀬戸内沿岸に暮らす漁業者が日々の生活や仕事の中で経験し、肌身で感じていることをできる限り集めることである。具体的には、生物多様性の観点から、水産生物の増減、海岸の状況や海の環境の変化、そしてスナメリクジラやカブトガニなどの希少種の出現状況などを聞いた。まず瀬戸内海沿岸11府県の326全漁協を対象にアンケート調査を行い、117漁協から回答を得た。その中から、1971年の「瀬戸内海汚染総合調査団」による聞き取り対象となった漁協を含め、海域ごとのバランスなどを考慮して66漁協を選び、詳細な聞き取り調査を実施した。

　こうした作業は、政府、自治体、研究者レベルでもほとんど実施されてきておらず、統計資料からだけでは読み取れない海の「リアルな」実態が浮かびあがっている。読み物としての体裁にならない面はあるが、聞き取り調査の結果はプロジェクトの中核をなすものであり、すべて掲載することにこそ意義があるということで、本章では聞き取り調査の結果をそのまま掲載している。瀬戸内海の現在とその変遷に関する漁民の生の声を多くの人に知ってもらうことを優先させたわけである。

写真：福山市鞆港　第20回環瀬戸内海会議総会開催受け入れ要請のためNPO法人 鞆まちづくり工房に赴いて（2009.4.26）

1. 水産・海洋生物と環境の変化に関する
漁協アンケート調査

(1)調査の方法

1)調査対象と調査時期

　瀬戸内海沿岸域の漁業協同組合（支所を含む）の全数を対象として、2022年11月〜12月に郵送によるアンケート調査を実施した。アンケート用紙を送付した326漁協のうち117漁協から回答があった（回収率36%）。瀬戸内海の区域は、図3-1に示すように13に分けることができるが、その中の備讃瀬戸を東部・中部に分けて14区域とみなし、それらを大まかに5つの海域にまとめることにした。回答のあった漁協の海域別内訳は、「紀伊水道・大阪湾」の20漁協、「播磨灘・備讃瀬戸東部」の27漁協、「備讃瀬戸西部・備後灘・燧灘（備讃瀬戸西部〜燧灘）」の12漁協、「安芸灘・広島湾」の21漁協、「伊予灘・周防灘・響灘・別府湾・豊後水道（伊予灘〜豊後水道）」の37漁協である。調査期間以降に回答のあった数漁協分は分析の対象にはしなかったが、聞き取り調査の際の参考にした。

図3-1　瀬戸内海の海域区分

2)調査内容

　漁業に関する質問、水産生物に関する質問、海の環境に関する質問を行った。主な調査内容は下記の通りである。

①魚種や漁獲量などに関する質問

　・2010年を基準として考えた場合の魚種と漁獲量
　・新たな魚種の出現
　・クラゲの大量発生の有無

②海岸線や藻場に関する質問

　・海岸線の変化
　・藻場の変化

③赤潮・透明度・海水温に関する質問

　・赤潮発生の変化
　・透明度の変化
　・海水温の変化

④希少種の目撃

　・スナメリクジラの目撃
　・カブトガニの目撃
　・ナメクジウオの目撃

⑤水産生物や海の環境に関する感想・意見（自由記述）

(2)調査の結果

1)漁協で行われている漁法（複数回答）

　漁協で行われている漁法を、底曳き網・刺網・採貝・採藻・釣り・定置網・その他から複数回答で選んでもらった。これらの漁法と、その他で回答の多かった刺網・延縄・巻網がどのようなものかを図3-2に示す。

(農林水産省「漁業種類イラスト」https://www.maff.go.jp/j/tokei/census/gyocen_illust2.htmlより)。

　回答結果を表3-1に示している。全体としてみると、底曳き網、刺網が多く、採貝、採藻、定置網が少ない。海域ごとにみると、多く選ばれた漁法の上位3つは、紀伊水道・大阪湾では刺網・底曳き網・釣り、播磨灘・備讃瀬戸東部では刺網・底曳き網・定置網、備讃瀬戸西部〜燧灘では底曳き網・刺網・釣り、安芸灘・広島湾では刺網・底曳き網・釣り、伊予灘〜豊後水道では底曳き網・刺網・釣りである。採貝・採藻・定置網はどの海域でも少なくなっている。

「その他」の漁法として、紀伊水道から備讃瀬戸東部にかけて延縄・曳縄・巻網、伊予灘以西で建網・かご漁・潜水などがあげられた。

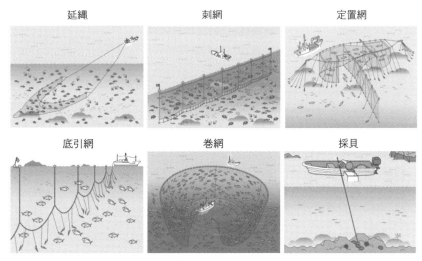

図3-2　漁法の種類

表3-1　漁協で行われている漁法（複数回答）

	底曳網	刺網	採貝	採藻	釣り	定置網	回答数
紀伊水道・大阪湾	11	12	10	9	11	4	17
	64.7%	70.6%	58.8%	52.9%	64.7%	23.5%	
播磨灘・備讃瀬戸東部	23	24	6	13	14	16	25
	92.0%	96.0%	24.0%	52.0%	56.0%	64.0%	
備讃瀬戸西部〜燧灘	10	9	2	4	6	5	12
	83.3%	75.0%	16.7%	33.3%	50.0%	41.7%	
安芸灘・広島湾	10	15	9	5	10	5	19
	52.6%	78.9%	47.4%	26.3%	52.6%	26.3%	
伊予灘〜豊後水道	26	26	22	20	23	10	36
	72.2%	72.2%	61.1%	55.6%	63.9%	27.8%	
	80	86	49	51	64	40	109

２）漁獲量の変化（対2010年比）

　瀬戸内海環境保全協会「瀬戸内海の環境保全－資料集」を参考に、18種類の魚種を示して、回答を求めた。2010年と現在を比較して漁獲量の変化を増加・増減なし・減少の三択で尋ね、かつ2010年を100とした現在の漁獲量を答えてもらった。瀬戸内海全体の漁獲量の推移は表1-2（27頁参照）として添付した統計資料から知ることができる。しかし、2006年（H18）から灘別漁業統計を作成し

なくなるという統計手法の変更により、海域ごとの表、図が作れない状態になっている。そこで、本調査の結果はきわめて重要なデータになると考えられる。

　5つの海域ごとに、2010年を100とした漁獲量の平均値を表したのが表3-2である。第1の特徴はタチウオ、イカナゴ、カレイ、タコをはじめほとんどすべての魚種が減少している。100を超える数値を太字で表しているが、これが増加した魚種となる。ハモとマダイが播磨灘から広島湾にかけて、またサワラが播磨灘から燧灘にかけてと伊予灘～豊後水道で増加している。紀伊水道・大阪湾でクルマエビとその他の貝類が極端に大きな値になっているのは、1つの漁協で近年捕獲が始まったことによる。標準偏差が大きいことから、漁協によってばらつきが大きいことがわかる。減少または増加が顕著になった時期も訊いているが、マアジ、カレイ、タチウオが2010年頃から減少、カタクチイワシ、イカナゴ、クルマエビ、その他のエビが2012年頃から減少、イカ、タコ、ナマコも2015年頃から減少が目立ってきたようである。ハモ、マダイ、サワラは2012年から増加している。

表3-2　漁獲量の変化（対2010年比）

海域	紀伊水道・大阪湾		播磨灘・備讃瀬戸東部		備讃瀬戸西部~燧灘		安芸灘・広島湾		伊予灘~豊後水道		全域	
	平均値	標準偏差	平均値	標準偏差	平均値	標準偏差	平均値	標準偏差	平均値	標準偏差	平均値	標準偏差
カタクチイワシ	44.0	41.5	66.8	54.5	29.6	21.2	35.0	7.1	59.6	43.1	51.3	42.3
イカナゴ	70.3	30.6	31.9	28.9	50.0	—	56.7	49.3	12.5	10.8	40.2	34.4
マアジ	63.7	24.4	55.6	32.0	40.4	29.4	54.1	32.9	54.8	41.9	55.3	33.9
カレイ	50.4	39.0	47.2	23.4	36.8	26.5	49.0	28.6	53.3	40.3	48.5	32.7
タチウオ	69.0	75.6	23.4	32.8	17.9	25.8	36.1	33.7	28.9	32.7	35.2	45.3
ハモ	93.8	108.6	**147.9**	106.9	**190.0**	36.1	**172.5**	108.1	94.7	68.8	**121.5**	87.4
マダイ	44.5	25.3	**268.9**	413.7	**165.5**	50.2	**137.5**	80.7	92.6	46.8	**138.9**	205.2
サワラ	73.5	96.5	**892.3**	1935.6	**183.7**	203.1	84.0	55.5	**108.3**	95.2	**264.6**	891.6
イカ	58.3	56.1	67.6	32.6	40.5	19.0	50.0	23.1	55.0	35.1	56.4	37.9
タコ	54.9	57.6	53.9	21.9	39.4	25.4	57.7	36.5	43.0	24.9	49.4	32.9
クルマエビ	**197.9**	399.3	34.3	29.9	42.6	35.0	41.7	39.2	35.7	30.2	61.6	159.6
エビ	40.5	33.3	45.4	26.5	90.6	96.4	32.5	24.3	45.7	34.5	47.3	42.9
ナマコ	47.8	27.4	49.2	25.8	40.0	—	30.0	14.1	62.9	57.4	50.8	41.3
ハマグリ	90.0	—	57.5	38.9	25.0	35.4	50.0	56.6	51.0	103.2	50.9	74.9
アサリ	75.0	21.2	30.0	38.9	32.1	38.8	33.4	42.9	63.2	171.8	47.6	112.7
その他貝類	**146.0**	182.3	88.0	39.5	6.3	8.9	36.0	41.6	45.0	38.3	63.5	86.1
ノリ養殖	54.3	22.2	59.0	8.0	55.2	7.4	0.0	=	25.7	30.5	43.1	26.9
その他	95.0	37.9	13.7	14.2	—	—	58.3	79.7	46.0	49.3	55.1	52.9

3）新たな魚種の出現

　昔はいなかった魚種が出現してきたということがあるかどうか、ある・ない・わからないの三択で訊き、ある場合にはどのような魚がいつ頃からかを尋ねた。新たな魚種が出現したのは瀬戸内海中央部の安芸灘・広島湾で80%以上と最も高く、続いて播磨灘・備讃瀬戸東部が60%と続き、全域平均でも55%である。最も低いのは紀伊水道・大阪湾である。
最も高い安芸灘・広島湾では早いところで10年前、遅くとも5年前頃からアイゴが

多く獲れるようになり、他にもメジナ（グレ）、フグ、トビエイ、ベラなども見られるようになっている。播磨灘・備讃瀬戸東部では、アカエイ、アコウ（キジハタ）、メナガガザミ、ゴマサバ、キンチャクダイ、クロダイなどがあげられている。伊予灘～豊後水道では南方系の魚が見られるようになり、カンパチが増えたのが特徴である。紀伊水道・大阪湾では、アオタ、ウミエラ、ツヤガラス貝、ガンガセ、ミヤコボラ貝、スダレカレイ、ハタタテダイ、カタホシイワシがあげられた。異臭のするギボシムシのような生物も見られるとの報告もある。漁業に影響を与えるミヤコボラ貝が増えたとの回答もあった。

表3-3　新たな魚種の出現

海域	ある	ない	わからない	合計
紀伊水道・大阪湾	7	6	5	18
	38.9%	33.3%	27.8%	
播磨灘・備讃瀬戸東部	15	7	3	25
	60.0%	28.0%	12.0%	
備讃瀬戸西部～燧灘	6	1	5	12
	50.0%	8.3%	41.7%	
安芸灘・広島湾	15	0	3	18
	83.3%	0.0%	16.7%	
伊予灘～豊後水道	16	8	10	
	47.1%	23.5%	29.4%	
全域	59	22	26	107
	55.1%	20.6%	24.3%	

４）クラゲの大量発生

　クラゲは独特な形態や動きから水族館では人気がある生き物であるが、海では大量発生して漁業被害をもたらすこともある厄介者である。また海水浴では人体に被害を与えることから「危険生物」のレッテルを貼られている。さらに大きな問題は、クラゲは動物プランクトンを摂餌するので、クラゲが大量発生すると低次生態系の競合関係に影響を与え、ひいては食物連鎖構造全体への影響が懸念されることである。クラゲにはたくさんの種類がある（里海web科学館 https://www.satoumishima.jp/2019/08/blog-post_10.htmlなどを参照のこと）。様々な魚種が減少する中でクラゲはどうなのだろうか。

　本調査では、生物多様性の観点から、クラゲの大量発生についても質問を行った。クラゲの大量発生はあるかどうか、ある・ない・わからないの三択で訊き、ある場合は、いつ頃からか・どのような規模か・近年の発生状況はどうかを尋ねた。大量発生があるという回答がもっ

表3-4　クラゲの大量発生

海域	ある	ない	わからない	合計
紀伊水道・大阪湾	3	12	5	20
	15.0%	60.0%	25.0%	
播磨灘・備讃瀬戸東部	16	6	4	26
	61.5%	23.1%	15.4%	
備讃瀬戸西部～燧灘	11	0	0	11
	100.0%	0.0%	0.0%	
安芸灘・広島湾	8	4	6	18
	44.4%	22.2%	33.3%	
伊予灘～豊後水道	18	10	6	34
	52.9%	29.4%	17.6%	
全域	56	32	21	109
	51.4%	29.4%	19.3%	

とも多いのは備讃瀬戸西部～燧灘の100%で、次が播磨灘・備讃瀬戸東部の62%である。ないとの回答がもっとも多かったのは紀伊水道・大阪湾である。自由回答欄の記述も考察すると、瀬戸内海では20年ほど前から増減を繰り返しながら、春から秋にかけてクラゲの大量発生が見られていること、ミズクラゲやヨツメクラゲが底曳き網にかかるようになり、定置網にも入りこみ、漁業者の悩みの種であり続けていることがわかった。

5）海岸線や藻場に関する質問
①海岸線の変化

　埋立てや防波堤の設置は何らかの必要性があってなされるとしても、海の環境を変え生物多様性に影響を与えると考えられる。瀬戸内海では昔から埋立てが行われ（1898年（M31）から2018年（H30）までに合計約461km²）、高度経済成長期にはピークを迎えた。1974年に「瀬戸内海環境保全臨時措置法第13条第1項の埋立てについての規定の運用に関する基本方針」（https://www.env.go.jp/hourei/05/000152.html）が公布されて以降も、一定の条件のもとで免許されている。

　海岸線の変化は、海域によって違いがあると考えられるため、調査項目に入れることとした。この調査では、自然の砂浜や岩場は、50年前と比べてどのくらい残っているか、変化はない・半分くらい残っている・ほとんど残っていないの三択で訊き、変化がある場合には、いつごろからどのように変化してきたかを尋ねた。回答から、自然の砂浜や岩場は瀬戸内海全域で減っていることがわかる。なかでも減り方が顕著なのは大阪湾と安芸灘・広島湾である。また、海域ごとに以下のような回答が見られた。大阪湾海域では1965年頃から埋立てが行われ、工場誘致や空港建設が進められた。自然の海岸は阪南市以南にわずかに残るのみとなっている。備讃瀬戸西部～燧灘は比較的自然の海岸が残るが、1970年頃からの埋立て、防波堤や護岸工事の他、道路の整備、船舶の往来などで自然の海岸が減ってきている。

　40年ほど前から安芸灘・広島湾でも埋立てと護岸工事により砂浜が減ってきたという回答が多いが、それ以外に、歩道の整備、潮流の変化もあげられた。

表3-5　海岸線の変化

海域	変化なし	半分残る	残らない	合計
紀伊水道・	4	6	7	17
大阪湾	23.5%	35.3%	41.2%	
播磨灘・	6	12	7	25
備讃瀬戸東部	24.0%	48.0%	28.0%	
備讃瀬戸西部	2	7	2	11
～燧灘	18.2%	63.6%	18.2%	
安芸灘・	4	5	7	16
広島湾	25.0%	31.3%	43.8%	
伊予灘	8	12	12	32
～豊後水道	25.0%	37.5%	37.5%	
全域	24	42	35	101
	23.8%	41.6%	34.7%	

伊予灘〜豊後水道では、埋立てや護岸工事以外に、消波ブロックの設置、サイクリングロードや生活道路の整備、漁港整備の影響があげられ、岩場がむき出しになった、砂浜がヘドロ化したという問題も指摘されている。

②藻場の変化

埋立てや防波堤の工事により、魚の住処としての藻場にも大きな変化があったはずである。この調査では、藻場の変化があるかどうか、減った・増えた・変化はないの三択で訊き、さらに変化ありの場合には、いつごろから、どのようにかを答えてもらった。藻場もほとんどの海域で減少しており、全域で75%が「減った」としている。「減った」がもっとも多いのは備讃瀬戸西部〜燧灘の92%で、次が安芸灘・広島湾の79%である。20年ほど前からアマモが減少し、最近は色が黒っぽくなっているとの指摘もある。ホンダワラやガラモも10年ほど前から減っている。備讃瀬戸西部〜燧灘で自然の海岸が比較的残っているにもかかわらず藻場は極端に減っていることには何らかの要因が考えられる。

一方、安芸灘・広島湾、伊予灘・豊後水道で約1割が「増えた」と回答している。例示すれば、アオサが異常に増えた、名前は不明だが粘りのある糸状の海藻が増えた、7〜8年前藻場の保全活動として栄養塩類を散布することで藻場が拡大した、などである。

表3-6　藻場の変化

海域	減った	増えた	変化なし	合計
紀伊水道・大阪湾	12	1	5	18
	66.7%	5.6%	27.8%	
播磨灘・備讃瀬戸東部	19	2	5	26
	73.1%	7.7%	19.2%	
備讃瀬戸西部〜燧灘	11	0	1	12
	91.7%	0.0%	8.3%	
安芸灘・広島湾	15	2	2	19
	78.9%	10.5%	10.5%	
伊予灘〜豊後水道	22	3	6	31
	71.0%	9.7%	19.4%	
全域	79	8	19	106
	74.5%	7.5%	17.9%	

6）赤潮・透明度・水温に関する質問
①赤潮の発生件数

赤潮とは、植物プランクトンが異常に増殖して、そのために海が赤色や褐色、濃緑色などに染まる現象で、富栄養化が原因とされている。また植物プランクトンの死骸が沈降して底層の貧酸素化の誘因ともなる。瀬戸内海における赤潮の発生は、1960年代までは河口域などに限定されていたが、1960年代後半から急激に増加した。1970年代以降の発生状況は図3-3に示すとおりで、1976年（S51）まで年々増加の傾向にあったが、それ以降は減少傾向にあるものの、近年も年間100件前後の赤潮の発生が確認されている。

　アンケートの回答は最近10年間の変化が対象であるが、赤潮の発生は減った所の方が多いが、増えた所もある。紀伊水道から備讃瀬戸東部にかけてと、芸予諸島～広島湾では減少したとの回答が2/3となっているが、一方、備讃瀬戸西部から広島湾にかけては増えたという回答も2割近くに達している。近い海域でも増えたところと減ったところが散在していると考えられる。

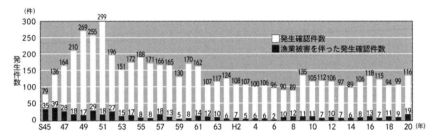

図3-3　赤潮の発生状況（出典：水産庁瀬戸内海漁業調整事務所「瀬戸内海の赤潮」
　　　　（環境省HP：瀬戸内海の環境情報より））

　自由回答から下記のような状況が浮かび上がる。1985年頃を境に赤潮は減少しているがある日突然発生することがある（備讃瀬戸西部～燧灘）、国がきれいな海をスローガンにしてから栄養分が不足しプランクトンが減ってきた（紀伊水道・大阪湾）、10～20年前より夏場を中心に底曳き網に付着する（播磨灘・備讃瀬戸東部）、一方栄養分とは無関係に発生するとの意見もあった。10年ほど前まではカレニアミキモトイが大量に発生し養殖魚に影響を及ぼしていたが、10年以上大きな赤潮の被害はない（紀伊水道・大阪湾）。栄養塩は少ないのに突然に赤潮になる（備讃瀬戸西部～燧灘）。2021年の台風では比較的浅い場所の海底が混ぜられたせいで赤潮が発生した（紀伊水道・大阪湾）。

表3-7　赤潮の発生件数

海域	減った	増えた	変化なし	元々ない	合計
紀伊水道・大阪湾	11	2	3	0	16
	68.8%	12.5%	18.8%	0.0%	
播磨灘・備讃瀬戸東部	16	1	6	2	25
	64.0%	4.0%	24.0%	8.0%	
備讃瀬戸西部～燧灘	5	2	4	0	11
	45.5%	18.2%	36.4%	0.0%	
安芸灘・広島湾	11	3	3	0	17
	64.7%	17.6%	17.6%	0.0%	
伊予灘～豊後水道	12	2	20	1	35
	34.3%	5.7%	57.1%	2.9%	
全域	55	10	36	3	104
	52.9%	9.6%	34.6%	2.9%	

②海水の透明度の変化

　透明度が高くなったかどうかを、高くなった・低くなった・変化はない、の三択で訊き、変化がある場合には、その時期と程度を具体的に答えてもらった。その結果、播磨灘から広島湾にかけて、つまり瀬戸内海中央部において透明度

が高くなったとの回答が約60%
を超えた。それに対して、伊予
灘～豊後水道では変化がないと
の回答が80%を超えた。

表3-8　透明度の変化

海域	高くなった	低くなった	変化なし	合計
紀伊水道・ 大阪湾	8 44.4%	4 22.2%	6 33.3%	18
播磨灘・ 備讃瀬戸東部	15 65.2%	1 4.3%	7 30.4%	23
備讃瀬戸西部 ～燧灘	6 60.0%	1 10.0%	3 30.0%	10
安芸灘・ 広島湾	12 66.7%	2 11.1%	4 22.2%	18
伊予灘 ～豊後水道	5 15.2%	1 3.0%	27 81.8%	33
全域	46 45.1%	9 8.8%	47 46.1%	102

　自由回答には以下のような記述がみられた。透明度が高くなった具体的な記述として、十数年くらい前から海がきれいになったと感じる、海がきれいになりすぎている、3～4m澄んでいる程度の透明度である。12月～4月に変化がある。透明度の上がりすぎで魚が減少している。一方、水温が上がったために少し濁ってきたという回答もあった。

　播磨灘から広島湾に所在する漁協の自由回答を見ると、10年ほど前から徐々に水がきれいになっている、冬場は、植物プランクトンが増殖しにくいので、特に透明度が高くなる（海底が見えるほど）というコメントが目立った。夏の透明度は3、4mというところもあれば10mくらいというところもあり、場所によってかなり異なることがわかる。透明度が高くなった原因として、リンの減少などの貧栄養化があげられている。しかし、一方で災害後の山・河川の工事で泥が出るようになり、一時的に濁ることがあるというコメントもあった。海がきれいになりすぎている。透明度の上がり過ぎで魚が減少してきた、という漁業への影響も指摘された。

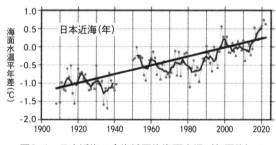

図3-4　日本近海の全海域平均海面水温（年平均）の
平年差の推移（気象庁HP）

③地先の水温の変化

　地先の水温はどうなっているかを、高くなった・下がった・変化はないの三択で訊き、変化があった場合には、その時期や程度を答えてもらった。気象庁のホームページで海面水温の長期変化傾向（日本近海）を見ると、日本近海における、2022年までのおよそ100年間にわたる海域平均海面水温（年平均）の上昇率は、+1.24℃/100年である（図3-4）。この上昇率は、世界全体で平均した海

面水温の上昇率(+0.60℃/100年)よりも大きく、日本の気温の上昇率(+1.30℃/100年)と同程度の値である。

本調査でも、瀬戸内海の全域で海水温が上がったとの回答が88%にのぼる。上がったという比率が高い備讃瀬戸西部〜燧灘の自由回答から状況をまとめてみる。備讃瀬戸西部〜燧灘では1990年代以降徐々に上昇傾向にあり、冬でも10℃を切ることが少なくなっている。海水位も20年前と比べて20〜30㎝は上がっているとの回答もある。漁業への影響も甚大で、漁獲高が落ちている、冬場でも夏場しか獲れない魚が獲れる(定置網にハマチがかかるなど)、クラゲの異常発生、ワカメの沖出し時期が10年くらい前に比べ1か月遅くなった(17℃以下が沖出しの目安)など多くの現象が指摘されている。紀伊水道・大阪湾でも10年前と比べると0.5℃ほど高くなった、11月頃でも20℃近くある、アシアカエビは10月頃から南(水深が深いところ)へ移動するのが、今は北へ上っている。また兵庫県水産試験場の話として、夏場の水温が上昇しイカナゴ親魚の夏眠中の死亡が見られるようになったとの回答があった。

表3-9　地先の水温の変化

海域	上がった	下がった	変化なし	合計
紀伊水道・大阪湾	17 / 94.4%	0 / 0.0%	1 / 5.6%	18
播磨灘・備讃瀬戸東部	21 / 87.5%	0 / 0.0%	3 / 12.5%	24
備讃瀬戸西部〜燧灘	11 / 100.0%	0 / 0.0%	0 / 0.0%	11
安芸灘・広島湾	16 / 88.9%	0 / 0.0%	2 / 11.1%	18
伊予灘〜豊後水道	26 / 81.3%	0 / 0.0%	6 / 18.8%	32
全域	91 / 88.3%	0 / 0.0%	12 / 11.7%	103

7) 希少種(スナメリクジラ・カブトガニ・ナメクジウオ)の目撃

本調査では、3種類の希少種について、周辺でそれらを見たことはあるかどうかを、ある・ない・よく分からないの三択で訊き、ある場合には、どのくらいの頻度(10年単位)で見たかを尋ねた。

①スナメリクジラの目撃

スナメリクジラは瀬戸内海一帯に生息していたが(1970年代には5,000頭も)、海砂採取による生息場所の減少や海水の汚染、環境ホルモンの影響などにより激減したと言われてきた。図3-5は、年代によるスナメリクジラの漂着・混獲場所を示している(環境省・瀬戸内ネットHP;https://www.env.go.jp/water/heisa/heisa_net/setouchiNet/seto/setonaikai/4-1-3.html)。1990年代以降は、周防灘の沿岸域には相当な広がりを持った生息域があるが、それ以外の芸予諸島、備讃瀬戸、播磨

灘などには孤立した小規模な生息地が点在しているのではないかと推測されている（第1章参照）。

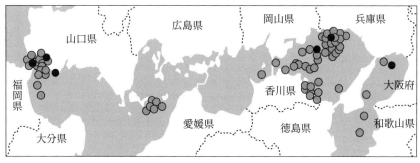

図3-5　スナメリクジラの漂着・混獲場所（環境省HPをもとに作成）

本アンケート調査では、「目撃がある」との回答は全体で65%であり、中でも備讃瀬戸西部以西では70%を超えていた。

周防灘の山口県側の沿岸域では「年100回」との回答が複数あり、安芸灘・広島湾・伊予灘の境界にある忽那諸島では「毎日」との回答が複数あった。広島湾奥部や鳴門海峡の播磨灘側でも「年50回」という回答がある。大阪湾南東部、明石海峡の播磨灘側、吉井川河口沖などでは1年に20回の目撃という情報も点在している。年3回から5回も含めると40漁協で目撃が確認され、生息地が瀬戸内海の各地に点在している状況が浮かび上がった。

表3-10　スナメリクジラの目撃

海域	ある	ない	わからない	合計
紀伊水道・	6	8	3	17
大阪湾	35.3%	47.1%	17.6%	
播磨灘・	15	7	3	25
備讃瀬戸東部	60.0%	28.0%	12.0%	
備讃瀬戸西部	8	2	1	11
～燧灘	72.7%	18.2%	9.1%	
安芸灘・	15	1	3	19
広島湾	78.9%	5.3%	15.8%	
伊予灘	26	6	3	35
～豊後水道	74.3%	17.1%	8.6%	
全域	70	24	13	107
	65.4%	22.4%	12.1%	

②カブトガニの目撃

元々瀬戸内海はアジアのカブトガニの東限で、瀬戸内海のどこでも見られる生き物であったが、干潟・藻場の消滅とともに、生きる場（産卵、幼生の生育の場）がなくなった結果、大幅に減少し、周防灘の河口域に近い干潟を中心に

生息し、そのほかは広島県中東部に一部、生息すると言われていた。

この調査でも、カブトガニは、小月干潟では「いつもいる」、中津干潟「頻繁」など周防灘周辺の河口干潟に相当量の目撃情報があることが確認できた。また年1回から2回が多くあ

表3-11　カブトガニの目撃

海域	ある	ない	わからない	合計
紀伊水道・大阪湾	1	14	2	17
	5.9%	82.4%	11.8%	
播磨灘・備讃瀬戸東部	6	19	1	26
	23.1%	73.1%	3.8%	
備讃瀬戸西部～燧灘	4	6	2	12
	33.3%	50.0%	16.7%	
安芸灘・広島湾	7	8	2	17
	41.2%	47.1%	11.8%	
伊予灘～豊後水道	16	16	3	35
	45.7%	45.7%	8.6%	
全域	34	63	10	107
	31.8%	58.9%	9.3%	

り、播磨灘西北部、笠岡、広島県八木灘周辺、江田島、愛媛県伊予市などに点在している。また大阪湾ではほとんど目撃されていない。

③ナメクジウオの目撃

表3-12からもわかるように、ナメクジウオは瀬戸内海海域の漁業者にはほとんど目撃されていないという状況である。漁協全体の回答からみても、多いところで1年に数回である。そもそもナメクジウオ自体が漁業者に認識されていない面もあるようである。

表3-12　ナメクジウオの目撃

海域	ある	ない	わからない	合計
紀伊水道・大阪湾	1	11	6	18
	5.6%	61.1%	33.3%	
播磨灘・備讃瀬戸東部	1	20	5	26
	3.8%	76.9%	19.2%	
備讃瀬戸西部～燧灘	0	5	5	10
	0.0%	50.0%	50.0%	
安芸灘・広島湾	2	10	6	18
	11.1%	55.6%	33.3%	
伊予灘～豊後水道	1	19	10	30
	3.3%	63.3%	33.3%	
全域	5	65	32	102
	4.9%	63.7%	31.4%	

④目撃情報があった漁協所在地

3種類の希少種について、1年以内に周辺で見たことがある（見た情報がある）と回答のあった漁協の所在地を地図にプロットしたのが図3-6である。スナメリクジラは瀬戸内海のほぼ全域で目撃されていることがわかる。

それに対して、カブトガニ、ナメクジウオはほとんど目撃されていない。その他、漁協の漁業者で魚種ごとの増減の傾向などにつき記録している方を紹介してもらえないか質問をしたが、可能と回答があったのは1漁協のみであった。漁況全体の状況を把握している人は少ないと思われる。

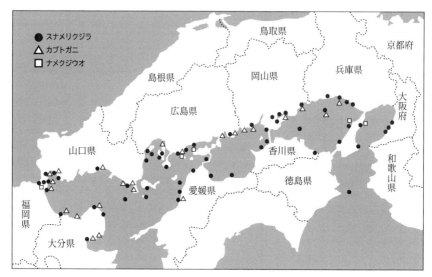

図3-6　3種の希少種目撃漁協所在地

8）水産生物や海の環境に関して感じていること、意見等（自由記述）

　最後に、水産生物や、海の環境に関して感じていることや意見について自由な回答を求めた。以下に海域ごとに列挙する。

【紀伊水道・大阪湾】

・ 温暖化により一昔前の魚より南方の生息魚であろう魚が見られる。栄養塩の調査から、海藻が生育できる豊かな海環境であったのに、何十年もかけて人間が変えてしまったのではないか。元に戻すにはその倍以上の年月が必要かと。ただ将来的に今何かをしていく必要があると思うが、何が正しいのかの結果がわかるのが何十年先となると何をどう信じて動くべきか日々思案している。

・ 海の環境がすごくおかしくなっている。地球温暖化のせいではないだろうか。

・ 砂浜と浅場の回復が望まれる。

・ 最近水がきれいなのか、プランクトンが少なくなっているのか、岸壁付近、地筋でとくに人がたくさん住んでいる所で小魚が減少しているように思う。今まで毎年必ず獲れていた場所で、ここ3～4年魚が獲れない。とくにシラスなど。何か原因があると思う。

【播磨灘・備讃瀬戸東部】

- イカナゴやエビ類の餌類が減っている気がする。
- イルカが増えた。
- きれいな海のせいでエサの減少が一番の元凶。
- この20年程度でも大きく環境は変化している。底曳き漁が主であるが、魚の状況も1か月程度でずれてきている。地先については海水面が年々上昇しているように思う。
- たぶん水質がよくなりすぎた。海水温度が高くなっている。
- 海がきれいになったが、貝類が育たない。何が原因だろうか。
- 海水温の上昇、河口のヘドロ化、栄養塩の減少により、海が魚介類の育つ環境ではなくなっている。大雨が降れば海がゴミの最終処理場のようになったりと厳しい現状。魚はチヌ、タイ、エイのような歯が丈夫な魚が増え、その他の魚介類は減少している。
- 環境の変化で昔獲れていた魚が種類も量も減少している。沖の砂質も変化したのかキス類もまったく見なくなった。カレイ、ヒラメ類の放流もしているが、他の小魚の種類も変化してベラ類もいなくなった。アコウ類は増加しているが他の魚に影響があるかもしれない。昔の海とは違ってしまった。
- 山と海の関係を考えなおしたいと思う。
- 小エビが減り、餌がなくなり、ヒラメ、ハモ、エイ等が小魚（イワシ、エソ、アジ、キス、トラハゼなど）を食い漁り、アサリがかなり減っている。貝類は海の栄養分が少ないため、アカガイ、トリガイ、マテガイなど減少傾向にある。ガザミ、クルマエビ等の甲殻類も少ない。近年、温暖化が叫ばれ、海水温も上昇気味。排水の規制が厳しすぎるのではないか。
- 水温の上昇、磯焼けの拡大。
- 地球温暖化、水質汚染による海の変化によって、魚介類の減少もしくは分布の変化で獲れる量・種類が変わった。周防大島町安下庄地区ではタチウオが主に釣り漁で獲れていたが、回遊魚であるタチウオの分布が変わり、近海に入ってこなくなってしまったようだ。
- 年々魚が減ってきた。生物が育たなくなったのではないか。
- 発泡スチロール、ペットボトル等の海洋ゴミが多く漂着するため、回収に苦労している中、国の事業を活用して回収・処分に取り組んでいる。
- 埋立てや護岸工事をやると、海の環境が悪くなる。

【備讃瀬戸西部・備後灘・燧灘】

- 50年前はカキで栄えていたが、最近は漁労の多い組合となっている。しかし、漁獲量は減少しているように思われる。
- クラゲ対策や栄養塩の増加などを瀬戸内海全体で取り組み、解決する方法を考える必要がある。
- シオマネキ等の食用以外の水産生物も減少している。海水温を変化させることは難しいが、豊かな海をつくることはできると思う。
- 栄養塩の低下により活力のない海になっている。プランクトンが少ない。食物連鎖のバランスが崩れて、根魚が減少傾向にある。ミズクラゲの大量発生で漁業者は死活問題になっている。し尿処理の排水の基準緩和など年間を通して持続してほしい。
- 温暖化、海洋ゴミによる汚染、産卵場所の減少。
- 温暖化によって水温も上昇し、海の環境が大きく変わり、漁獲量も減って、漁業者は困っている。
- 海で操業する人は環境のことも考えて、海をきれいにすることに努めてほしい。
- 海がきれいになりすぎ、プランクトンが発生しにくい海に変化した。
- 海水温の上昇やCO_2の関係からカキの生育状況が思わしくない。40年前からカキ種場の杭が砂の移動によって1/2使用不能。
- 気温変化で海水の温度が上がり、今までいた魚が減っている。南洋系の魚が増えてきているように思われる。
- 放流事業で魚を放流すると、他の魚が減少しているように感じる。放流した魚が増加している。魚の獲れる時期が遅れてきている（水温の関係）。カキの身入りの時期が遅れている。カキのへい死割合が増えている。

【安芸灘・広島湾】

- 海のゴミの処分について。漁をしていると網にゴミが一緒に上がってくるが、ゴミの処分・回収などについてシステムが確立されていないため、どのように対応したらよいか困っている。システムを漁業者までしっかり伝えていただけたら、ゴミ拾いを積極的に行いたいと思っている。
- 海の栄養分がない。海藻類が育たない。
- 近年特に栄養塩が低く、藻類の出来が悪い。水温も平均高い。アマモも減少している。それに伴い小魚も減少している。

- 春に旬のタチウオがまったく獲れなくなり、底曳き網の春に最盛期を迎える魚が獲れなくなり、水揚げ金額にも大打撃である。
- 水温の上昇、海岸線の藻の少なさ、新種の魚の出現、海がきれいになりすぎている。
- 水温上昇のせいかクラゲが大量発生している。ヒトデが大量発生している。海の栄養分が不足しているのか、魚類が成長しない。
- 瀬戸内海が酸欠になっている。イカ、ワタリガニが少ないと思う。
- 海の栄養が減っているのか、海の生物が育たないように感じる。
- 大量発生したクラゲの対応をお願いしたい。

【伊予灘・周防灘・響灘・別府湾・豊後水道】

- 20年くらい前から防波堤についていたフジツボがカキに変わった。フナムシがいなくなった。
- 磯焼けがひどい。
- 海の栄養塩が少ないため、魚が毎年減少してきている。食べるものが海にないため、ワカメの種付けを行った時、すぐにクロダイやハゲなどが捕食してしまい、ワカメの成長を妨げる。
- 海水温の上昇で南方系の魚が増えた。寒流系の魚が減った。また、甲殻類が絶滅した。
- 水産物や海藻もかなり減少している。企業、し尿処理の規制ができたころから海に栄養が激減したため。
- 瀬戸内海では海がきれいになって、昔の魚類養殖が赤潮で被害を受け、赤潮プランクトンの増殖も昔ほどではないと思うが、藻類（ワカメ、ノリ）にとって海の栄養不足でワカメの色おちがひどくなった。雨も少ないが降れば集中的に降ることが増えた。20年前にはいたクルマエビ、アシアカエビ、シャコ、アナゴが減少しほぼいなくなっている。イカ類もここ数年減少している。
- ブチも減少している。昔はいなかった南の魚をちらほら見かけるようになった。
- 年々、漁業者は減少しているが、個人ごとの漁獲量は増えていないことから、魚が減っていると思われる。

2.水産・海洋生物と環境の変化に関する　漁協聞き取り調査

(1)調査の方法

1)漁協の選定

　アンケート調査に回答があった漁協の中から、以下の条件を考慮し、聞き取り調査の対象を選定した。

①『瀬戸内海』(1972年刊、瀬戸内海汚染総合調査団) に聞き取り調査結果の記載がある。

② カブトガニ、スナメリクジラの目撃情報がある。

③ 回遊性魚種の定点での長期的な変遷を見ることが可能な定置網漁業がある。

　おおむねこれらの条件に該当する漁協として78漁協を選定した。また現在は漁協の合併が進んでおり、地域の実情が把握できない可能性もあるため、必要に応じて漁協の支所や出張所も選定の対象とした。

2)調査チームの編成

　「瀬戸内法50年プロジェクト」企画会議で、海域ごとにリーダーを選定し、そのリーダーから、環瀬戸内海会議の会員と、これまでつながりのあった地域で活動する市民団体の関係者に聞き取り調査の担当を依頼してもらった。リーダーのいない海域については、プロジェクトメンバーから直接心当たりを打診して担当者を決めた。調査担当者は総勢21名である。調査担当者の全員に、聞き取り調査の依頼状とともに、調査グッズ一式(調査担当者への依頼状、漁協への依頼状、聞き取り調査ガイド、記録票、瀬戸内トラストニュース、当該漁協のアンケート調査回答、『瀬戸内海』の関係部分の抜き刷り、クラウドファンディングのチラシ) を郵送した。

3)調査の手順

　調査担当者は、担当の漁協に依頼状を送り、その数日後に電話でアポイントメントをとったうえで漁協を訪問した。録音の許可をもらったうえで、聞き取り調査ガイドに従ってインタビューを進めた。インタビューの最後に報告書に漁協名・回答者氏名を掲載してよいかどうかの確認をとった。

4)調査期間

　　2023年4月～7月

5)質問内容

■漁協の現状と変化（50年前と現在）

　　組合員数（性別）、組合員の平均年齢、主な漁法（含養殖）、漁獲高、およその年収

■アンケートの回答に関連した質問

　　特に減少している魚種、なぜ減少したと思うか、昔いなかった魚種とそれが
　　見られるようになった原因、イカナゴの減少についてどう感じ考えているか、
　　ハモの増加の意味、スナメリクジラ目撃の詳細、カブトガニ目撃の詳細

■この50年間の変化（←過去の聞き取りがある場合）

■定置網の状況（←「定置網」がある場合）

■海砂採取中止の影響（←海砂採取が行われていた備讃瀬戸・芸予諸島の漁
協へ）

■磯浜復元をどう思うか（←垂直護岸に覆われた海域の漁協に対して）

■国等への要望事項

(2)調査の結果

　　最終的に66の漁協から回答を得ることができた。67ページから海域ごとに回
答を列挙する。それぞれの海域の特徴を明らかにするために、漁協は湾・灘別
に配列し、必ずしも府県単位になっていない。聞き取り調査は、共通の記録票
を用いることを基本としたが、漁協の事情（業務時間、代表者の多忙等）によ
り質問方法や内容は不統一にならざるを得ず、ここでの記載方法・記載内容は、
調査担当者の聞き取りに即してまとめることとした。また、漁協以外の機関・
個人への聞き取りはコラムで紹介した。

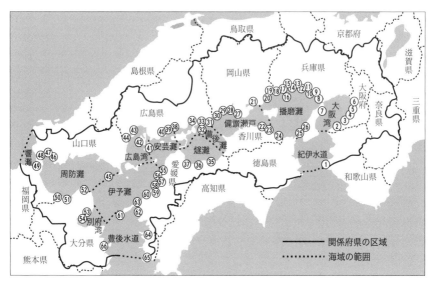

図3-7　聞き取り調査漁協の所在地図

【紀伊水道・大阪湾】

1. 紀州日高漁業協同組合 (和歌山県御坊市塩屋町南塩屋450-4)

■漁協の現状と変化

	50年前	現在
組合員数	－	正組合員約300人、総組合員約1000人
組合員の平均年齢	－	60歳台後半、若者の就労はない
主な漁法	－	刺網、採貝、採藻、釣り、定置網、巻網

※2007年に広域合併して、南部から由良までをカバー。由良の手前の比井崎漁協
は自らの意思で合併に加わらず。日御碕よりも北側の瀬戸内の漁獲量は全体の4
割かそれ以下。主力の巻網は10あるが、瀬戸内エリアに入れない

■アンケートの回答に関連した質問

◆特に減少している魚種

　アンケート回答ではタチウオなど

- ◆ なぜ減少したと思うか?

  黒潮の蛇行の影響が大きい。水温の影響も。全体の漁獲量では、就労者が減ったことが一番大きい
- ◆ 昔いなかった魚種とそれが見られるようになった原因

  タコが増えたのはたまたま。量的には多くない
- ◆ 海域ごとの特性からみえる疑問・問題点について

  特になし

■ 定置網の状況

  由良に3つある

■ その他

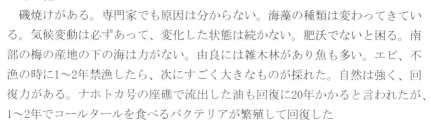

  磯焼けがある。専門家でも原因は分からない。海藻の種類は変わってきている。気候変動は必ずあって、変化した状態は続かない。肥沃でないと困る。南部の梅の産地の下の海は力がない。由良には雑木林があり魚も多い。エビ、不漁の時に1~2年禁漁したら、次にすごく大きなものが採れた。自然は強く、回復力がある。ナホトカ号の座礁で流出した油も回復に20年かかると言われたが、1~2年でコールタールを食べるバクテリアが繁殖して回復した

(インタビュー実施日:2023年4月7日／協力者:大畑佳久事業部長／実施者:末田一秀)

2.尾崎漁業協同組合 (大阪府阪南市尾崎町3丁目27-14)

■ 漁協の現状と変化

	50年前	現在
組合員数	(1972年の聞き取りに120~130人の記載あり)	46人
組合員の平均年齢	―	60歳前後「若い者はいない。88歳で沖へ出ているものもいる。」
隻数	50~60隻	34~35隻
主な漁(養殖も含め)	―	底曳き網
漁獲量	―	減少している

■ アンケートの回答に関連した質問

◆ 特に減少している魚種

  底曳き物は全部減っている。一番減っているのはワタリガニ。カレイも半分以下に減っている

◆ なぜ減少したと思うか？

　水温が一番問題。埋立てで砂浜が減少し、卵を産む場所もない。山から栄養
塩が流れてこないことの影響もある。空港島の影響で潮は変わっているが、
その影響は分からない。獲りすぎも影響がある。GPSや網がよくなりすぎ。昔
は山を見て位置取りしていたのだから

◆ 昔いなかった魚種とそれが見られるようになった原因

　水温が上がりブリなどの青魚は増えている

◆ 海域ごとの特性からみえる疑問・問題点について

　・　赤潮の影響…赤潮はここ何年も見ない。貧酸素水塊もない。ノリ養殖は近
　　　くで1か所あるが、この近くは男里川からの栄養塩の供給があり色落ちは
　　　近年ない。栄養塩が足りないのは間違いない。下水の管理放流（冬場の栄
　　　養塩増）は兵庫県ではやっているが、大阪はやっていない。カキ養殖を近
　　　隣で始めている。当組合でも準備中。養殖で漁獲減をカバーする必要がある

　・　スナメリクジラの目撃…スナメリクジラは増えている。空港島の南に集団
　　　でいる。4～5年前から漁に出たらその都度見るような状況。漁には良くな
　　　いのではないか

■この50年間の変化

　50年前なら自分は10歳。（提供したコピーを）読ませてもらうとのこと

■磯浜復元をどう思うか

　府庁の水産課には、しっかり方針を出してほしい。府の水産試験場のアコウ
放流に協力している。放流した場所に居つくと言われるが、その効果は出てい
ない。空港島の禁漁区域には大きなものがいるようだが、獲れない。何かの時
に禁漁区域外に出てくるかもしれないが。アコウ以外では、ヒラメ、アコウ、
アカガイの放流をしている。アカガイは効果が出ている。残っている自然海岸、
砂浜を守ってほしい。垂直護岸を元に戻すのは無理な話だろう

（インタビュー実施日：2023年4月4日／協力者：南佳典組合長／実施者：末田一秀）

71

3.泉佐野漁業協同組合 (大阪府泉佐野市新町2丁目5187-101)

■漁協の現状と変化

	50年前	現在
組合員数	－	正組合員71人
組合員の平均年齢	－	50歳台。府漁協の中では若い方。収入が不安定なので若い者が就労しても2～3年で辞めていく。会社組織にしている春木漁協などは収入が安定し新規就労しやすい環境にあるが、泉佐野は1隻に1～2人乗船の形態でそうなっていない。子どもが継ぐ形はある
隻数	－	100隻弱
主な漁法	－	底曳き網が9割。今の時期、シタビラメは安定して獲れている、主要なターゲット

■アンケートの回答に関連した質問

◆特に減少している魚種

　カレイ、タコ、エビ。クルマエビも減っている（アンケートでは増加になっているがいつと比べるかでそうなった。長期的には減っている）。アナゴやシャコは全滅状態。シャコは上がってもサイズも小さい。ガッチョも

◆なぜ減少したと思うか？

　アナゴやタコは乱獲が原因。ガッチョやカレイ、エビは砂浜がないことが原因。水温や栄養塩については分からない

◆昔いなかった魚種とそれが見られるようになった原因

　水温が上がって貝類は増えた。アカエイやチヌなども

◆海域ごとの特性からみえる疑問・問題点

・　ハモの増加の意味？…今年はまだあまり獲れていない。3年前フェリー乗り場の前の一部の海域で異常に獲れて、すぐに元に戻った

・　スナメリクジラの目撃…関空島の周辺、特に南側に家族連れで現れる

■国等への要望事項

　関空島による海流の影響は感じない。むしろ魚は増えた。（緩傾斜護岸の影響か。）神戸空港の埋立て後、大阪側の魚は減った。フェニックス新島はそれほどでもない。神戸空港の影響が大きい。海流の流れが阻害され、貧酸素水塊が増えた。貝塚沖には深堀があるが、徐々に埋めている。深堀による貧酸素水塊については、分からない。藻場や干潟の復元については、ずっと言われているがいつまでも実現していない

（インタビュー実施日：2023年4月21日／協力者：大和谷忠和副組合長／実施者：末田一秀）

4.大阪府鰮巾着網漁業協同組合
（大阪府岸和田市地蔵浜町7-1巾着会館2階）

■漁協の現状と変化

	50年前	現在
組合員数	（S47の聞き取りに135人の記載あるが、春木漁協との関係不明）	正組合員33人、総組合員125人
組合員の平均年齢	－	－
隻数	－	巻網12隻、船曳32隻、運搬船等28隻
主な漁法	－	巾着網、船曳網
漁獲量	－	府内全体のデータ提供あり

■アンケートの回答に関連した質問

◆特に減少している魚種

　イカナゴ

◆なぜ減少したと思うか？

　温暖化の影響が大きい。栄養塩の影響はある

◆海域ごとの特性からみえる疑問・問題点について

・イカナゴの減少要因…夏眠の砂の中の温度が27℃を超えると親魚が死ぬという兵庫水産試験場のデータを見せてもらった。水深が浅く温度が上がりやすい愛知では絶滅した。乱獲との声もあるが、全国トップクラスの資源管理で、獲らなくても戻らないのだから原因ではない。釘煮にするのは大きさ3cmだから、試験曳をして3cmになる日を考え、網下しをする日（解禁日）を兵庫漁協と府漁協で合わせることを1982年に決めた（事務局長が府水産課の担当者だった）。親魚を10億匹残すよう網上げの日も決めていた。その後、兵庫漁協が3.5cmにしたいと言ってきて、資源量に応じて3.5cmの時もあった。今は少ないから3.5cm。去年操業できたのは3日。今年は4日

・その他の変化…ノリを見ていると栄養塩不足は明らか。冬場は下水処理場も栄養塩を流していい。シラス（大阪ではカタクチイワシの子）、マイワシは3,000〜5,000tで安定している

・スナメリクジラの目撃…空港島の近く。5〜6頭の家族

■磯浜復元をどう思うか

　河川改修で砂が来ないことが問題。生物は与えられた環境でしか生きられな

い。ダムをなくして砂を流して、干潟を作って。仕組みは簡単で、やろうと思えばできるはずだが、担当者はやらない理由しか考えない。環境さえ整えれば生物は戻ってくる。昔、大阪湾にもシラウオがいた。シンボリックな魚を取り戻すことがいい

■その他

　環境省は数字でしか環境を見ていない。生物を見ていない。「浜の再生プラン」で急速冷凍設備を導入し、魚価の向上、海外輸出に成功している。仲買いとの相対取引から入札へ移行させ、単価が1.7倍になり兵庫県に追いつく。直営食堂で生シラス丼を出し、日曜日にマルシェも開催

（インタビュー実施日：2023年4月5日／協力者：森政次事務局長／実施者：末田一秀）

5.春木漁業協同組合 （大阪府岸和田市臨海町20）

■漁協の現状と変化

	50年前	現在
組合員数	－	正組合員110人
組合員の平均年齢	－	40〜50歳。最近は若い者も就業。少し前より若くなった
隻数	－	150隻ぐらいある
主な漁法	－	巾着網、船曳網

■アンケートの回答に関連した質問

◆特に減少している魚種

　イカナゴは1/10以下。昔は日の出から日没までかなりの量採れた。昨年は操業できたのは2日。「3日坊主」どころか2日かと、船曳漁師に冗談を言っていた。バイ貝はほとんど採れない。私は刺網をやっている。若いころは、4〜5月はカレイを追いかけて生計を立てていた。ここ10年カレイで生計という次元の話ではない。今、網を作ってカレイを狙う漁師は組合にいない

◆なぜ減少したと思うか？

　船曳で稚魚を殺すこともあるが、少なすぎる。乱獲ではない。シラス網に他の魚が入ることはあまりない。水温とか栄養塩とか、一つではなくいろんな要素が重なっている。大阪湾は2つの口から入ってきて、どれだけいつくか。うちの前は大きな影響はないが、潮の流れに関空島の影響はある

◆海域ごとの特性からみえる疑問・問題点

- ハモの増加の意味…地先から湾口でアナゴかごや刺し網に時たま入るが、狙ってないのでよく分からない。マダイなども関空までの間の網に入ることがある
- スナメリクジラの目撃…けっこう泳いでいる

■磯浜復元をどう思うか

　垂直護岸では波がぶつかっても酸素が入らない。大津川のところにあるようなスリット護岸の周りには魚もいる。酸素が溶け込むように増やしてほしい。関空島の緩傾斜護岸には藻場が育ち魚も多い。サワラが減ったときに受精卵放流して効果があった。アコウの放流をしているが、地元で獲れてない

（インタビュー実施日：2023年4月5日／協力者：中武司組合長／実施者：末田一秀）

6.堺市出島漁業協同組合（大阪府堺市堺区出島西町１）

■漁協の現状と変化

	50年前	現在
組合員数	－	24人
組合員の平均年齢	－	60〜70歳
隻数	15隻	5隻
主な漁法	－	底曳き網
年収	－	収入は低く休みはないとのコメント

■アンケートの回答に関連した質問

◆特に減少している魚種

　江戸前に負けないアナゴが獲れていたが、20年前にいなくなった。シャコも獲れなくなった

◆なぜ減少したと思うか？

　水温が安定しない。1℃、2℃で全然違う。栄養分が足りない。これは手を打っても遅い。獲りすぎもある。獲れてると聞いたら行くから。大阪湾では10年ぐらい前から船曳が増えた。タコとかシャコの小さいのが入る。堺の前に神戸から来る潮に、新島（大阪湾フェニックス）ができて影響があった

◆昔いなかった魚種とそれが見られるようになった原因

　コハダ、スズキ、セイゴが20年前から獲れ出した。コハダは関西では食べないから安い

◆海域ごとの特性からみえる疑問・問題点

大阪湾は浅く岩礁がないので底曳きに適している。赤潮はちょくちょく出ている。良くはなっていない。水温が高い時に多い。酸欠でシャコやカレイなど底魚が獲れない。シャコは成長に時間がかかる。栄養塩は、年々悪くなっている。8月から10月にかけてカマスがよく獲れたが、獲れないときもあり変動がある

■磯浜復元をどう思うか

海底のヘドロが悪い。年に2〜3回海底耕うんをしているが、びくともしない。しっかりやれば海底の改善になる。臨海工業地帯の埋立てができて沖へ出るだけで30分くらいかかるようになった。燃料代もかかるし、遠方へ漁に出られない

（インタビュー実施日：2023年4月4日／協力者：小西喜一組合長／実施者：末田一秀）

7.森漁業協同組合 （兵庫県淡路市久留麻2205-5）

■漁協の現状と変化

	50年前	現在
組合員数	男性90人（女性0人）	男性52人（女性25人）
組合員の平均年齢	30〜40歳	60歳前後
主な漁法	ノリ養殖、底曳き	同左
漁獲高	―	―
およその年収	―	300万円前後

※組合数の女性を（　）にしているのは漁師も入っているが、大半が漁業従事者としてカウントしているとのこと。特に養殖のりの生育作業は女性が力を発揮している

■アンケートの回答に関連した質問

◆特に減少している魚種

イカナゴ、シャコ、アナゴ

◆なぜ減少したと思うか？

温暖化、漁具の改善、乱獲

◆海域ごとの特性からみえる疑問・問題点について

・ イカナゴの減少要因…産卵場所が減少した。護岸工事の影響で海砂が減少している

・ ハモの増加の意味？…海水温が上昇してハモが底曳きでも獲れる。15年ぐらい前から徐々に増加してきた

- 　スナメリクジラの目撃…大阪湾側で時々みかける

■この50年間の変化

　ゴミが増加。遊漁船が放置した釣り針でケガをする。漁船に3人ぐらいが乗り作業していたが、現在は1人でやっている

■磯浜復元をどう思うか

　大切なことだ。定期的に浜の掃除は実施している。毎年子どもたちと地引網のイベントを行い、海の大切さを教えている

（インタビュー実施日：2023年4月26日／協力者：平野職員／実施者：安藤眞一）

【播磨灘・備讃瀬戸東部】

8.明石浦漁業協同組合 （兵庫県明石市岬町33-1）

■漁協の現状と変化

	50年前	現在
組合員数	400人以上（男性のみ）	248人（男性のみ）
組合員の平均年齢	現在より低い	59歳
主な漁法	ノリ漁がメイン、軒数も多かった、一本釣り、小型底曳き	小型底曳き、ノリ漁7軒、一本釣り
漁獲高	30億円	20億円
およその年収	現在より年収は少ない	600万〜2,000万円

■アンケートの回答に関連した質問

◆特に減少している魚種

　タコ、アブラメ、イカナゴ

◆なぜ減少したと思うか？

　貧栄養化

◆昔いなかった魚種とそれが見られるようになった原因

　タイが増えている。雑食でなんでも食べるから

◆海域ごとの特性からみえる疑問・問題点について

- 　イカナゴの減少要因…1998年（25年前）に明石大橋ができて、海流が変わった
- 　ハモ増加の意味？…ハモは強い、サワラが増えている、アナゴが減っている

- スナメリクジラの目撃…3年前の夏に沖で発見される。また、夏に鹿の瀬にて群れているところを発見
- カブトガニの目撃…35年前に須磨水族館のエントランスで剥製（岡山産）を見たことがある。生きたものは見たことがない

■この50年間の変化

魚が激減した。海砂採取中止の影響。水温の変化。イカナゴは5月頃砂底にもぐって夏眠する。砂がなければ死ぬ？ 6月～7月がタコのピークだが、減っている

■磯浜復元をどう思うか

長い目で見てやり始めることはよいことだ

■国等への要望事項

国の形だけの各漁協への魚の獲れ高や収入を書類として提出を求め、数値だけみて計算された規制をされても、現場の漁師たちにとっての現実的な補助や生活の生きた助けにはなっていない。生きた法律と対策を！！

（インタビュー実施日：2023年5月18日／協力者：若松弘喜参事補佐・清水琢人課長補佐／実施者：秋田和美）

9.林崎漁業協同組合 (兵庫県明石市林3-19-27)

■漁協の現状と変化

	50年前	現在
組合員数	1954年（69年前）392人（男性のみ）	241人（男性のみ）
組合員の平均年齢	－	55歳
主な漁法	ノリ以外	ノリ、船曳、底曳き、タコツボ、釣り
漁獲高	9,500万円	45億8,600万円
およその年収	－	2,000万円

※1951年（昭和26年）に漁協として登録された

■アンケートの回答に関連した質問

◆特に減少している魚種

チリメン以外、全部減った

◆なぜ減少したと思うか？

栄養と気候、地形の変化、岩場が減った、砂場が減った、泥が増えた

◆昔いなかった魚種とそれが見られるようになった原因

エイ

- ◆海域ごとの特性からみえる疑問・問題点について
  - ・ ハモの増加の意味？…ハモは獲れないのでわからない
  - ・ スナメリクジラの目撃…漁師は沖で見た

■海砂採取について

変わると思う

■磯浜復元をどう思うか

防災に考慮してやってほしい

■国等への要望事項

栄養塩の加減

（インタビュー実施日：2023年5月19日／協力者：久留島継光課長・片岸拓哉／実施者：秋田和美）

10.西二見漁業協同組合 （兵庫県明石市二見町西二見1003-2）

■漁協の現状と変化

	50年前	現在
組合員数	66人（男性のみ、うちノリ漁師55人）	35人（男性のみ）
組合員の平均年齢	40代	55.5歳
主な漁法	－	タコ釣り、イカナゴ、イイタコ壺、釣り、底曳き、ノリ
漁獲高	5億円	2億〜7億円
およその年収	－	1,000万円〜1,500万円（底曳きだけなら200万）

※1949年（昭和24年）に販売所から組合になった

■アンケートの回答に関連した質問

◆特に減少している魚種

イカナゴ（この10年）、タコ（この2年）、カレイも

◆なぜ減少したと思うか？

海が変わりエサがなくなった

◆昔いなかった魚種とそれが見られるようになった原因

チヌ

◆海域ごとの特性からみえる疑問・問題点について

- ・ ハモの増加の意味？…ここ5〜6年
- ・ スナメリクジラの目撃…過去に2、3回程度、2、3匹で泳いでいるのを目撃した
- ・ カブトガニの目撃…明石の市場で、45〜46年前に見たことがある

■この50年間の変化

水温が0.5〜0.7℃上がる

■定置網の状況

アジを獲っていたが、今はやっていない

■海砂採取に関連して

5月頃、砂の中にイカナゴが潜るけれど、砂が削られれば、潜るところがない。55年前（小学5、6年頃）の赤潮で魚の栄養もなくなった（脱窒素・リン）

■磯浜復元をどう思うか

磯浜復元については良いと思う。高潮のとき、船の心配が少なくなったが、ダムやコンクリートで山からの栄養が遮断された

■国等への要望事項

新鮮な蛋白源である魚を提供する漁業を続けられるように、またお客様にいっぱい食べてもらえるように、漁師もがんばるので、国もまともな事を考え、取り組んでいただきたい。豊かな頃の海を知る世代なので（67歳）、これから20〜30年の間に昔の海にもどってほしいと思う。

それに向かって力を入れていく取り組みとして、海の底の掃除はもちろん、川につながるため池の掻い掘り（かいぼり：池や沼の水を汲みだして、泥をさらい魚などの生物を取り除き、池の底を天日に干す事）を実施する、山の栄養をはぐくむためにオフシーズンは20年前から漁師家族で里山整備や植林、市長や議員にも積極的に漁師の勉強会へよび、地元の海の勉強を共に行う。特に播磨町から東へ明石一帯の漁師は漁猟で生活しているため、海が良くなると思うことは何でもしていく

（インタビュー実施日：2023年5月19日／協力者：山本章等組合長／実施者：秋田和美）

11.播磨町漁業協同組合 (兵庫県加古郡播磨町古宮768)

■漁協の現状と変化

	50年前	現在
組合員数	現在の半分程度	男性28人・女性9人
組合員の平均年齢	20歳代が主	70代（35歳が1人）
主な漁法	一本釣り（タコ漁）	刺網、底曳き
漁獲高	―	1億円
およその年収	―	2,000万〜500万円

※50年前は、火事で記録が残っていない。50年前の1973年（S48）にできた（古宮、本荘が合併）。播磨町人工島ができたのも50年前で、風景が一変した

■アンケートの回答に関連した質問

◆特に減少している魚種

　タコがここ10年で減少。2021年だけ漁獲量が上昇したが、その翌年から気温が-5℃（水温5℃）以下に冷え込むとタコの子や卵をもった親が死んだ為と思われる

◆なぜ減少したと思うか？

　栄養不足

◆昔いなかった魚種とそれが見られるようになった原因

　エイやボラがみられるようになり、それらが捕食する、タコ、貝、カニが減少したと思われる

◆海域ごとの特性からみえる疑問・問題点について

　・　イカナゴの減少要因…播磨町にはもともといない

　・　ハモの増加の意味？…ハモがここ5年で増えている。タコを食べているのでは？

　・　スナメリクジラの目撃…網に死体がかかったことがある

■この50年間の変化

　人工島設置から50年目を迎えている。ホンジョウガイ（本庄貝）・ウチムラサキ（船から棒で採れる2枚貝）がいなくなった。最近は、愛媛県産のホンジョウガイを放流している。しかし、タコ、エイに食べられて育たない。また、埋立てにより海流が変化し50年たって影響が出てきている。当時はここまでの影響があるとは思わなかった。気候の変化により雪が減った影響で山の上で雪解けとともに栄養がじっくりしみこんだ川の水が減ってきている

■国等への要望事項

　汚水の排水基準を基に戻す

（インタビュー実施日：2023年5月15日／協力者：白岩隆司参事／実施者：秋田和美）

12.東播磨漁業協同組合 （加古川市尾上町池田2133-1）

■漁協の現状と変化

	50年前	現在
組合員数	100人（男性のみ）	48人（男性のみ）
組合員の平均年齢	50代	60代
主な漁法	ノリ、底曳き、延縄、一本タコ釣り	建網、底曳き、ノリ　2帯
漁獲高	1億5000万円	3億円
およその年収	100万円（一本釣り）400万円（ノリ）	200万円（一本釣り）800万円（ノリ）

■アンケートの回答に関連した質問

◆特に減少している魚種

　キス、ベラ、イカナゴ、イワシ、マコカレイ

◆なぜ減少したと思うか？

　魚の獲りすぎ、川の水がきれいに流れてきて栄養不足（窒素、リン）

◆昔いなかった魚種とそれが見られるようになった原因

　ハモ、タイ

◆海域ごとの特性からみえる疑問・問題点について

・　スナメリクジラの目撃…10年前にクジラの親子が港に着いた

・　カブトガニの目撃…つぼあみにひっかかったことがある

■この50年間の変化

　潮の流れが変わった

■地元ならではの取り組み

◆マコカレイのふ化、1万匹を放流（予算60万円）

◆たこつぼ、8月に600〜700匹放流（予算60万円）

◆海底耕うん

◆かいぼり（野口・別府の皿池）

◆藻場の育成

◆ワカメの種苗（右図参照）

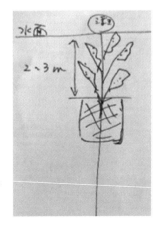

（インタビュー実施日：2023年5月26日／協力者：川崎十九男組合長・上田紀子事務職員／実施者：秋田和美）

13.高砂漁業協同組合（兵庫県高砂市高砂町材木町1198）

■漁協の現状と変化

	50年前	現在
組合員数	140人	55人
組合員の平均年齢	—	—
主な漁法	底曳き	底曳き、刺網
漁獲高	日本一	3t
およその年収	—	—

※2013年（H25）に南部荒井と合併

■アンケートの回答に関連した質問

◆特に減少している魚種

　昔は魚や貝やエビ、タコ、タイ、ブリの子がたくさんいたが、現在は見られなくなった

◆海域ごとの特性からみえる疑問・問題点について

- ・イカナゴの減少要因…稚魚。潜水したら、砂からイカナゴが出てくる。鳥も砂にもぐってイカナゴを見つける。鳥のいるところにイカナゴがいるとわかった
- ・ハモの増加の意味？…タチウオがいなくなったため？
- ・カブトガニの目撃…埋立て前にはたくさんみつけた

■この50年間の変化

　東二見から荒井までの間にこどもを産みにタイやブリの子が来ていたが見られなくなった。夜になると、懐中電灯を持って砂浜にみんなが集まって生きたイイダコを捕まえていた。しかし今になると、砂浜もなくなり死の海となった。また、別府から播磨町の沖の海中にナガモという、うどんくらいの太さ丈4mの海藻がたくさんあった。昔はアイナメを四国から買いにきていた

■地域独自の取り組みについて

◆埋立てが進んだ頃（約40年前）「ガザミをふやそう会」を設立

◆アマモの元あった場所にアマモを植える活動を実施

◆高砂市が2tのアサリを毎年放流するが育たない

■磯浜復元をどう思うか

　藻場の育成が第一だ！！

（インタビュー実施日：2023年5月23日／協力者：河村英一組合長・山野宏樹参事／実施者：秋田和美）

14.伊保漁業協同組合 （兵庫県高砂市高須18-8）

■漁協の現状と変化

	50年前	現在
組合員数	100人	55人
組合員の平均年齢	50歳	65歳
主な漁法	底曳き40隻	底曳き30隻、チェーン網
漁獲高	―	―
およその年収	一隻1,200万円	一隻1,000万円

※曽根漁協と合併。昔はチェーンでカレイ、タコ、アナゴ、シャコ、スズキなど

■アンケートの回答に関連した質問

◆特に減少している魚種

この10年でアナゴが減少（10年前は一晩で一隻50kg）

◆なぜ減少したと思うか？

アナゴの稚魚はたくさんいるが、梅雨までに育たず、収穫時期である秋（10月）までに減少する

◆昔いなかった魚種とそれが見られるようになった原因

7月にハモが取れるようになった。7～8年前から砂にもぐる魚や貝が減った

◆海域ごとの特性からみえる疑問・問題点について

・ イカナゴの減少…イカナゴは水温の低い所を好む。水温が高くなった

・ スナメリクジラの目撃…沖で群れを見たことがある

・ カブトガニの目撃…小学生の頃に獲ったことがある

■この50年間の変化

昭和43年に、それまでは砂浜だった場所に漁協の建物が立つ。クルマエビ、秋にはアシアカエビ、カワトエビなど、多い時には100kg獲れたが、この10年で激減した

■地元独自の取り組みについて

高砂では志方町のため池のかいぼりも実践。その結果、ノリの色落ちが止まった。また、里山の植林も県漁協の呼びかけで実践

■磯浜復元をどう思うか

やっていくべきだ

■国等への要望事項

持続可能な海を保つため、高砂4漁協が一体となって、海底耕うんなど漁師た

ち自ら積極的に取り組んでいるが、ガソリン代など助成してもらいたい

(インタビュー実施日：2023年5月19日／協力者：高谷繁喜組合長／実施者：秋田和美)

15.姫路漁業協同組合 (兵庫県姫路市白浜町字万代新開甲912-8)

■漁協の現状と変化

	50年前	現在
組合員数	－	－
組合員の平均年齢	－	－
主な漁法	－	底曳き、刺網、かご
漁獲高	－	－
およその年収	－	－

※2010年（H22）に合併、支所：大塩、的形、八木、白浜、中部（妻鹿・阿成）、飾磨（広畑）、大津、網干

■この50年間の変化

　播磨灘の中でも独特な沿岸11漁協を一つに統一した漁協で、埋立て地で現在8割が企業からの事業収入となっている。40年以上前は大漁貧乏（漁獲量が多すぎて値段が下落し、かえって収入が少ない）だったが、埋立て後は企業の工場排水規制の為の薬品で、山からの栄養分もカットされてしまい魚が獲れなくなった。また、陸で使う農薬や除草剤の影響が大きいとみている。近年は、アサリの養殖、アカガイ・トリガイ・ナマコも放流し収入源の2割を占める量の現状維持を狙う。また、誘致した企業の工事工程など、海や陸に対しての影響を考え写真や過去の記録を残している

(インタビュー実施日：2023年5月19日／協力者：中澤卓生組合長・遠藤彩子事務職員／実施者：秋田和美)

16.坊勢漁業協同組合 (兵庫県姫路市家島町坊勢697)

■漁協の現状と変化

	50年前	現在
組合員数	298人	450人
組合員の平均年齢	40歳	50歳
主な漁法	－	－
漁獲高	6億6339万円	61億円（昭和45年以降ノリ漁が始まり、現在30経営体）
およその年収	200万円	正会員の1年の水揚げ平均1,350万円

※昔は島に船をつくる造船所が3つあって、今は修理業になっている。船が830
隻もあり日本一の漁港

■アンケートの回答に関連した質問

♦特に減少している魚種

　シャコ、アナゴ、カニ

♦なぜ減少したと思うか？

　温暖化、栄養塩の減少

♦昔いなかった魚種とそれが見られるようになった原因

　南国のカラフルな魚、ハマチ、ブリ、ヒラメ

♦海域ごとの特性からみえる疑問・問題点について

　・　スナメリクジラの目撃…スナメリクジラの死体が海岸に流れ込むことがある

　・　カブトガニの目撃…ある

■この50年間の変化

　30年前は景気がよかった。中学上がり〜10代の組合員も多かった。50代は最
高齢の時代。50年前はプランクトンの多い海で、現在は透明度が高すぎて栄養
のない海

■国等への要望事項

♦船の油代が高く、魚の値が安いため、赤字になることもあり、漁に出ること
　が難しくなる

♦ゆくゆくは環境に配慮した再生エネルギーまたは水素エネルギーなどの燃料
　で動くエンジンの船やそのエネルギー代を無償化にしていただくだけで、漁
　師の生活は少なからず守れる

（インタビュー実施日：2023年5月19日／協力者：竹中太作組合長・上西典幸参事／実施者：秋田和美）

17.岩見漁業協同組合 （兵庫県たつの市御津町岩見1308-5）

■漁協の現状と変化

	50年前	現在
組合員数	－	142人
組合員の平均年齢	－	60〜65歳
主な漁法	－	カキは7、8軒
漁獲高	－	2022年：265t、4億円
およその年収	－	4,000〜5,000万円

■アンケートの回答に関連した質問

◆特に減少している魚種

　エビ、カニ、子もちガザミ（去年はゼロだった）。ヒラメ、スズキなど、小魚を食べる魚は減っていない

◆なぜ減少したと思うか？

　用水路（コンクリート）によって、山からの栄養が遮断されている。20年前は舗装されていなかった

◆昔いなかった魚種とそれが見られるようになった原因

　トビエイがみられるようになった。水温の上昇が原因と思われる

◆海域ごとの特性からみえる疑問・問題点について

・　スナメリクジラの目撃…スナメリクジラの死体が岩見の港に流れ着いたのを見た

・　カブトガニの目撃…知らない

■定置網の状況

◆方式

　陸側、小型

◆いつから？

　1970年代以前？ある

◆時期による特徴、主な魚種や漁獲量の変化は？

　漁業者が減っている

◆網元に話をきけるかどうか

　定置2人、底3人いるが、聞けるかどうかは不明

■磯浜復元をどう思うか

　良いとは思う

■国等への要望事項

◆台風のときのゴミがすごい。漁協だけでは無理なので、国の助成金等、支援をしてもらいたい

◆川の漁協、山の漁協など連携が必要。人海戦術で実施するしかない。助成金も海の漁協だけではなく、広く使えるようにしてほしい

（インタビュー実施日：2023年5月8日／協力者：中岡龍也主任／実施者：秋田和美）

18.室津漁業協同組合 （兵庫県たつの市御津町室津493-2地先）

■漁協の現状と変化

	50年前	現在
組合員数	226人	124人（沖に出る正組合員は83人）
組合員の平均年齢	10年前は60～69歳が63人、70歳以上が41人	現在は60～69歳が24人、70歳以上が35人
主な漁法	底曳き（カニ、エビ）船曳（サワラ、アジ、サバ、イワシ、イカナゴ、チリメン）	カキ漁
漁獲高	4億円	12億円
およその年収	1,000万以上	5,000万

※1949年（S24）年設立

■アンケートの回答に関連した質問

◆特に減少している魚種

　小型、底曳き網で獲れる種のシャコ、ワタリガニ

◆なぜ減少したと思うか？

　海が変わった事により、本来の収穫時期からずれて獲れるようになった。埋立てによる影響。処理場で水がきれいになったけど栄養が減少している

◆昔いなかった魚種とそれが見られるようになった原因

　ナルトビエイ、アカエイ（アサリを食べる）。獲れなくなった原因は、水温の変化によると思われる

◆海域ごとの特性からみえる疑問・問題点について

　・　イカナゴの減少要因…イカナゴを収穫する期間が、去年は4日間、今年は2週間と短かった。原因としては、海の栄養がなくなった

　・　ハモの増加の意味？…わからない

■定置網の状況

◆方式

　陸側、小型定置

◆いつから？

　1970年代以前？

◆50年前は

　4～5軒が、今は1軒

◆時期による特徴、主な魚種や漁獲量の変化は？

23年前から室津でカキが始まり、10月〜3月がシーズン。10年経ったくらいから5〜6月にのびている

◆過去からの記録の有無

1972年からの1年ごとに業務報告書がある

◆網元に話をきけるかどうか

きけると思う。室津はカキ会社が15軒。底曳き・船曳き業者が11軒ある

■磯浜復元をどう思うか

藻場の再生など良いと思う

■国等への要望事項

◆魚の値段が上がることで底曳きが頑張れる海にしたい

◆台風や高潮の対策も考える

（インタビュー実施日：2023年5月8日／協力者：宮本成記職員／実施者：秋田和美）

19.日生町漁業協同組合 （岡山県備前市日生町日生801-4）

■漁協の現状と変化

	50年前	現在
組合員数	124人（男性のみ）	70人（男性のみ、内4人は「おかず獲り」）
組合員の平均年齢		60代
主な漁法	つぼ網・底曳き網	カキ養殖
漁獲高	不明	不明（現在の11億円、85〜90%はカキ養殖）
およその年収	不明	不明〜4,000万円

■アンケートの回答に関連した質問

◆特に減少している魚種

小魚・えび類：アナゴ・カレイ・メバル・ヨシエビ・クルマエビ・モエビ・クマエビ・シラサエビ・シャコ

◆なぜ減少したと思うか？

ヒラメ、アコウ、ハモなど、海の食物連鎖の頂点に位置する魚類、小魚やその幼魚・稚魚を餌とする魚類が増えた。1995年の夏、阪神淡路大震災の影響か、赤潮が発生した。また、阪神淡路大震災後、播磨灘の「鹿の瀬」に震災ゴミが大量に漂着したという。そのため赤潮が発生し魚類が生息域を奪われ、内海の各所に移動した。そのため、比較的近い日生諸島界隈はその年に定置

89

網漁で、網を日に3回（平常は日に1回）揚げるほどの豊漁となったが、翌年には激減した。その後は減少する一方である

◆昔いなかった魚種とそれが見られるようになった原因

先述したように、昔ほとんど見られなかったアコウ・ハモが増えた。メバルの稚魚・幼魚は、徐々に増えているアマモ場や波打ち際ではよく見かけるが、成魚は獲れない。アコウやハモの餌になっている。

◆海域ごとの特性からみえる疑問・問題点について

・ イカナゴの減少要因…イカナゴ漁は一艘しかいない。かつては、イカナゴは釜揚げせねばならなかった。2015年頃からナマの出荷が可能になってきたが・・・

・ ハモの増加の意味？…温暖化、海水温の上昇

・ スナメリクジラの目撃…最近増えている。沿岸からも見えることがある。シーズン関係なく、定かでないが家族づれが多いようだ

・ カブトガニの目撃…カブトガニの生息の最東端と言われてきた干潟も点在しているので、時々つぼ網にかかることもある。頭部甲羅の直径20cmぐらい

■この50年間の変化

底曳き網漁60人が20人ほどに減少。つぼ網漁は30人がたった3人にまで減ってしまった。昭和40年代はハマチ養殖、カキ・ノリ養殖に転換し、現在はカキ養殖。台湾ガザミが増えてきた

■定置網の状況

◆方式

つぼ網漁（右図）

◆いつから？

1970年代以前？つぼ網漁は、日生の漁師が考案したものという。日生諸島の一つで一番南に位置する大多府島は、江戸時代、現在の岡山市に城をかまえた池田藩の潮待ちの港があり、日

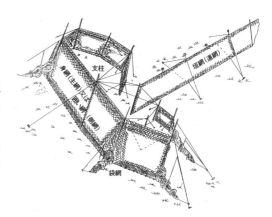

生諸島と現在の日生界隈に住む領民は、おもに漁労を生業とするとともに、海路を江戸に向かう池田藩の加古（＝水夫〜船の漕ぎ手）を担い、水先案内人

の役目を果たしてきた。その中で編み出されたのがつぼ網漁。その後、（多分、明治時代の近代法制化の流れのなかで、漁業法が成立し、漁業組合が出来た）「一家族一組合員」を原則として組合員資格が相続され、つぼ網漁も継承された。そのなかで、二男・三男…は組合員資格を相続できず、各地に漁業のできる地を求め、散らばっていった。その一つは、現在の山口県周南市、確認できているのは大分県から愛知県蒲郡にまで及んでいる。日生で考案されたつぼ網漁が、それらの地で今日まで継承され漁法として用いられていることでわかる

◆過去からの記録の有無

加古民俗資料館（日生町・日生漁協のすぐそば）にあるかもしれない

（インタビュー実施日：2023年8月1日／協力者：天倉辰巳　専務理事／実施者：松本宣崇）

20.牛窓町漁業協同組合（岡山県瀬戸内市牛窓町牛窓3909-1）

■漁協の現状と変化

	50年前	現在
組合員数	正70人余り・準180人 男性が90%強	正45人・準120人 男性が90%強
組合員の平均年齢	40代	50代
主な漁法	底曳き網、カキ・ノリ養殖	
漁獲高		
およその年収		

■アンケートの回答に関連した質問

◆特に減少している魚種

チリメン・イカナゴ・アナゴ・マダコ・イイダコ

◆なぜ減少したと思うか？

きれいになりすぎた。25年前に手を打っておくべきだった

◆昔いなかった魚種とそれが見られるようになった原因

2～3年前からハモが増えてきた。エイも。きれいになったから

◆海域ごとの特性からみえる疑問・問題点について

・イカナゴの減少要因…壊滅の実感。厳しい。イカナゴ漁は「二艘曳き」で行なっていた

・タチウオ…もともといなかった

- ハモの増加の意味？…きれいになった。チヌの稚魚放流。稚魚はハモの餌になり、成魚になると、ノリの食害（養殖ノリのいかだで成長途上のノリを食い荒らす。）チヌは汽水域で獲れても「臭い」ため市場価格は安い
- スナメリクジラの目撃…漁港に南側・前島の南側で、特に夕方目撃されることは多い。家族連れとみられる。餌場にしているのではないか
- カブトガニの目撃…かつては定置網に入っていたが、今はいない。幼生・卵も見たことはない

■この50年間の変化
サワラを養殖し、人工ふ化して稚魚を放流

■定置網の状況
◆方式
三方に袋網の漁法

◆いつから？1970年代以前？
50年以上前から。今は1〜3人

◆時期による特徴、主な魚種や漁獲量の変化は？
春はタイ。春から夏にかけてはハマチ。回遊魚を狙うが、少なくなった。減った。後継も怪しい。

（インタビュー実施日：2023年7月25日／協力者：柴田悟組合長／実施者：松本宣崇）

21.九蟠漁業協同組合 （岡山県岡山市東区九蟠1145番地先）

■漁協の現状と変化

	50年前	現在
組合員数	合併が多く、詳細は不明	正会員33人（男女比は半々*夫婦でノリ養殖をしている方が多いため）・準会員160人
組合員の平均年齢	―	60代
主な漁法	―	延縄、小型底曳き２艘（うち稼働は１艘）黒ノリ・青ノリの養殖
漁獲高	―	―
およその年収	―	―

■アンケートの回答に関連した質問

◆特に減少している魚種
ほとんど全て、特には、ここ数年カザミ（ワタリガニ）の減少が著しい。放流しているにもかかわらず、大きくなれずに獲れない状況。放流は水産試験

場で少し大きくして放流しているが放流するにしてはサイズが小さいのかもしれない。アナゴ、シャコ、カレイ（ヒラメはまぁまぁ見る）、ママカリは全然ダメ！　貝類（アサリ・ハマグリ）は吉井川河口に25年前頃はたくさんいた。シジミもたくさんいたが今はいない。イイダコも一切釣れない。10年前には10月頃になるとよく釣れた。ノリも水温上昇で色落ちもそうだが、クロダイ（チヌ）の食害に困っている

◆なぜ減少したか

水温上昇をはじめとした、環境の変化。貧栄養（河川からの栄養塩の減少）。エサとなるものがなくなっている。アコウを放流していた時期があり、アコウに魚の稚魚やガザミも食べられている。コンクリート化。干潟の減少（川からの土砂供給減少、水量が昔ほどない、沈下している、ヘドロ化している。九蟠の西では干潟が出ていたが、最近では干潟が出ず、沈下しているか堆積が少ないか…）。干潟減少については、護岸をつくる時に入れている台船が潰してしまうのではないかとも考えている。児島湾が浅くなっている。岩礁等のカキ、エイによる食害。二枚貝が食べられたりして少なくなり浄化機能が低くなっている。ノリについてはカモの食害もあり、昔に比べると増えている。カモに食べられまいと海に沈めると今度は魚にやられる。カワウについては昔より増えた印象（鳩島と高島がねぐらとなっており、飛べないくらい、大量に食べている、被害額の算出が難しくまた追い払いなども難しい）。ノリは後継者不足や機械の更新も大変

◆昔いなかった魚種とそれが見られるようになった原因

アカエイ、ナルトビエイ、クロダイ（チヌ）、アコウ。捕らないので増えているのではないか。アコウは獲っているが残る率が高いので減らないのではないか。昔いなかったわけではないがクラゲ（四つ目）が多くなっている

◆地域ごとの特性からみえる疑問・問題点について

- イカナゴについて…沖が砂地ではないのでわからない。
- ハモの増加…料理に困るので獲らないから増えているのか、湾内にはスズハモがおり、かなり太い。一方でアナゴは餌がないので太ってない。ヘドロでも育つので増えたのかも？
- タチウオについて…湾内ではなく沖にいかないとこのあたりでは捕れない。秋に小さいものが四つ手網にかかることはある
- スナメリクジラについて…冬場、ノリ養殖の時期、多いときには何十頭というかたまりで見た。最近でもそれくらいの数で見られる。数家族の単位

なのではと思われ、コノシロを食べているのではなかろうか

・ カブトガニについて…5、60年前は児島湾にもたくさんいた。そのころにはクルマエビもいた。締め切り後でもしばらくはいた。海掃除といって海岸付近から、海底までゴミを掃除する時があり、そういったときに見たりしていた。ハマグリの養殖場（砂浜）にもいたりした

■この50年間の変化

　海ゴミ、プラスチックゴミ。かなりのゴミが上流から流れてくる。海底にはビニール袋がかなりあって、底につく魚が住めない。ただ中学生がボランティアでゴミ拾いに来てくれて、それがとてもうれしい！！

■磯浜復元・国等への要望事項

◆瀬戸内法できれいになりすぎた海、崩れたバランスを戻すのはすぐには難しいだろうが、豊かできれいな海をめざしていきたい

◆干潟は大切（周辺がほぼヘドロで、アマモさえも植えられない、干潟遊びもできない状況）

◆ガラモ場、アマモ場も大切

◆磯浜は当然復元したい

（インタビュー実施日：2023年8月9日／協力者：藤原誠組合長／実施者：松本宣崇・西井弥生）

22.さぬき市漁業協同組合 （香川県さぬき市志度5386-8）

■漁協の現状と変化

	50年前	現在
組合員数	−	38人（男性のみ）
組合員の平均年齢	−	60歳台後半、若者の就労はない
主な漁法	−	ハマチ養殖、カンパチ養殖、カキ養殖、底曳き網、定置網（マスア網）、タコ縄
漁獲高	−	大幅に減っている
およその年収	−	大幅に減っている

■アンケートの回答に関連した質問

◆特に減少している魚種

　タチウオが特に減っている。全体的に漁獲量は減っている。チヌによるノリの食害もある。高齢化に伴い漁業者は減る一方。各種の放流はやっている。サワラの放流は一時効果があったように思うが、2年前からやっていない

◆なぜ減少したと思うか？

やはり地球温暖化等の影響かなとも思う。栄養塩も下がっていて、下水処理は海にとって必要な栄養まで浄化してしまい、海には本当によくないと思う

♦昔いなかった魚種とそれが見られるようになった原因

とくに聞かない

♦海域ごとの特性からみえる疑問・問題点について

・　イカナゴの減少理由…イカナゴは獲っていない。

・　ハモ増加の意味？…不明

・　スナメリクジラの目撃…私自身はあまり沖へ行かないが、見たという話はあまり聞かない

・　カブトガニの目撃…目撃例は聞いたことがない

■この50年間の変化

漁獲高、組合員数、全体が減っていて、養殖も減っている。後継者がいない。組合のあり方そのものを考えないといけない時期を迎えていると思う

■定置網の状況

定置網は近年取り組まれはじめた。通年で養殖などとの兼業で取り入れられている。以前にもあったようだが、同じ網を長年続けてやっているわけではないので魚種の変化等はわからない

■磯浜復元をどう思うか

問題は多くあると思うが、使わないのであれば、復元したら良いと思う

(インタビュー実施日：2023年6月2日／協力者：内海美征職員／実施者：石井 亨)

23.津田町漁協鶴羽支所 （香川県さぬき市津田町鶴羽2938）

■漁協の現状と変化

	50年前	現在
組合員数	ー	45人（男性のみ）
組合員の平均年齢	ー	70歳台
主な漁法	ー	バッチ網、ノリ養殖、ながせ網
漁獲高	ー	大幅に減っている
およその年収	ー	大幅に減っている

■アンケートの回答に関連した質問

♦特に減少している魚種

ノリが中心で栄養塩が下がって、打撃をうけている。ここ2年で5軒あった内

の3軒が廃業して2軒だけになった。排水の調整などもしているのかもしれないけれど、追いついていないのか。組合の中でエルニーニョが発生している年にはカタクチイワシが獲れないという傾向があるのではないかという話しがでる。タチウオは昔は獲れていたが、定置網にも余り入らなくなった。イカ・タコは減っている。サワラとタイは増えている

♦なぜ減少したか

漁師からは、余り話はでないが、釣りで外海の魚があがることがときどきあり、温暖化しているのかと思うことがある。海に栄養がない。見た目はきれいなのだが、透明度が高くきれいすぎる

♦昔なかった魚種と、それが見られるようになった原因

正体は分からないが、沖でロープなどに粘液質のものがかかることが多くあるという話しがでてきたことがある

■海域ごとの特性から見られる疑問・問題点

♦イカナゴの減少理由…イカナゴ漁はあったという記録はあるが、長年イカナゴは獲っていない

♦ハモ増加の意味?…不明

♦スナメリクジラの目撃…スナメリクジラは見たことがない。昔はいたと聞いている

♦カブトガニの目撃…生息していないと思う

■この50年間の変化

昔はハマチの養殖などもあったが、この海域は潮の流れが弱く、養殖には向かないようで、今はない。漁獲量は凄まじく減っている。ある程度獲らないと後継者も育たない。ここでは、比較的沖合でノリ養殖をしているのでチヌによる食害はあまり聞かないが、地先のノリ網で、陸から食害している様子を見たことがあり、驚いたことがある。潮位がとても高い。荷上場が浸かってしまうようになっている。

■定置網の状況

比較的沖合に3つ、地先に3つ入っている。網元の数は減っていて今は2軒。ノリ、タイ・サワラなどと多角的にやっている。タイが多くなった。地先ではツバスが多く入ることがあるが変化が激しい

■磯浜復元をどう思うか

しないよりは良いことだと思うが、それだけで海が蘇ることはなかなかないのではないか

(インタビュー実施日:2023年6月2日/協力者:西竹志保職員/実施者:石井 亨)

24.引田漁業協同組合 （香川県東かがわ市引田2661-44）

■漁協の現状と変化

	50年前	現在
組合員数	−	180人（男性のみ）
組合員の平均年齢	−	70歳前後
主な漁法	−	建網、底曳き、定置網、巻網、ブリ・タイ・カンパチ養殖、ノリ養殖
漁獲高	−	大幅に減っている
およその年収	−	大幅に減っている

■アンケートの回答に関連した質問

◆特に減少している魚種

　魚がいなくなって漁獲高（年収）が減っているので跡継ぎがいない。タチウオ、シャコ、その他のエビ類、スルメイカ、アカガイ、トリガイ、チリメンがいなくなっている

◆なぜ減少したか

　栄養塩が低下し、ノリなども色落ちし、獲れない。正月まではそれほどでもなかったが、正月明けから激的に低下した。色落ちがはげしく、後半単価には助けられたが、色落ちが加速したので獲れていない。海に力がない。透明度が上がり澄んだ水は死んだ水だと思う。規制をかけすぎたという一面があるのではないか。シャコエビは、田圃の肥という時代もあったが、寿司ネタとして珍重されるようになって乱獲も進んだと思う。魚種によっては水温が上がって、産卵や回遊の経路が変わっている。養殖ノリのチヌによる食害も聞いたことがあるが、食べるものがなくなったのかとも思う。チヌそのものは量的には減っている。幼魚や産卵期の魚種を獲ると乱獲につながる

◆昔いなかった魚種と、それが見られるようになった原因

　ハモが増えたのかなと思う。エイも増えたと思う。アコウあたりは放流の成果が出ているように思う。海水温の上昇か、チョウチョウウオやミノカサゴが入ったりするようになっている

◆海域毎の特性から見られる疑問・問題点

　・　イカナゴの減少理由…もともとイカナゴ漁はやっていないのでよく分からない

- ハモ増加の意味？…この点についても、よくわからない
- スナメリクジラの目撃…時々見かけると聞くが、頻度は下がっていると思う。昔はシャチを見かけることもあったが、今は見ない
- カブトガニの目撃…見かけることはない

■この50年間の変化

他の漁協よりはまだいいのかもしれないが後継者がいない（50年前の調査なし）。魚がいなくなってきた上に、天然の魚よりも養殖の魚の方が単価がよいという状況があって、漁獲漁業は大幅に減っている。作り育てる漁業へと変化している。

■定置網の状況

そもそも、古くから行われており、和歌山や淡路へは、ここから定置網漁が伝わっていったと聞いている。定置網漁は減っていて、底定置網も含めて幾つかあるが、昔のようにイワシ、アジ、サバなどの青物が、大量に獲れるということがなくなった。

■磯浜復元をどう思うか

ケースバイケースだと思うが、災害という視点で問題ないのであれば、海（魚）にとっては、復元するべきだと思う。

■国等への要望事項

規制の在り方を考えてほしい。特に栄養塩については、夏場は抑制し、冬には放流するということなのではないか

（インタビュー実施日：2023年6月2日／協力者：網本昌登組合長・川崎美樹参事／実施者：石井 亨）

25.南あわじ漁業協同組合 （兵庫県南あわじ市阿那賀1463-6）

■漁協の現状と変化

	50年前	現在
組合員数	―	81人（正会員74人准会員7人）（男性のみ）
組合員の平均年齢	―	60.25歳
主な漁法	小型底曳き30～40隻	大半がワカメの養殖
漁獲高		3億7,639万円
およその年収	300万円ぐらい	400万円ぐらい

※丸山漁協と阿那賀漁協が合併して南あわじ漁協になった

■アンケートの回答に関連した質問

♦特に減少している魚種…タチウオ、キス、アナゴ、マコガレイ、クルマエビ

♦なぜ減少したと思うか？…温暖化

♦昔いなかった魚種とそれが見られるようになった原因

　ハモの大漁、温暖化の影響

♦海域ごとの特性からみえる疑問・問題点について

　・　イカナゴの減少要因…栄養塩の不足、温暖化

　・　ハモの増加の意味？…もともと回遊魚だったが特性が雑食で、この海域に
　　　根付き、メバルやカレイなどを食べている。その為メバルやカレイが減少
　　　している

　・　スナメリクジラの目撃…海域は播磨灘で、4〜5年前より確認されている。
　　　単体でみかけて、釣れることもある。くさい魚だ

　・　カブトガニの目撃…ない

■この50年間の変化（聞き取りの相手が若く、感想は特になかった）

　タイが獲れても単価が下がる一方で困っている（1,000円を切っている）

■定置網の状況

♦方式

　特になし

♦いつから？1970年代以前？

　20年前から

♦時期による特徴、主な魚種や漁獲量の変化は？

　たとえば、ある組合員さんはタコ漁で2012年が300万円だったのが2022年では
　10万円以下に激減している

♦過去からの記録の有無

　2名分のデータを拝受（兵庫県に提出しているので閲覧可能との指摘）

■海砂採取について

　海砂が減少して、産卵場所がない。河川工事が進み、海に砂が流れにくくな
ったことも原因か

■磯浜復元をどう思うか

　良いことだと思う

■国等への要望事項

　「栄養塩」なくして漁業はなりたたない。豊かな海の復元はまず「栄養塩」を

（インタビュー実施日：2023年4月21日／協力者：柴田敦子職員／実施者：安藤眞一）

26.湊漁業協同組合 (兵庫県南あわじ市湊1100)

■漁協の現状と変化

	50年前	現在
組合員数	90人（男性のみ）	30人（男性のみ）
組合員の平均年齢	40〜30歳	65歳
主な漁法	巻網	定置網、ノリ養殖
漁獲高	―	50年前の1/3に減少
およその年収	―	800万円

■アンケートの回答に関連した質問

◆特に減少している魚種

　イカナゴ、エビ、カニ

◆なぜ減少したと思うか？

エビやカニは農薬の影響ではないか。農薬の使用基準をもっと厳しくしてほしい

◆海域ごとの特性からみえる疑問・問題点について

・　イカナゴの減少要因…温暖化

・　ハモの増加の意味？…南方系の魚種で、温暖化で増加しているのでは。同
じく、ブリ、ハマチが増加している

・　スナメリクジラの目撃…イカナゴ豊漁の時は目撃したが、今年はいない

・　カブトガニの目撃…50年前は見たことがある。今はない

■この50年間の変化

　昔の水島コンビナート油漏れ事故の記憶がある。サワラが獲れているがタチ
ウオが減っている。すみわけが難しい

■定置網の状況

◆方式

　小型の定置網

◆いつから？1970年代以前？

　かなり昔から、4月から10月に実施

◆時期による特徴、主な魚種や漁獲量の変化は？

　ハマチ・ブリは天然ものが安い。養殖の方が高値。アジも獲れる

◆過去からの記録の有無

　特にない

■海砂採取について

昔は鹿野瀬方面で夜中に漁をしたが最近は養殖なので海砂状況が不明

■磯浜復元をどう思うか

藻場の復元をお願いしたい

■国等への要望事項

◆海に放置されたポリエチレンなどが繊維化して、底曳き網にかかり困る

◆漁協は毎年、子どもたちに地曳き網漁のイベントをして、海の大切さ海をゴミ箱にしないように、など教えている

(インタビュー実施日：2023年4月21日／協力者：北濱紀義組合長／実施者：安藤眞一)

【備讃瀬戸西部・備後灘・燧灘】

27.下津井漁業協同組合 (岡山県倉敷市下津井1-9-8)

■漁協の現状と変化

	50年前	現在
組合員数	300人	50人（年間を通して従事している人は20〜30人）
組合員の平均年齢	－	50代後半〜60代
主な漁法	－	アンケート回答に加え、袋待ち網、ゴチ網、ノリ養殖
漁獲高	－	－
およその年収	－	－

■アンケートの回答に関連した質問

◆特に減少している魚種

タコ、アイナメ、メバル（ウキソメバル）、貝類。特にアイナメは一番減っており、刺網をしても1匹か2匹入る程度。メバルもここ5年で1/3〜1/4くらいに減少

◆なぜ減少したと思うか？

メバルについては稚魚を放流しても、アコウも放流していてアコウに食われている。貝類はチヌやエイにやられている。アイナメは水温が原因。その他、カワウの増加。20年前はいなかったが最近増えてきている

◆昔いなかった魚種とそれが見られるようになった原因

バリ（アイゴ）はどこにでもおり、6月ごろは産卵で浅瀬に寄ってくる。食べればおいしい、刺身にしてもよい。ハモは前は獲れなかったが年間通して獲れるようになった。獰猛なので生き残っているのではないか。チヌが増えるとノリもカキも食べられるので困っている。タイもここ4〜5年増えた。クラゲ（スジクラゲ、ユウレイクラゲ、ミズクラゲ、チョウチンクラゲ等）が4月ごろから多く発生し、マナガツオのエサにはなるが刺網は倒れるし、底曳き網は詰まるなど漁にならないので困っている。タイやスズキ、チヌ、ハモが獲れている。ハモは獰猛なので生命力があるのかな？ 他はわからない

◆海域ごとの特性からみえる疑問・問題点について

・ イカナゴの減少要因…原因はわからないが現状は極端に減った。50年前には2〜3t獲れていたとのこと。10〜15年前は2、3月頃によく獲りに行っていた。イワシも減少。

・ タチウオ…岡山ではあまり食べないので獲れても捨てられることがあり、増減があまりわからない

・ ハモの増加の意味？…獰猛な魚が生き残っているのでは？ タイやアコウもそれに入るかもしれない。タコもハモなどに食べられて脚が8本そろったものが少ない

・ スナメリクジラの目撃…年に1、2回見る。先日は死体が揚がっていたとのことで船と当たったのか病気かだろうとのこと。4、50年前はどこでもいた。今は見るとすればだいたい決まったところ（六口島の南、広島の北、手島）。
単体で見られ、群れまでは見ていないが、中には2、3匹見たという人もいる

・ カブトガニの目撃…小学生のころは底曳き網にかかってきていた。それからもう50年見ていない。干潟がなくなったからではないか、昔は高梁川河口で産卵していたのではないか

■この50年間の変化

　袋待ち網は10くらいあったのが2つになった。栄養塩の関係か、昔は透明度が高かった、4mも5mも底が見えた。藻場は密度が減った。ガラモ場はここ4、5年でものすごく減り数えるほどしかない。ホンダワラ系が特に少なく、今年に関しては極端に少ない。ワカメはまあまああるが獲る頃には色がなくなる（磯焼け）。ワカメは横ばい

■定置網の状況方式

・ 袋待ち網（右上図）…バッシャバッシャと魚が入るのでバッシャと呼んで

いた。3時間ほどで上がる

・ ゴチ網（巻網／右下図）…タイを狙う。200mの
ロープでイカリを落とす

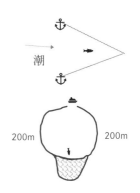

潮

200m　　　　　200m

■磯浜復元をどう思うか

磯浜復元というわけではないが、干潟が少ない、
少ないが干潟をつくるといっても難しいだろう

■国等への要望事項

◆水質、栄養塩を早く改善してほしい。今やっても
効果が出るには時間がかかる

◆工場の排水を冷却してそのまま流してほしい

◆漁礁や藻場を作ってもらいたい

◆案として、釣り客から遊漁料を取り稚魚の放流の費用に回すなど考えてはどうか

◆300～400人程度の漁師がいれば漁業が成り立つ

◆魚の値段を自分たちで決められないこと

◆大きなお店で料理されたものを好む消費者も変わっていく必要がある

（インタビュー実施日：2023年7月26日／協力者：山本博文　筆頭理事／実施者：松本宣崇・西井弥生）

28.黒崎連島漁業協同組合 （岡山県倉敷市玉島黒崎5468）

■漁協の現状と変化

	50年前	現在
組合員数	正組合員80人（性別不明）準組合員連島だけでも500人以上	正組合員34人（うち女性8人）準組合員115人（うち女性7人）
組合員の平均年齢	－	50代後半くらい？
主な漁法（含養殖）	－	養殖ノリ、小型底曳き網、小型定置網、刺網（サワラ、マナガツオ）、建網（ゲタ、メバル）
漁獲高	－	ノリはよくて3億円ほど、その他は4,700万円ほど（年間）
およその年収	300万円ぐらい	400万円ぐらい

■アンケートの回答に関連した質問

◆特に減少している魚種

マダコ、テナガダコ、イイダコ、シャコ、カニ、エビ、イカといった水生生物

が減っている。ガラモなどの藻がなくなっていて船を止めているロープや網などに産み付けているので産卵場所がないようだ。毎年産卵に来ているので産むところがない。(岸壁についていたカキもおらず、つるつるになっている。エイの影響か?と尋ねたが、これは小さなカキがロープなどについたりしているので多分、栄養がなくて大きくなれないのだろう、とのこと)。モガイも全然育たず西からやめていった。エイに食われていると思う。トビエイの存在。アサリも観光としてけっこう儲かっていた時期もあったが‥23年くらい前。魚の活性が低い9月10月に入れていたが海水温が上がって最近では12月に入れたりしている。それでも5月になったらみんなチヌなどに食べられてしまう

◆なぜ減少したと思うか?
海がきれいになりすぎた?魚を獲りすぎた?船のエンジンや漁具の改良?ただ漁師自体が減っているので獲りすぎということには疑問を感じる

◆昔いなかった魚種とそれが見られるようになった原因
タイやスズキ、チヌ、ハモが捕れている。ハモは獰猛なので生命力があるのかな? 他はわからない

◆海域ごとの特性からみえる疑問・問題点について
・ イカナゴの減少要因…このあたりでは漁の非対象種としつつも、下水島あたりの砂浜には昔よくいたとのことで、減少の理由は海砂採取があげられるのでは?と。減っているとわかる理由は市場にでまわらないから
・ ハモの増加の意味?…ハモは上の回答の通り。参考として挙がっているタチウオについては豊後水道の入り口でみんな捕ってしまうからでは? レジャーや釣りが盛んになったことも関係しているのでは。昔黒崎には小さいタチウオしか来なかったのに、20年くらい前に大きいのが獲れだした時期があった。ここ最近ではいなくなっている
・ スナメリの目撃…今でも見ることはある。若いころは港の中の方まで入ってきていた。昔は群れていたが今はそうでもなさそう
・ カブトガニの目撃…昔は腹がたつほど網にかかって外すのが大変だった。今ではかかることはない

■この50年間の変化
少しでも魚を獲ってみんなも食べたいと思っていると思う

■定置網の状況
小型底曳き網、小型定置網。過去からの記録はある。データは毎日、中国農政局(MAFF/086-899-8617)に提出しているので、ここから入手できる

■海砂採取中止の影響

　特に変化は感じない、島がたなので？はっきりと手ごたえはないが魚の減少にはつながったのではないか。海底土壌の復元に向けて、下水島の西当たりで採取される浚渫土砂を利用するというので監視船なども買って準備していたがどうやらそれは実施しなかったようだ

■磯浜復元をどう思うか

　なんぼか変わるかも知れんが…、川の護岸も悪いと思っている。栄養になるものが川から出て来なくなっている。ダムをつくりすぎたのもよくない

■国等への要望事項

♦ 机の上だけで考えて漁業者には難しいことを言ってくる。特に助成金の申請など、わかりやすくしてもらいたい

♦ 現場を知らないのでもっと現場を見て知ってほしい。条件も色々とあるのでデータだけではわからない

（インタビュー実施日：2023年6月22日／協力者：平田晋也組合長、実施者／西井弥生・塩飽敏史）

29.寄島町漁業協同組合 （岡山県浅口市寄島町13003-38）

■漁協の現状と変化

	50年前	現在
組合員数	正115人・準21人	正53人・準82人
組合員の平均年齢	年齢構成は不明	年齢構成は不明。高齢化は進んでいるが、他所と比べれば、若手が多い方ではないか
主な漁法	カキ養殖、ノリ養殖、漁船漁業	カキ養殖、漁船漁業
漁獲高	―	漁業者が減っていることもあり、一概には言えない
およその年収	―	―

■アンケートの回答に関連した質問

♦ 特に減少している魚種

　岡山県で言えば、イカナゴが減ったというのはよく聞く。マダイとハモが増えているというのも聞く

♦ なぜ減少したと思うか？

　水温上昇。水産研究所によると、夏に卵を産む種類が、今の環境にあってい

るというのが実態ではないか。産んだ時の環境が大事で、食物連鎖の影響は、一部だけではないか。サワラ、トラフグ、マナガツオなどは、春～初夏に卵を産みに外海から来るが、それを食べる習慣がある。ハモは、夏に産卵するので、水温上昇に対応できているのではないか？　一概には言えないかもしれないが。カレイ、アイナメは、寒い時期に卵を産むから、減っているのではないか。サワラは、国がかなり厳しい規制など行ったり、受精卵放流など本気で取り組んだ結果、増えてきているのではないか。これほど取り組んでいる魚種は他にないだろう

◆昔いなかった魚種とそれが見られるようになった原因

タイワンガザミ：今年は少ないか？　南方系の種類が増えている

◆海域ごとの特性からみえる疑問・問題点について

・　イカナゴの減少要因…寄島では、イカナゴ漁はない

・　スナメリクジラの目撃…去年は、結構見れた。漁業者に聞くと、結構いるらしい。漁業者曰く、「生きていると、絶対網に入らない」「かなり賢い」「水がきれいになったからではないか」。現在、倉敷市にも下水処理場に規制の範囲内で管理運転をお願いしている。無機窒素が少ないが、それだけを増やすことは難しい。カキは、今のところそれほど影響はないと考える。クロロフィルが重要だが、昨年は秋以降の必要な時に無かった。雨が少なかったことが影響していたのではないか

・　カブトガニの目撃…カブトガニ博物館から、網にかかったら、持って帰って情報取りたいと依頼があり、協力している。タグが付いているのが多いので、博物館で放流したものが多いのではないか。昔は、三郎島の海岸に打ち上げられたこともあった

■この50年間の変化

◆浅口、笠岡より以前は、小田海域（区）と呼ばれていたらしい

◆道具が良くなったのが大きいだろう。20年前は、選別に手間がかかったので、奥さんが同乗していた。漁船も、自動化が進んでいる

◆「赤潮」は、最近見ないし聞かない。（三宅組合長が）子どものころは、雨が降って照り返したら、すぐ赤潮が発生していた。干満の差が大きいので、ひくのも早かった

◆「瀬戸内法」の改正の関係で、養殖業は栄養が少ない方がいいらしいので、香川県では、意見が分かれているらしい

■定置網の状況

◆方式

現在、2統（毎日行く必要があり、手間がかかるので、担い手が少なくなった）
小型定置網（つぼ網）

◆いつから？1970年代以前？

許可は19統ある。かなり古くからある

◆時期による特徴、主な魚種や漁獲量の変化は？

アコウなどが増えてきた。放流の影響もあるだろう。獰猛だから生き残って
いるという説もある

◆過去からの記録の有無

漁獲量は、重さでは計っていない。売り上げから逆算することになるので、
水揚げ量が減っても金額が上がって量が増えたように見えることがある。水
産研究所の資源班に頼んだら、データは手に入るだろう

■海砂採取中止の影響

イカナゴ漁には、影響が大きかったのではないか？（寄島では、イカナゴ漁
はない）

■藻場の復元をどう思うか

日生から種のついたアマモを譲り受け、秋に種まきをする。なかなか成果を
上げるところまでは来ていない。2023年度は、国交省が支援してくれるらしい。
やっと漁業者もアマモを意識してくれるようになってきた。昔は、アマモが絡
むので、プロペラを上げて艪で漕いでいた。いまだに、2004年の台風の高潮対
策を行っているような状態。堤防をつくると海が見えなくなるが、家が水に浸
かることを考えると良し悪し

■国等への要望事項

法律が古くなり、時代にそぐわない部分が出てきているのではないか？

(インタビュー実施日：2023年5月15日／協力者：三宅秀次郎組合長／実施者：塩飽敏史)

30.笠岡市漁業協同組合 （岡山県笠岡市神島外浦3230-8）

■漁協の現状と変化

	50年前	現在
組合員数	－	正79人・準54人

組合員の平均年齢	―	59歳
主な漁法	―	底曳き網、定置網、刺網、養殖
漁獲高	―	図参照
およその年収	―	

■アンケートの回答に関連した質問

◆特に減少している魚種

シャコ、シタビラメ、メバル、カレイ類、いわゆる底もの、エビ、ワタリガ
ニ、アナゴ。全体的に減っている。増えている魚を言う方が早い。チヌ、タ
イ、ハマチ、ブリは増えている。ハマチ、ブリはここ5、6年、豪雨災害以降
増えた。それ以前は10本程度取れれば、という感じだったが現在は10tとか。
サンマも獲れることがある。黒潮の関係で増えているのではないか。その他、
アコウ、オコゼ、カニは放流している。アコウやオコゼは増えているがワタ
リガニは増えていない、これから増えていくか…？　メバルが少ないのはアコ
ウに食べられているのではないか、あとはカワウも食べている。メバルは小
さいのがたくさんいるの
に増えないのでおそらく
アコウに食べられてい
る。アイゴ、ハモも増え
ている。カワハギがいな
い、ユウレイクラゲを食
べるので増えててもいい
と思うがいない。カワハ
ギを放流すればいいの
に！ママカリもいない

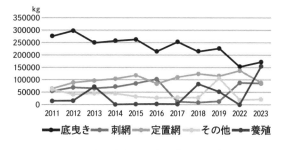

図3-8　笠岡市漁業協同組合漁獲量・漁獲高推移
（魚種別水揚高一覧表H23年度〜R4年度）

◆なぜ減少したと思うか？

海の底質の変化、水温の変化、海底に酸素がないと聞いている（東海大の教
授調査による）。海底から1m以下くらいから酸素がないと聞いている。海の上
の方は光合成して酸素があるが、底には酸素が降りていかず酸欠になる、よ
って底ものの生きていける状況がなくなっている。豪雨災害以降泥水が大量
に出て、2か月ほど濁り続けていて、粒子の細かい砂等が漂っていた、それが
堆積してヘドロ状に、底が酸欠になった。メバル、オコゼ、フグなどが浮い
て帯状になっていた。電球が浮いているかと思うほど。アワビも死んでしま
った。それ以前には乱獲の影響もあった。減ってきたころに無理して獲って

余計に減ったのではないかと思う。その後にとどめとして豪雨災害があった。ホトトギス貝のマットの影響。六島の人は場所によっては（魚）いる、5、60Kgを1日で捕ったなど話を聞く。底曳きの漕ぎ方や場所なのか、そういうところもあるようだ。ダム・下水の影響。砂が流れて来なくなった。浚渫で深くなった場所にダムで出た砂を埋め戻せと言っているがやらない。ダムでせき止められてしまうので山の栄養が流れて来なくなった。今は鏡野へ植樹に行っている。行っているがダムで栄養がせき止められてしまう。植樹も大事だが山の整備、キノコが生えるような山にしていかないといけないと研究者に言われた。甲殻類に効く農薬（ネオニコチノイド）の影響。甲殻類や、魚の餌・プランクトンの減少につながっているのではという研究がある。豪雨災害で農薬が海に流れ出たという研究もある。佐賀でもよく言われているがプラスチックの殻を使った肥料が大量に流れてきているがその影響もあるのでは。餌の減少といえば海藻が減っている。アオサなども網にかかって来ない。ノリもチヌやボラが食べてしまう。アカモク、岩ノリ、ガラモ等あるところにはあるが、なかなか伸びてこない。上の方を食べられているのか。海ごみの流れ、スーパーコンピューターのシミュレーションで、ちょうど笠岡のあたりに集まってくるようになっていた。ごみは本当にひどい。瀬戸内海の真ん中で流れが集まりやすい、以前は栄養塩が流れてきていたのだが今はごみが流れてくる

◆昔いなかった魚種とそれが見られるようになった原因

　水温の上昇。タイワンガザミなど昔いなかったが温暖化、貧栄養で変わってきている。クラゲ、ヒトデ等。赤クラゲが出るのが遅くなった。電気クラゲも見るが昔はいなかったのでは…

◆海域ごとの特性からみえる疑問・問題点について

・　イカナゴの減少要因…海砂採取、砂の取りすぎ

・　ハモの増加の意味？…ハモは雑食性でなんでも食べる。歯が強いので生き残っているのでは。貧栄養で餌がなくきれいすぎる。水道水が海に流れているようなイメージ。塩分濃度はそれほど変わっていないようだ。玉島沖にし尿処理していたころはノリにも色がすごくついてよかった。今は大腸菌などの問題でできないだろうが。吉井川旭川の間の九蟠はいい。笠岡は高梁川だが玉島ハーバーアイランドができて流れて来なくなった

・　スナメリクジラの目撃…けっこういる。イワシが入ってくると。群れでいる時もあるし、船の横についてくる時もある。たまにノリ網にかかって死

んでいる時もあった。スナメリクジラは昔からおり、小さいころに肉を食べたことも・・・

・ カブトガニの目撃…昔は大きな個体も目撃している。昔は網にかかってはずすのが大変だった。海岸の掃除をしたときに死体があった。カブトガニ博物館で、もし捕獲したら持ってきてくれと依頼を受けており、最近では2、3年前に1つ、だいたい年1回くらい報告を受けていたがここ2、3年ない

■この50年間の変化

♦埋立てしているので潮の流れが変わっている、それで魚がいなくなっていると考えている

♦瀬戸大橋も関係しているのでは

♦昔の悩みと今の悩みが変わっていない、50何年たっても同じことで悩んでいる、変わっていないということでは？ この頃から海ごみで悩んでいる。この頃言っていたいわゆる公害の部分はきれいに規制されてきたが、減ってる魚は同じだし、そこまでこの50年間で手を付けてこなかったのかな？と思っている。ごみの回収もここ数年では。資源管理も最近だし。漁獲量は違うが魚が減ってるという感覚は一緒なのでは？

♦タイやハマチ、捕れる魚が大型になったので金額は変わっていない。一概に減った、というのが、値段が下がっていることもあると思う

♦量販店が増えて値段が下がった、ということがある、昔のように魚屋や行商がないため価格が下がっている。そのしわ寄せは漁師に来ている

♦若い人は魚を料理できない

♦当時は本来の漁業ではなく、補償を取るということもあったと思う。砂を売ったりした

■定置網の状況

♦方式

壺網（ねずみ、ネズミ捕り、地獄網）。網本体を設置し、袋という部分のみをあげる。半期とか終えてから全部撤去する。網の穴は割と大きく小魚はすり抜ける。水深20〜30mの所のをあげるが、クラゲが入ってくると漁にならない、中国電力が出す排水が温かくそのせいで増えているのでは…

♦時期による特徴、主な魚種や漁獲量の変化は？

時期によってタイ、ブリなど変わってくる、年によって獲れ方の時期が変わるが、タイは桜鯛と言われるように桜の開花時期に必ず獲れている。なので今年は早かった

♦過去からの記録の有無

　ある　※データをいただいた

■海砂採取中止の影響

　変わってないと思うが・・・透明度も変わっていないと思う、アマモは減って、まぁ最近増えてきたが海砂採取の影響ではないのでは？　ただいまだに海底はでこぼこのまま。川砂を入れろといったが入れない

■磯浜復元や現在の問題点

♦人工で作ったものが増えたからこそ潮流が変わってクラゲが増えたりアマモ場が減るきっかけになったというのは事実としてあると思うが、生活を重視するとやむを得ないところもある。

♦ただそういったことができるのであればやった方がいいと個人的には思う。ただどこまでできるか。垂直護岸などができたからこそ波が高くなったりしているところもある

♦水島埋立てから潮の流れは変わっている

♦コンクリートから灰汁が出て魚に影響がある

♦元通りにはできないだろうから似たようなもの（元の磯浜のようなもの）を作っていくということはやるべき

♦費用対効果からいったら実現できるのか、何をもって効果とするのか

♦どこまで必要とされているか、今の現状で漁師見殺しにして儲からなくてもほったらかしじゃないですか、そんなところでそこ（磯浜の復元や環境回復）に金をかけても漁師がいない状態でおそらく今後こういう行政を続けていくと無駄かなと思う。まず生き残れる漁業を考えてトータルバランスで復元するかしないかを考えていく。単独でここだけ、というのはどうかと思う。同時進行でしないと

♦本当に漁師っていつまで続けられるのか、組合っていつまで残れるのか、もう？？なんですよ。

♦5年10年？　たぶんもう一桁の時代としか言えない状態。高齢化もしていてここ2、3年で半分か1/3くらいに減る。合併して以降もう半分になっている

♦食える漁業とは・・・高く買ってもらえるようなシステム

♦親が子に漁師を継がせない（道具を、資本を掛けても稼げないので）

♦基本的なベースもそうだがソフト面でも後継者不足

♦漁師がいないのに磯浜復元？となる

♦一次産業を成り立たせるということをしていく事が必要、漁業を成り立たせ

るという前提がないと国はお金をかけない

◆外国からの安い商品がどんどん入ってくるので今までは安くしか売れなかったが、コロナ後高くてもいい商品を買うという流れが少しできた？

◆土木業者が儲かる

◆行政（議員）の人が漁師のことを知らなさすぎる

◆農業は手厚いが水産はなかなか力を入れてもらえない

（実施者注：組合長さんはその日獲れた魚と、朝日の写真を必ず撮っているとのことであった。これは貴重なデータになっていると思う。若い方からは、それをAIに入れて今後はこういう天気の時は漁に出るとかでないとかそういうデータにしたいという話もされていた）

　（インタビュー実施日：2023年4月27日／協力者：井本瀧雄組合長・城戸良夫参事・藤井和平理事／実施者：西井弥生・塩飽敏史）

31.田島漁業協同組合（広島県福山市内海町236）

■漁協の現状と変化

	50年前	現在
組合員数	―	正組合員42人・準組合員51人。吸収合併には慎重である（漁協の方針、補償金等）
組合員の平均年齢	―	
主な漁法	―	ノリ養殖、小型定置網、小型底曳き網各漁協からの要望で福山地区水産振興対策協議会が毎年稚魚放流、クルマエビ、ガザミ、もう少ししたらヨシエビ。減少している魚を放流する方針
漁獲高	―	―
およその年収	―	―

■アンケートの回答に関連した質問

◆漁獲量の変化

・ ハモの増加…増加の理由は分からないが年中獲れる。ハモが底ものなので、多分、甲殻類が減っている理由と関係している。ハモも餌として甲殻類を食べている。タコが減った理由につながっているかもしれない。全部、仲買さんに出している。京都祇園祭が過ぎるまで値段がいい。冷凍技術が発達し、解凍してもドリップ（冷凍・解凍することによって食品にダメージが加わり、組織の保水能力が失われた結果、食材の水分が流れ出たもの）が出ないため、冷凍して利用している

112

- ハマチ…年中獲れる、冬場が旬で脂がのっていておいしい。養殖ものは、コロナで値段が上がり、回転寿司での地物の需要が増え、仲買が回転寿司に持って行っている
- トラフグの減少…定置網でトラフグの水揚げが、そこそこあるので、神戸の水産庁、本庁からも来て、獲りすぎないようと指導された。トラフグはTAC魚種になるかもしれない（TACとは、Total Allowable Catchの略。ある魚種に対して、漁獲することができる上限の数量を定め、漁獲量がその数量を上回らないように管理）
- ハギの増加…タイコハギ（マルハゲ）は、だいたい温いところにいる魚。10年前ぐらいは、ほとんどいなかった。四国の沖の方で獲れていたが、こちらでは獲れなかった。逆に暖かい海を嫌うウマズラがどんどん減ってきている。ウマズラは結構日本海で獲れるようになっている
- アナゴの減少…アナゴも養殖できるようにすればいいと考えるが、難しいらしい
- タコの減少…今は値段が高い、貴重
- シャコの減少…急激に減っている。小さいものでも仲買さんは買う。種苗を要望している。シャコを昔は畑の肥料にしていた
- アサリ養殖…青年部が鳥羽に視察に行って始めた。貝王という商品登録してあるものを使っている。網の目から抜けない砂利をネットに入れて砂浜に置いておく。すると、アサリの産卵時期に稚貝がかってに、砂利の中に入り、大きくなる。網が汚れたら、息ができなくなるので、網を洗う。ツメタガイ、エイの食害がある。幼生の時期にツメタガイ、アカニシが入るので取り除く。他地点ではアサリを撒いて、網をかぶせている。が、海藻やカキが網について、網を揚げるのも数人がかりになるほどだ。日本産のものはほとんど口に入らなくなっている。共同漁業権内でも昔は、一般のお客さんが勝手にアサリを掘っていた。今はアサリ掘り禁止の看板を立てている。そうしないと、小さいものも全部持っていかれる。そこは、昔、片道がつぶれるほどアサリを掘りに来た車が駐車していた場所だ
- カキ養殖…5年前から3倍体（カキ小町、県栽培漁業センターから購入）のカキ養殖を始めた。水深がないので、棚なしで、カゴ（筒状のカゴ、オーストラリアの方法）、ブイ（延縄でブイを浮かしてつるす方法）、杭での養殖をしている

113

| アサリネット | アサリ網 | カキ養殖カゴ | カキ養殖 |

- ・ ノリ養殖…カキ殻にノリの糸状体が入ってくる。それを購入して、陸上で種付け、育苗、ノリは18℃以下で育つが、近年は海水温が上がって張り込みの時期が遅くなっている。12月から1、2月で15℃を切ってから色づきする（2か月から2か月半が漁期）。温度が下がりすぎるとノリが伸びなくなる。海を冷たい空気が覆いかぶさり、海水面も冷たくなると、対流も起こらなくなる。10℃を切ったとき。ノリの色が悪いと広島県では最低3円以下になり、入札の対象にならなくなるので、養殖をやめ、網を撤去する。その時期がだんだん早くなってきている。今年は海底耕うんで例年以上の色になった。県のノリに関する水温測定は田島でも実施。県内は走島3割、箱崎（田島）7割生産。阿賀の方はやめている。愛媛県で一番良いのは弓削。西条、昔は良かったが、最近は出す量も少ない。全国的にノリが不作だった。佐賀、有明海も色落ちしたので、兵庫県が一番になっている

◆昔いなかった魚種とそれが見られるようになった原因

アイゴが約10年前から出現。4月～11月まで、ずっといる。海藻を根こそぎ食べて、磯焼けの原因になっている。仲買が買わないので、獲れるとデッキの上に投げている。死んだら海に捨て、魚の餌にしている

◆海域ごとの特性からみえる疑問・問題点について

- ・ クラゲの大量発生…直近10年前ぐらいからミズクラゲが大量発生している。2022年に関しては3月下旬から8月下旬まで発生していた。特に春、定置網の時期にはクラゲの被害で何統もの定置網が破れて廃棄処分になった。定置網漁の廃業者もいる。今日（6月1日）で定置網の撤去を終える。定置網が汚れてしまったので、漁の期間が終わったのであげるというのではない。クラゲが網を破るためである。一網でも1000万円ぐらいする。何年でもとを獲れるか、それを考えると早め早めにあげている。今は、3月20日から

約2か月の漁。昔は6月中旬まで置いて、網が汚れるとあげていた。ミズクラゲで中が固い。柔いと網を揺さぶると抜けていくが、クラゲが固いため逃げていかない

- ・ 海岸線の変化…自然海岸は多少残っている
- ・ 藻場の変化…アイゴが発生した頃から、ワカメ、ヒジキが年々減少傾向にある。透明度が増したため、内浦湾の木の桟橋、イカダ、防波堤の根付にアマモが広がっている
- ・ 赤潮の発生件数の変化…減った
- ・ 透明度の変化…海の透明度が上がっている。アマモが増えてきている
- ・ 地先の水温上昇…高くなった。5年前くらいから年末年始でも定置網でハマチが獲れる。海水位も20年前と比べて20～30cmは上がっていると思う。瀬戸内の海水温が上がっている。埋立ても原因の一つで潮位が上がっている。埋立てもほどほどにしないと、海は死んでいく。
- ・ 自然の磯がなくなっている
- ・ スナメリクジラの目撃…1～2頭の目撃。昨年12月には30頭くらい群れていた。2、3年前、阿伏兎沖で上からウが下りてくる、下を見たら、コノシロが大量発生している。その下を見たらスナメリクジラ20～30頭の大群が集まっていた。小魚を食べている。多分アジか、今だったらカタクチイワシがわいているので、カタクチイワシかも。定置網にもスナメリクジラがたまに入ることがあるが、揚げたら死んでしまう。鞆の沖にも結構いる。春先、今頃になったら、2頭で泳いでいる。片方は小さいので、親子だろう（P184下図）。漁師にとってスナメリクジラは天敵（スナメリクジラがいると魚が寄ってこないので）

■その他
- ♦定置網は明るい方に向かって泳ぐという魚の習性を利用している。日の出とともに定置網に入っていく
- ♦魚種ごとの50年分のデータはないが、10年間の漁獲量のデータは広島県の農政局に提出している

■国等への要望事項
　栄養塩の低下により活力のない海になっている（プランクトンが少ない）。食物連鎖のバランスが崩れて根魚が減少傾向にある。ミズクラゲの大量発生で漁業者は死活問題になっている。し尿処理での排水処理の基準緩和など年間を通じて持続して欲しい。日本は海に囲まれているけど、海に関して興味がない。

行政の予算が付かない。生産者の割合として10倍いる農業者には予算を付けている。（生産者の人数だけの割合で対策をしたら、海も山も死んでしまうだろう）でも海が死んだらどうするのか、この先どうするのか、もう少し海に対していろんな予算をつけて海を改善するようなことしないと。根付魚とか、海底にいるものがいなくなったら海は死んでしまう

（インタビュー実施日：2023年6月1日／協力者：渡辺和志参事／実施者：坪山和聖・松田宏明）

32.横島漁業協同組合 (広島県福山市内海町1102-1)

■漁協の現状と変化

	40年前	現在
組合員数	参事は25歳で組合に入り、30歳以下は一人だけだった（上は38歳、その上は55歳）。当時の組合員数は150人。若い人はいなかった	正組合員53人・準組合員42人。全国から受け入れている
組合員の平均年齢	—	60歳以下は13、14人（8人は新規、県外から来た人もいる）
主な漁法	—	底曳き網、刺網、定置網、カキ養殖
漁獲高	—	—
およその年収	—	—

漁師は自由でサラリーマンと同じように毎日海に行き、たくさん獲れれば市場にもっていけばよいが、少なかったら自分で売る。奥さんが働きにいく、パートに出る、そうすれば生活できる。市場ではプロは4万円/日、素人で5,000円/日が、小売りに出せば素人でも1万5,000円になるという話を漁師になりたい人にする。が、獲ればよいということではない。毎日売っても2万円になるが、なかなか5万円にならない。それで、人より早く出て、遅く帰り多くを獲るのではなく、資源管理型でしないと漁師は育たない。今「浜売り」を始めて、年間1万5,000人が来る。11月〜3月の土日のみ。朝獲り、昼売り。これも資源管理型になる。以前は底曳き観光をしていたが、「浜売り」に変えた

■アンケートの回答に関連した質問

◆特に減少している魚種（漁獲量の変化）

・ イカナゴ…全くいなかったが、近年徐々に増えている。以前は走島漁協が「イカナゴ袋待ち網」をやっていたが、やれなくなっていた。獲ってはい

116

ないが、走島の漁師さんからは、網に時々のると聞く

・　タチウオの減少…乱獲のため定置網で獲れない。歯が強いから生態系の上の方にいると思うがいなくなった

・　ハモの増加…ハモが年中獲れている。今は蒲鉾屋も買わない。蒲鉾屋の主原料はスケソウダラで安定的に供給があるので

・　オコゼ…オコゼは毒があるので残った

・　シャコ…30年前から海底が泥になった。芦田川河口堰に魚道はあるが、砂が流れなくなったためである。そのためシャコが少なくなった。下関水産大の浜野さんが調査をした

◆昔いなかった魚種とそれが見られるようになった原因

ゴンズイ、オニカサゴ等、九州、沖縄にいるような魚が底曳き網にかかりだした。アイゴの食害もある

◆海域ごとの特性からみえる疑問・問題点について

・　クラゲの大量発生…年間を通じて4月～10月頃が最も多い。ヨツメクラゲが定置網にたまり、ミズクラゲが底曳き網にかかる。駆除のため底曳きの上げ口で4つに砕く仕掛けをつくった。大分県佐伯市の漁協にクラゲ対策の漁具があるのを応用した。海水温が高くなり、クラゲが越冬するようになった。海草の減少で、岸壁一面にポリプがついている。越前クラゲは国の対策があるが、ミズクラゲはない。広島県にクラゲ対策はないので、福山市に要望し、来年度から予算措置をお願いしている

・　海岸線の変化…砂浜は潮流の変化で当地区は減少しているが、50年前の岩場が出現して戻ってきているのも現実

・　藻場の変化…藻場が全くなくなった。ホンダワラ、ワカメ、アオサ、ガラモ、アマモが増えるが、豪雨で減少する。ガラモはなくなった。アマモの移植を試みたことがある。組合に入ったとき、生野島月ノ浦湾のアマモを採りに行ったこともある。背丈以上もあった。アマモの花枝を採ってきて、モジ網を沖に張って春先にガーゼに巻いて植えていた。その方法は西条農業のタマネギの水耕栽培がヒントになった。私は種まきだと思い、アマモの種を採り、春先、土嚢の中に植えた。そこまではできたが、地下茎がはえないと翌年にアマモが生えない。テレビでみたが、九州の方でアマモを根ごと採って、それをロープにはせて（挟んで）植えていた。アマモが切れても、地下茎は残っている。その地下茎をつくるのが土嚢だと土が動かないから地下茎がはりやすい。が、港をつくる、たった20mのものでも、

砂が一気による、それでアマモがあったところが、砂に抑えられて、生えなくなる。何年かして、別の施設ができると砂が移動してアマモが生えてくる。土が動かないような状態でアマモは生えやすい。「ふ」（土でもないドロドロしたもの）が溜まると土があまり動かない。そういうところにアマモがはえる。「アマモ場は人間が壊したのだから、微力でもつくらんといけん」

（実施者注：生野島は、環境省の100年モニタリングの場所になっていることなどを伝えた）

- ・赤潮の発生件数の変化…栄養塩が少ないのに突然赤潮になる
- ・透明度の変化…年間を通じて30年前よりはよくなったと思うが、秋から冬にかけて、「フ」のようなものが多い。
- ・地先の水温上昇…湾内の表面温度が30℃くらいになる
- ・スナメリクジラの目撃…ここ1、2年内に年2回。この1、2年で戻ってきている。昔から横島の北側、百島の間が多い（P184下図）。1975年から、尾道の高校に船で通ったので、このあたりの海はよくわかる

■その他

全国で初のプレジャーボートの係留施設を設置、運営している。稚魚を放流するが、釣り客が勝手に釣るのでは儲けにならない。漁師はメバルを建網で10回とったらいいぐらい。放流費用1,500万円は福山市と7漁協が払っている（釣り客は一銭も払ってないが）。そこで、1億2,000万円借り入れ、整備し、全国にアピールした。着実に返済している。広島県に海の使用料を43万円払っている。このことは東京で発表させてもらった。また、その利益でカキの養殖を始めた

横島マリーナ

■魚種ごとの記録

定置網の漁獲データはない。組合では、昔から漁師の漁獲量に応じた組合への入金をとってないため。15～20年前から、細かい統計は出さなくなった。今は福山市全体の統計

■国等への要望事項

◆クラゲ対策

◆栄養塩不足の対策

クラゲ対策…底曳き船のともに金具

◆芦田川河口堰を開けてほしい

（実施者注：1998.3.23の中国新聞には「瀬戸内海採取全面禁止へ向けて－海砂の教訓（3）」の記事があり、当時の渡壁金治郎組合長は「堰を閉めて以来、燧灘（ひうちなだ）の魚は減少し、ノリの水揚げも大きく減った」と述べ、川から流れ込む栄養分の減少などが原因とみられる海への影響を報告している。また、2001.11.07の中国新聞には、「芦田川河口堰の開放を－福山で市民ネットワーク『芦田川ルネッサンス』準備会」の記事がある。）

（インタビュー実施日：2023年6月1日／協力者：岡崎宏司参事／実施者：坪山和聖・松田宏明）

33.浦島漁業協同組合 (広島県尾道市浦崎町乙4175)

■漁協の現状と変化

	50年前	現在
組合員数	－	およそ300人
組合員の平均年齢	－	－
主な漁法		刺網、定置網、採貝※毎年稚魚（クルマエビ、ヨシエビ、ワタリガニ）を放流
漁獲高	－	－
およその年収	－	－

■アンケートの回答に関連した質問

◆漁獲量の変化

・ ハモ…増減なし。尾道の産直市場に持って行っている

・ シャコ…小さくなり、ほとんど獲れなくなった

・ アナゴ…いない。筒を60本ぐらいつけて、30分ぐらい置くと筒の中に入ってくる。昨年6、7年ぶりにいったが、数匹だけだった。以前は一晩で100kg。6、7年前から4、50kgに減った

・ マダイの増加…理由はわからない。放流はしていない

◆昔いなかった魚種とそれが見られるようになった原因

　アイゴが7、8年前から出現。アマモを食べ、アマモの面積が減少

◆海域ごとの特性からみえる疑問・問題点について

・ クラゲが激増…5、6年くらい前から定置網が壊れるくらい網に入る。刺網が重く感じるぐらい網にかかる。定置網が破れるので今は口をあけたままにしている。ヨツメクラゲがプランクトンや小魚を食べている。5月はま

だ柔らかい。まだ夏の半分の数。夏に港の上を歩けるくらい集まっている。2つに切っても死なない。また増える。クラゲの退治の補助金を県市に要望している

- ・ 海岸線の変化…変化はない
- ・ 藻場の変化…6、7年前から人工干潟にアマモが増えてきた。港湾整備で造成された人工干潟（浚渫土の上に砂を20cmひいて、4、5年したら自然にアマモが生えた）。紋甲イカ、アオリイカが増え、稚魚の成育場所になっている
- ・ 赤潮の発生件数の変化…減った
- ・ 透明度の変化…変化はない。豪雨後の濁り、木片沈下で網の被害があった
- ・ 地先の水温上昇…夏の海水温が高くなった。夏、船の生簀の魚が2時間ぐらいで死ぬ。冬でも10℃以上になり、アイゴ、トビエイ（ナルトエビ）が年中いるようになった
- ・ スナメリクジラの目撃…1、2年で年に6回。松永湾に数十頭おり、秋から冬にコノシロを追って組合の前の海にも出没するようになった（P184下図）。イカナゴをみなくなった以上にスナメリクジラもみなくなった

■その他
- ◆プラゴミ（弁当のゴミ、ペットボトル、ゴミのポイ捨て、釣り客の道具）がひどい。組合員が海の日に清掃し、漁船保険で年1回海上回収し、市に回収してもらっている
- ◆イカの釣り具がステンレスで腐食しない。また、網を破く、取ろうとすると指にささり、けがをする。釣り具メーカーも考えて欲しい
- ◆釣り客のタコの投げ釣りを香川県では禁止している。広島県でもやるべき
- ◆木皮は海面貯木廃止、東亜木材(株)の撤退でなくなった

■国等への要望事項
- ◆釣り具の問題。栄養塩対策（きれいになりすぎて、ノリ、ワカメの色が落ちている。またアサリが減った）川のせき止め（河口堰）人工物のつくりすぎが問題である
- ◆1975年から航路浚渫土で人工干潟を造成。百島泊、浦崎町海老、灘、高尾。2023年尾道市はブルーカーボンオフセット事業場所とした
- ◆Hiビーズ（石炭灰造粒物・中国電力）を2020年より松永湾干潟で比較試験。2年間生物調査をする。2023年報告書（広島大学・中国電力）

（インタビュー実施日：2023年6月6日／協力者：松若隆博組合長／実施者：坪山和聖・松田宏明）

34.尾道漁業協同組合 (広島県尾道市尾崎本町16-1)

■漁協の現状と変化

	50年前	現在
組合員数	―	36人
組合員の平均年齢	―	―
主な漁法	―	底曳き網、刺網、釣り稚魚の放流は、メバル、アコウ、ヒラメ、シラサエビ（学名ヨシエビ）を県栽培漁業センターで購入しておこなう。クルマエビは尾道市の紹介で購入して放流。車エビは放流してもなかなか増えない。販売：東尾道市場にもっていく。他、アーケード内で、売る人が2組いる
漁獲高	―	―
およその年収	―	―

■アンケートの回答に関連した質問

◆漁獲量の変化…漁獲量の変遷は、ただ単に環境だけでなく、魚の値段、漁師の数、漁法などさまざまなことが関係している

・ アサリの減少…2009年頃から1%に減少。尾道東部漁協が山波の洲で取り組みをしていたが、獲れなくなった。ここ4、5年潮干狩りをしていない。稚貝をまき、網掛けをする。そこだけ、アサリがいた。食害のこともあり、見回りが必要。網の目が詰まり、酸欠になるので、1か月に2回ぐらい掃除が必要。漁協単位での取り組みは難しい。アサリがいなくなった原因は、食害だけでないと思う。エイも昔からいた。冬の水温上昇か？冬でも魚が動き、アサリを食べている。東北では、いくらでもアサリが採れていることと考え合わせると、疑問は尽きない

・ ハモの増加…温い所にいる魚で、もともと長崎の方で獲れていた。そのことを考えると海水温の関係から増えたのかなと思う。5、6年前から増加している。今頃、5月から10月頃までが漁期で、刺網、底曳き網でとっている。ハモは海底、「だべ」に棲んでいる。今の時期は蒲鉾屋にいくのは、長崎産。12月頃になると地元のものを使う

・ マダイの増減…増加している。昔、尾道水道にいなかったが、釣ることもできる。以前は、チヌ、タイも放流していたが、増えすぎて、値も上がらないのでやめた。現在は放流していない。タイの値段は、キロ1,000円ぐらい

- ・ ナマコの減少…2009年頃から50%に減少。昔は需要がなかったが、今は中国方面の需要が増えている。獲る人が増えたが、漁業者が減っているので乱獲でもないだろう
- ・ ノリ…ノリ養殖を松永湾や細之洲でしていた。昭和40年代にやめた。機械化できる大手がノリ養殖に参入してきたので、たちうちできなかったため
- ・ タコ…タコがいない原因はわからないが、多分豪雨の影響だろう。ここ4、5年獲れない。タコはいろんなカニを食べている

◆ 昔いなかった魚種とそれが見られるようになった原因
　アイゴは昔からいた

◆ 海域ごとの特性からみえる疑問・問題点について
- ・ クラゲの大量発生…一昨年頃より夏頃大量発生し、漁ができない。ミズクラゲが増えている。底曳き網、刺網によくかかる。海水温の上昇と関係していると思う
- ・ 海岸線の変化…自然の砂浜や岩場は半分くらい残っている。防波堤、海岸歩道をつくることで砂浜がなくなっている
- ・ 赤潮の発生件数の変化…県から頻繁にデータが送られてくるようになった。そのため、増えているように感じているのかもしれない
- ・ 透明度の変化…1〜2月頃になると例年は海底が見える。最近は11月12月頃でも海底が見える。海底が見えるほど透明になっている。プランクトンがいないためか。特に底もの、ヒラメなどがやせている。栄養塩が減っているのだろう
- ・ 地先の水温上昇…今、ギザミが冬でも獲れている（これまでは冬寝ていた）。アコウ、これも夏の魚だったが、年中いる
　　※養殖は一気に太らすため、陸上養殖では、ボイラーで水温を上げる、または温泉で養殖。近大マグロは、海水温が高い沖縄で試験している
- ・ カブトガニの目撃…ここ1〜2年で年に1回。松永湾の刺網にかかっていた。底曳きでは向島沖。最近は見ない（50年前はカブトガニを売っていた）。スナメリクジラとナメクジウオはよくわからない

◆ 魚種ごとの記録…市場をやってない関係で漁獲量の変化は残っていないので、わからない。昔から漁をしている人（定置網をしているところ）に聞くと漁獲量の変化は少しわかる

■ 国等への要望事項
◆ 後継者が欲しいが、育たない。理由は魚が安いため。希望者が来ても、夫婦

でやって、日当5,000円から1万円では暮らしていけない。行政補助がある最初のうちは良いが、打ち切られると続けない。今50代までしかいない

◆ゴミ、海を漂うものは、清港会がやっている。ナイロンゴミが多い。底にもあるが、以前より少なくなった

(インタビュー実施日：2023年5月22日／協力者：佐原定義組合長／実施者：大畠隆珍・松田宏明)

35.愛媛県漁協土居支所 （愛媛県四国中央市土居町蕪崎1594番地）

■漁協の現状と変化

	50年前	現在
組合員数	70〜80世帯（世帯単位）	正14世帯・準11世帯
組合員の平均年齢	—	—
主な漁法	—	—
漁獲高	約9,000万円	1,000万円を切る
およその年収	—	—

・野田・藤原・蕪崎・八日市・天満が合併して土居漁協となる。その後、土居と一宮が合併（1966年）
・土居以外は埋立てが行われた
・共同漁業権は大潮の満潮時の海岸から800〜900m沖合まで
・資料提供：漁獲量整理表、小型定置網漁具図・小型定置網漁業区域図
・「愛媛の漁業と県漁協50年史」を貸していただく

■アンケートの回答に関連した質問

◆特に減少している魚種
多くの魚種が減少している。カタクチイワシはここでは捕獲していない。ただしイワシはエサとして必要（川之江、三島で獲っている、瀬戸内海イワシ機船船曳網漁業、2艘で引っ張る＝あとは違法）。イリコになる。

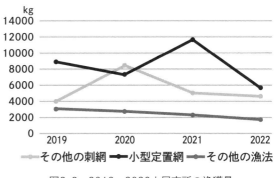

図3-9　2019〜2020土居支所の漁獲量

エサにするにはコストがかかるので、今は養殖の餌はペレット（配合）。陰がないから養殖はない（南予はリアス式で影があるから養殖ができる）。クルマエビ、ヒラメの放流をしている（生態系にあったものを選ぶ）が成果は見えにくい（追跡は難しい）

◆なぜ減少したと思うか？
　栄養分の不足や排水等の原因もあるだろうが、データをもちあわせない（個人も漁業も）ので原因をつきとめられない。過去から現在への変化を知る由がない。農業は個人でできるが、海は共同でないとできない。生態系が違ってきた。浅瀬もない。では元に戻せるかというとそれは無理。ここらは自然に育つ漁しかできない。

◆海域ごとの特性からみえる疑問・問題点について
　・　イカナゴの減少要因…イカナゴはもともと獲っていない
　・　ハモの増加の意味？…ここではそれほど増減はない。ハモに適した環境になってきたのでは？　あるいは、ハモは繁殖力が強いのかもしれない。ウナギ・アナゴは減っている
　・　スナメリクジラの目撃…年中見られる。単体もあるが、群れであることが多い。多いときで40〜50頭、イワシを追っていると思われる。少なくなってきた。食べられない
　・　カブトガニの目撃…50年前はいたが40年前頃からかなり減り（年5回程度）、20年前からはまったくいない

■この50年間の変化
　瀬戸内海はありとあらゆる魚がいた。1970年代には汚染もひどくなっていた（製紙関係など）

■定置網の状況
◆方式
　今は二統（2軒）※統とは定置網の1セットのこと

◆いつから？1970 年代以前？
　100 年くらい前。岡山県の日生→伊予三島（豊岡）→土居へと伝わってきた。地形が似ているのだろう。3200m 沖合→800m

◆時期による特徴、主な魚種や漁獲量の変化は？
　年中している。ありとあらゆる魚、今なら、タイ、スズキ、サワラ、イシダイ、イカ、カレイ、ヒラメ、キス、ワタリガニ、ブリ、ハギ（2種類）、タコ、アナゴ、コノシロ・・・。ここは何でも獲れる量は減ったが。台湾ガニが増えてい

たが、去年はまったくいなかった。漁場の再生は無理（南予はつくる漁業）

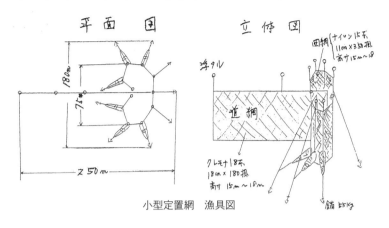

小型定置網　漁具図

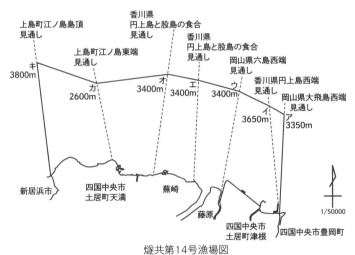

燧共第14号漁場図

■海砂採取中止の影響

　影響があるとすれば、今治あたりまでだろう。ここはむしろ、製紙の排水が問題だった。魚が繁殖するのに川の水が流れてくる必要があった。除草剤の関係もあっただろう。洗剤（婦人部があったときには石けんの運動もあった）。今は漁業者そのものがいなくなった

■磯浜復元をどう思うか

　護岸はある程度必要。沖からの西風・北風・東風が強く、島もないので消波

ブロックは必要。本当は堤防がもっと高くなければいけないが、費用がない。土居の共同漁業権のところは埋立てはできない。テトラポットなど改修されたが、あとは従前のまま。磯浜の復元は、島などがあって波を遮るものがなければできないのでは？

■国等への要望事項

◆漁業では生計が立たないため若者は出たきり帰ってこない。生計が立つなら漁業をする人もいるだろうが。漁も良い時期があった漁業振興の制度はあっても受ける人がいない（コロナがらみでも補助金などあった）。一時しのぎであって、業として成り立たない。漁場を作る必要があるが、それは無理だろう（自然を取り戻してそこで育てるのは無理）。南予のように作る漁業しか成立しないだろう

◆生態系を元に戻すには莫大なお金がかかる。漁業は全人口の1パーセントだとすると、そこに目を向けるのは難しい。以前はノリや貝も盛んだった

（インタビュー実施日：2023年5月25日／協力者：川上賢孝運営委員長・藤田事務職員／実施者：青野篤子）

36.愛媛県漁協新居浜支所（愛媛県新居浜市清水町14番98号）

■漁協の現状と変化

	50年前（自身が就職した40年前）	現在
組合員数	漁業に従事している夫婦は組合員となる、男女各約80人	男女各約15人
組合員の平均年齢	約50歳	約55歳
主な漁法	底曳き網9、刺網7、定置網1	種類は変わらないがすべて減少。現在は、定置1、ノリ養殖1
漁獲高	組合を通しているが正確なところは把握できない	当然減っている
およその年収	経費こみで約700万円	約450万円

■アンケートの回答に関連した質問

◆特に減少している魚種

タチウオ（市場にほとんど出てこない）、エビ・カニ（甲殻類は減っている）、ハモ（小ぶりになったが増えている）、タイも増えている

◆昔いなかった魚種とそれが見られるようになった原因

グレ：温暖化の影響かなと思う。水温が上がる時期・下がる時期がずれている。4月は温かくなっているはずなのにまだ冷たい。夏と冬しかない感じ。急にゲ

リラ豪雨で塩分濃度が変わるのかもしれない。瀬戸内海は狭いから、真水に弱い魚は住めない

◆海域ごとの特性からみえる疑問・問題点について
- ・　イカナゴの減少要因…元々漁がない。昔は底曳きについてくることもあったが、今はない。魚のえさにもなる。それがいないと他の魚もいないことになる。イカナゴの餌（プランクトン）がいない
- ・　ハモの増加の意味？…サイズは小さいが水揚げ高は自分が漁師をし始めた頃より数倍増えた。ハモに現在の海の状況が適しているのではないだろうか
- ・　スナメリクジラの目撃…今年多く見た。回遊してくる。2月に近くで見られた。多い時は10頭から15頭と群れになっている。餌（イワシ）を追いかけているのではないか、餌が移動するのについていくのではないか。群れになっている
- ・　カブトガニの目撃…漁師を始めていまだに見たことがない。仲間からそんな話も聞かない

■この50年間の変化

『瀬戸内海』には、魚が臭くなって売れなくなったと書いてある。工場の排出が汚濁を生んだ→排出基準が厳しくなって改善された。今は海水がきれいになりすぎてプランクトンが減少した→小魚が育たないのではないか。もう少し家庭の残飯類など流した方がいいのではないか、汚くすればいいということではないが。ダムの水は工業用と農業用に取られ（鹿森ダム：共同電力が水利権をもっている）、川には流れない→大雨の時だけ流れる。自然の水の流れが作られていない→ひいては海水の濃度などに影響するのではないか

■定置網の状況

◆方式

図を書いていただいた。チヌ、スズキ、タイ、カレイなどが獲れる。杭を打って、網をしかける。魚が行きどまって網にかかる仕組み（漏斗を横においた感じ。魚は広いところから狭いところには行かない。逆に狭いところから広い所に行く性質を利用している。潮の満ち欠けによって上が取れたり下が取れたりする）

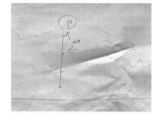

◆いつから？1970年代以前？

自分が漁師になった時にはあった。

◆時期による特徴、主な魚種や漁獲量の変化は？

冬（12月〜1月）はしない

- ◆過去からの記録の有無

  たぶんないだろう
- ◆網元に話をきけるかどうか

  網元（いりこ＝イワシを獲るような人、複数がかかわる）は複数の漁師を束ねる人なので、ここにはいない

■海砂採取中止の影響

今治方面でしていたはず、今は取れないと聞いている。砂を取ったためにイカナゴがいなくなったと言えるのではないか。スナメリクジラには影響がないのではないか

■磯浜復元をどう思うか

テトラポットになっている。防波堤の役目で大きな波を砕く。小さいメバルやタコの住処にもなっている点はよい

（自然海岸のアイデアもあるようだがと投げかけると）→興味はある

（海水浴をする人と漁師さんの利害は対立する？）→しないと思う

■国等への要望事項

- ◆ダムの水を定期的に海に流してもらいたい→自然の水の流れを大事にしてほしい
- ◆地元の魚を買って食べるという習慣が、現在の流通経路が壊している。近海魚について知ってもらい食べてもらうという啓発をしてほしい（漁師が売るときは安く、店では高い。料理ができない）
- ◆放流は漁協が希望をもてる。釣り人が小さいのでも持って帰ってしまうので

（インタビュー実施日：2023年4月21日／協力者：白石敏弘運営委員長／実施者：青野篤子）

37.愛媛県漁協壬生川支所 （愛媛県西条市壬生川547番地7）

■漁協の現状と変化

	50年前	現在
組合員数	－	男性約80人（女性数名）
組合員の平均年齢	－	およそ60歳
主な漁法	バラボシというノリの養殖法はここが発祥である。東日本大震災以降、元手のいらないこの漁法を取り入れるようになり、そちらの方が出回るようになっている	底曳きはそれほど減っていないが、ノリの養殖は何十分の一になった（この時期ならアオノリがもっと獲れなければいけない）。クルマエビも獲れなくなった。高齢化・収入減のため後継者がいない。ブルーカーボンを取り入れる動きが出ている

漁獲高	—	—
およその年収	—	—

■アンケートの回答に関連した質問

◆特に減少している魚種…海岸の異常（干潟に産卵のために魚が帰ってきていたのが帰らなくなった）。農薬の問題もある。電力会社の温排水の問題もある

◆昔いなかった魚種とそれが見られるようになった原因

　アコウが増えた。建網で獲る

◆海域ごとの特性からみえる疑問・問題点について

・ イカナゴの減少要因…黒潮が入ってこなくなった。東京湾でタチウオが獲れるようになっている

・ ハモの増加の意味？…技術が発達してきてよく獲れるようになった（獲るようになった）

・ スナメリクジラの目撃…沖の方で見られる。毎日のように見ることもある。群れている。船についてくる。魚やエサを求めているのだろう

・ カブトガニの目撃…いるのはいるのだろうが、ほとんど見られなくなった。カブトガニが育つような環境ではない。生活排水などがなくなり栄養もなくなった。NHKでとりあげたネオニコ系農薬（トキの繁殖をしている佐渡島では使用禁止）はヨーロッパより規制が緩い。周桑平野は裸麦の産地で除草剤を使用しており、じわじわと海藻を殺す。島まで流れている。瀬戸内海環境保全会議にも意見を出した。愛媛県から声をあげて日本全体として運動をしていかなくてはいけない。アメリカから輸入するためと思われる。かつてホリドールの問題もあった（魚が浮いてくる）

■この50年間の変化

『瀬戸内海』には染色会社の排水のことなどが書かれている。昔から立ち向かっていた。ノリが育たなくなり後継者がいなくなった。排水規制を緩めるというより、ミネラルなどの栄養分が多い水にしなければいけない

■海砂採取中止の影響

　干潟に土砂が流れ込んで1mくらい積もってくると、海藻が育たない。ある程度砂は取ったほうがよい。呉や山口県に運んで埋立てに使っていた

■磯浜復元をどう思うか

　垂直護岸はあまりない。禎瑞と壬生川に磯浜が残っている。干潟が残っている。土砂が積もってくれば、土砂をある程度取った方がよい

■国等への要望事項

- ♦農薬を減らす
- ♦瀬戸内海の温排水（電力会社）の規制：排水口の際では5℃くらい高いかもしれない。県にも言っている
- ♦ここは日本一の漁場だった。目先のことにとらわれていて根本的な問題を解決しなければ、組合員が減っていく。漁協も声をあげる必要があるが、環瀬戸にもがんばってもらい、豊穣の海を育ててもらいたい

（インタビュー実施日：2023年4月27日／協力者：本田義男組合長／実施者：青野篤子）

【安芸灘・広島湾】

38.三原市漁業協同組合 （広島県三原市古浜1-11-1）

■漁協の現状と変化

	50年前	現在
組合員数	―	20人
組合員の平均年齢	―	―
主な漁法	―	S30年代、サワラの流し網（春先2か月、県が許可）その後はマナガツオの一枚刺しの流し網、磯建もたての1枚刺網。ゲンチョウ（舌平目）を一枚刺網で漁をする方法をあみだし、走島まで広がった。（三枚刺網は尾道が本職）※漁獲量はしれているので、自前でできるだけ加工して売っている。道の駅で販売
漁獲高	―	―
およその年収	―	―

■アンケートの回答に関連した質問

- ♦特に減少している魚種
  - ・ サワラの増加…2019年頃から。過去にないくらい増えた。愛媛県で多い。11県で網の目を10.6cm以上にしたり、漁期を設けたり、稚魚の許可書を県が買い上げたりしたためと思う
  - ・ マダイの増加…2019年頃から。タイ釣りはやっているが、漁としてはやってない。幸崎付近の浮鯛は今ない。でも、浮鯛祭はした。タイは毎年放流している。6漁協（幸崎、瀬戸田、大崎上島、忠海、竹原、吉名の海砂採取を許可した漁協）の振興基金でしている

（実施者注：県が、海砂採取に初めて規制を取り入れた1977年（S52）、個別に迷惑料を受け取っていた竹原市周辺の6つの漁協が、交渉窓口を一本化してできたのが六協。採取業者側も、同じく船主会をつくったことが、1998.3.23中国新聞「瀬戸内海採取全面禁止へ向けて−海砂の教訓3」に書かれている）

三原名物のタコ料理店

- アナゴの減少…減っている。地物では商売できない。取りにいっても、1キロ2キロ。昔は生活できるぐらい獲れた。乱獲でいなくなったのではないか
- タコの減少…4、5年前からいなくなった。今年は全くいない。タチウオにしても漁師が獲るばかりでない。素人（プレジャー）の方がたくさん獲る。私た

釣り人が残したタコ針

ちは先のことを考えながら、いろいろするが、素人はそうではない。魚は減っとることはあるが、全体では素人の獲る方が多いと思う。釣り人が海底に残した、タコ釣りに使う返しのあるタコ針が一杯になったトロ箱を見せてくれた。蛸壺の前で針が動くと餌じゃ思うて、タコが出て飛びつく

◆海域ごとの特性からみえる疑問・問題点について

- 藻場の変化…磯焼けでガラモ、海草がなくなり、産卵場所がなくなった。石ころが見えている。魚が獲れなくなった原因は藻がなくなったことだ。魚が獲れないから、藻をとって金にする人もでてきた。自分で自分の首を絞める悪循環だ
- 赤潮の発生件数の変化…減った
- 透明度の変化…高くなった
- 地先の水温上昇…2022年春先から高くなり、クラゲが異常発生している
- スナメリクジラの目撃…三原の沖で最近よく見る。沼田川河口でも今年1、2月頃、流し網に1頭かかった
- カブトガニの目撃…4、5年前沼田川河口で一体かかる
- ナメクジウオの目撃…見ない

■国等への要望事項

県に一般釣りの啓発（竿でのタコ釣り禁止）を要望　※香川県ではタコの船釣りを禁止した

（インタビュー実施日：2023年4月19日／協力者：濱松照行組合長／実施者：大畠隆珍・松田宏明）

●コラム　広島県栽培漁業センターを訪問

(竹原市高崎町字西大乗新開185番地の12)

受付での説明
- メバル、カサゴ、ガザミ、ヨシエビ、オニオコゼ、アユ、ヒラメ、マガキ、アコウ、マダイの種苗生産施設
- 広島県は広島市栽培漁業センター、広島県栽培漁業センターの2か所で稚魚を育てている（各県毎に1～2か所。国営の施設もある。山口兵庫は日本海側、瀬戸内側の2か所）
- 広島県では、広島、呉芸南、尾三、福山の振興協議会毎に放流をしている。放流場所、放流数は県水産課が把握
- マダイの中間育成（5cmのマダイを30日間飼育、8cmの稚魚で港外に）。港の中に放流する場所は ①阿賀港 ②豊島 ③沖浦漁港（大崎上島）④向山港（大崎上島）⑤忠海⑥能地漁港 ⑦生口島の7か所
- メバルの中間育成は大崎上島の2か所。ヨシエビの中間育成は向島/横島・田島
- アユ：太田川は広島市の施設で育てたものを放流している。江の川はここからシオミズツボワムシ（動物プランクトン、汽水産）も育て、餌にしている（藻類培養は、ナンノクロロプシス　植物プランクトン）

魚類生産施設見学（係員より説明）
- マダイ、ヒラメ：広域回遊魚を中心に放流してきたが資金不足のため地先の魚を育てるようになった。受益者負担のため漁協の負担金が増え、漁協からの要望により、放流後遠くに行かない魚を放流するようになった
- ウクライナへのロシア軍による軍事侵攻のため、航路が変わり、アトランティクサーモンの空輸費用が値上がりした。そのため、丸紅を中心に商社が富士山麓で養殖場を建設している
- 遊漁者の漁獲量が多いのは、マダイ、メバル。オニオコゼを釣る人はいない（三原市漁協での遊漁者のタコ釣りの話に）
- タコの養殖はできない。ガザミのゾエア幼生が餌になることはわかっているが、餌を大量に生産できないため
- シオミズツボワムシは、ウナギの養鰻場で多数いることがわかり、魚の養殖につながる
- アユは4月から10月まで生産しているが、冷水病（ギンザケの卵を持ってきたことから病気が広まった）で死ぬ魚も多い。内水面漁協（アユの鑑札がある川）では放流が義務づけられている。沼田川の2か所で放流
- マダイ・ヒラメは短期間（40日から45日）で放流できるような大きさになる。（ちょうどタイの産卵時間のため水槽に近づかないようにと言われた。オスがメスを追いかけて跳ねていた。）7/9に大久野島でマダイを放流する
- カキの種苗も行っている。見学不可能（当初、海砂採取の補償の一部で栽培漁業センターの運営がなされていた。）

(訪問日：2023年5月26日／訪問者：松田宏明・望月保子)

39.安芸津漁業協同組合（広島県東広島市安芸津町三津5792-2）

■漁協の現状と変化

	50年前	現在
組合員数	－	20数名
組合員の平均年齢	－	
主な漁法	－	底曳き網：4〜5隻（刺網からかわった人もいる）。昔はエビがたくさん獲れていて、お客さんを積んで行っていた。刺網：何人かいるが、魚が取れない。カキの養殖：多数
漁獲高	－	－
およその年収	－	－

■アンケートの回答に関連した質問

◆特に減少している魚種

　ここらは広島県でも魚が一番少ないところ。中部海域、島に囲まれているから魚も入って来ない。回遊魚が豊後水道から入ってきてもみんな四国の方にいく。水深も浅いところ。戦後1955年(S30)〜1965年(S40)は、60数名いた。底曳き網は23〜24隻あった。海老漕ぎをしていた。みんな年をとってやめる。年寄りは年金で食えるが、若い者を入れようとしても魚が獲れんので油代を引いたら赤字になる。魚が獲れなくなったのは海に餌がなくなったのが一番の原因。透明度はよいが、プランクトンがいなくなった。海の底もドロドロになっている。共同漁業権は龍島の前まで（唐船島、ホボロ島、鼻繰島、藍之島の付近）

◆魚種毎の漁獲量の変化

　地付の魚、キス、ホゴメバル、本メバル、アイナメは少なくなった。ガラモが減ったため。チヌは何でも食べるから増えている。カキも食べられるのでよわっている。カレイ、ヒラメ、オコゼは今でも少しは取れるが市場に出せるほどの量ではない。コチも少ない漁獲量

・　カワハギ…ウマズラハギが減り、カワハギが増えている

・　ハモの増加…2008年頃と比べて3倍ほど。何年か前からすごく増えている。昔一晩で2〜3匹だったが、今一晩で多いときは10何kgも取れる。逆にアナゴがいなくなった。たまに小さいのが、1〜2匹かかるぐらい。ハモの大きいもの（3kg）はミンチにして蒲鉾の原料にする。こまいのは100〜300gぐらいで、1kgぐらいのものが値がよい。フライにするとおいしいし、炊き込みご飯にしてもよい（ただ、骨切りが難しいので一般向けには売れな

い）。たくさん獲れたら生簀の中をうろうろするため、大きいものは捨てる。市場に持っていっても安いし、売りようがない。ハモは泥場にいる。タコでも何でも食べる（手長ダコを餌にして釣る）

- エビの減少…2008年頃から、ヨシエビ、シバエビがいなくなった。底がヘドロ状になっている。カレイ、ヒラメは、ヘドロの中で息ができない。台風のある程度大きいのが来ていないから、海が攪拌されずに、たまったままである。アシアカエビ（クマエビとも呼ばれ、有明でも獲れ、正月に必要）は30〜40mの深いところにいて秋になると出てくる

- タコの減少…2013年頃から5％（イカの減少は2008年頃から30％）。獲れないので漁をやめた人もいる。最近はイカ籠に何も入らない

- マダイの減少…2008年頃から50％。時期になると豊後水道から入ってきていた。今は、稚魚の放流をしているが、入れてもガラモがなくなっているので育たない。「木を倒してハゲ山になったら、何もおらんようになる。海の中も一緒」小さい魚が隠れる所がないから、他の魚のえさになってしまう。広島県で養殖が少ないのは、

イカの籠網

海水温が低いため。愛媛県は海水温が高いから、冬も餌を食べるため大きくなる。ここは、12℃より下がったら餌を食べなくなる。養殖の方が値がいいのは、餌代が高いため。安くなったら養殖では赤字になるため、値が高いまま。天然タイの値が安いのは、餌代がいらないため。5月頃になるとタイもやせて、食べるものもないから、しっぽもペタンコになる。春先はまだ、しっぽが丸い

- ノリ…昔養殖をやっていた。藍之島の前、4〜5mで浅いので。木谷小の付近でも。深いところは浮をつけてやったところもある（ベタベタという名前）。やめてから30年くらいになる。芦田川の河口、福山水呑のノリが最高だった。河口堰ができて、翌年からノリができなくなった。山から栄養が出て来なくなったため

- タチウオ…幅が小さくなっている。大きくならない。以前は春などは幅の広いものがたくさん獲れていた

- サワラ…こちら側に入ってこない。四国の方を通っていく。公害があった2〜3年だけ、あっちを通れないから、こっちに来ていた

- ・　ガザミ…獲れているが少ない。放流しているが、大きくなってない。昔は6〜7月に放流して、11〜12月に大きくなっていた。今は1年で大きくならない。売ろうと思ったら、3年かかる。年数がかかるとほかの魚に食われてしまう
- ・　カキ…カキの輸出については詳しいことはわからない。尾道の会社、クニヒロ水産が詳しい。ここは、カキ小町（三倍体）、冷凍するのだったら、安芸津の地ガキ、3年ぐらいで大きくなっているのは、殻がごついから、冷凍してもよい。広島のカキは1年だから、冷凍したらつぶれてしまう。輸出は殻付きのまま。開けたものは面倒くさい。保健所の検査がある。だから冷凍して送っている。果たしてどれくらいの値で買ってくれるか、会社はもうけても、地元でどれだけの値で買ってくれるか、自分でじかに売るのが一番いい。干潟にある抑制棚で1年以上置いている。7月頃獲り、いかだが空になるとつるす。最初から、深いところにつるしておくと、大きくなりすぎるので、成長を抑制する。「生かさず、殺さず」だ。カキは殻付きで焼いたら一番おいしい
- ・　シタビラメ（ゲンチョウ）…小さいのを唐揚げにして食べていた。最近は獲れない。自然が狂っているからだめになった

◆昔いなかった魚種とそれが見られるようになった原因
アイゴとは別の黒い魚が底曳きにかかっている。見たことのない魚、きれいな色をした、赤とか青とかいろんな色をした魚がのるようになった。県とか大学に送っている。アコウが増えた。立網で獲る

◆海域ごとの特性からみえる疑問・問題点について
- ・　クラゲの大量発生…20年ぐらい前から茶色のどろどろのクラゲが底曳き網にのってきていた。最近はヨツメクラゲも入っている。海水温が上がったためか、網にのったら大変。クラゲがドロドロだから、息をつめてエビも死んでしまう。網を揚げるとき、重たい
- ・　藻場の変化…アマモが5〜6年前からなくなっている。風早の海岸端にあった。豊田高校から安芸津駅の方までずっとあった。大潮のとき船が入れないくらい生えていた。木谷をまわった方は少ない。波が荒いと育たない。それと比べ、港の方は波が少ないからアマモが多かった。竜王島のところにもあったが、ない。理由はわからない。ガラモが育たなくなっている
- ・　赤潮の発生件数の変化…養殖のタイが死ぬ赤潮が出る頃が一番たくさん魚が取れていた。港の中でチヌでも何でも泳ぎまくっていた。今はない

- 透明度の変化…よすぎるぐらい蒸留水みたいな透明度、何もなくなって流れている。一般の人はきれいでいいかもしれないが、餌がないから何も生きていけない
- スナメリクジラの目撃…最近は見る。ゴチ網漁をする人が唐船島の沖でみるという。竹原から大崎上島に行くフェリーからも見える。回遊してくるのだろう。生野島のところに餌があるのだろう
- カブトガニの目撃…最近見ることはない。昔（私が子どものころ）は、木谷大之木ダイモの沖にいっぱいいた。今もアマモがあるところ
- ナメクジウオの目撃…わからない

■その他
　魚種ごとの記録…長期の記録はない。最近は組合で集めて県または漁協に提出している

　※漁具、船が進歩してことで、獲りすぎになってないか。回遊魚は、時期になると産卵で入る。乱獲があるかもしれないが、底ものはもぐっているから、魚探でもなかなか映らないので、獲れない。底ものは乱獲より環境だと思う

■国等への要望事項
　魚が獲れなくても、県水産課は何もしてくれない。大学と調査して、現状を明らかにすることが大切だ。餌がなくなっているからではないか。昔は魚の残飯を海にまいたら寄ってきた。今はきびしいから、魚のアラも捨てられない。ナイロン袋に入れて捨てるのは、いけないけど、開けて中のアラだけ捨ててもよいのではないか

　※豪雨の影響：直後は、海が濁っていたが、沈んで、海底に砂、ヘドロがたまっている。どうしようもないが、昨年から、海底、三津大川も掘ったりしている。海底に厚みが増し、コンクリを打ったような感じになっている。踏んだら、ずぼっといく。そこに、藻がでてきても伸びても、それ以上伸びない。秋にはなくなっている。豪雨が続く限り、移植してもだめだろう。雨が一度に降ると、泥水が流れるだけで、養分は流れてこない。（カキ、ジャガイモが少雨でできが悪かった話をすると、自然はつながっている、山と海はつながっていると言われた）

（インタビュー実施日：2023年4月11日／協力者：山中開三代表理事／実施者：望月保子・松田宏明・大畠隆珍）

40.早田原漁業協同組合 (広島県東広島市安芸津町三津5792-2)

■漁協の現状と変化

	50年前	現在
組合員数	－	20人
組合員の平均年齢	－	
主な漁法（含養殖）	－	突漁（カキいかだの上から：カワハギ）、定置網（海岸線と湾全域：ヒラメ、タコ）、刺網（マダイ、チヌ、メバル、オコゼ、カレイ）（たたき漁：県の規制で許可されている組合、追い込み漁、川尻では透明の網＝テグスが透明は許可されていない）、カキの養殖、シロウオ漁（高野川の春の風物詩）
漁獲高	－	－
およその年収	－	－

■アンケートの回答に関連した質問

◆特に減少している魚種

- タコ…年中卵をもっている（昔は夏だけだった）

- スズキ…今までは、冬に産卵するためやせていた（カレスズキと呼んでいた）。今は冬水温が高いので、餌を食べるため極端にやせなくなった。スズキは夏の魚だが

- マダイ…増減なし。1～2月は20m～30mの深いところ（網を引き揚げるときに斜めになるぐらい）に行かないと獲れなったのが、海水温上昇で水深10mくらいのとこでも獲れる。年をとって楽になったが。冬になり、沖の深いところに出る魚が減ってきている。昔は高級魚だった。30年前3,000円しよった。なんぼ値が下がっても1,000円。今だったら、持って帰れと言われるぐらいになっている。タイの漁獲量の増減がないのは、漁師さんが少なくなったためではないか

- ナマコの減少…一時期密漁が多く、全域に来ていた。岸から5mくらいのところ、防波堤のへりまで獲られたこともある。3年前から罰金を科せられるようになり、密漁は止まった。刺網でも1回300ぐらい獲れるまで、回復している

- アサリの減少…減った原因の一つは家庭排水。二枚貝は洗剤に弱い。ナルトビエイの食害や、島のがけ崩れで海が濁ったことも原因か。県環境保全協会の調査があり、協力している。ここらは、マテガイはいない

- カキの養殖…昨年10月から雨が降らず、11月から12月の1か月で3度降ったくらいだ。そのため栄養が流れ込んでいない。また、水温が下がっていない。この海域では最高28℃、最低10℃（今年、昨年冬）。15年〜20年調査しているが、5年前に1回7度になったことがある
- ハモ…刺網にかかる。網をかんでいるため、包丁で頭を切っている。大きくなると骨にカエリがあるので調理できないため、プレッサーでミンチにしている。高級魚として出回っているのは小さいもの
- アナゴ…許可はあるが獲りに行ってない。釣りで獲る人もある。魚種は変わらないが漁が減った（アンケートではタチウオ、タコが60%くらい減ったと回答されている）

♦ 昔いなかった魚種とそれが見られるようになった原因
- 南方系の魚（名前は不明）、アイゴ（大きいのは食べられる）、ゴンズイ、メジナが定置網にかかっている。食害のためガラモがなくなっている。もとを食べるので今年100%はえていない。
- 昔はガラモに突っ込んだら船が出られないくらいはえていた。

♦ 海域ごとの特性からみえる疑問・問題点について
- クラゲの大量発生…毎年ではないが何年かごとにはある。今年夏場に発生していた。昨年一時だけ8月1か月多かった。丸いクラゲだ
- 海岸線の変化…変わってない。干潟が残っているが、行ってないのでものがいるかどうかわからない。高野川河口干潟は、シギチドリの観察地。最近飛来していない
- 藻場の変化…減った。アマモの変化はあまりないけれど、ガラモは最近10年前から極端に減り、生える時期も12月過ぎてからアマモはある。環保協の調査が今度ある。県がアマモを刈ることにうるさい。（1㎡だったらいい）昔はアマモをとって忠海の岩風呂に持って行っていたが、もうできない
- 赤潮の発生件数の変化…この海域ではない
- 透明度の変化…冬は岸で4〜5m、夏は1mで、11月になると回復してくる。2月の終わり、海水温の低下とともに7〜8mになる
- 地先の水温上昇…冬場最近は10℃を切ることが少なくなっている。夏場から秋にかけて水温の低下率が低い。データは東広島市が持っている。水の調査会社、三井開発(株)が行っている
- スナメリクジラの目撃…30〜40年前、全域で岸のへりまで来ていた。ボラをスナメリクジラが追うので嫌われていた。最近もたまにいることが

ある（P184上図）

- ・　カブトガニの目撃…年に1〜2回刺網にかかることがある。学校に持っていこうかと思ったが、死んだら困るとやめた。（連絡を依頼する）昔は干潟にいた。現在、豊田高校のところも
- ・　ナメクジウオの目撃…アンケート回答はゴンズイのつもりで書いたとのこと。ナメクジウオは見たことがない

■魚種ごとの記録

　調査記録は整理していないが、持っている。農水省の調査員も20年以上している。年2回来る。広島農政局に聞き取り調査表があるかもしれない。東広島市も漁獲量を出してくれと言われている

（インタビュー実施日：2023年4月10日／協力者：西明松廣組合長／実施者：望月保子・松田宏明）

41.倉橋島漁業協同組合 （広島県呉市倉橋町11974-2）

■漁協の現状と変化

	50年前	現在
組合員数		
組合員の平均年齢		
主な漁法（含養殖）		刺網、採藻、定置網
漁獲高		
およその年収		

※多忙とのことで漁協へは書面による調査になった

■アンケートの回答に関連した質問

◆質問1　漁獲量の増減について原因としてどんなことが考えられますか？
　…わからない

◆質問2　クラゲの大量発生は、いつ頃から、年に何回ぐらい、規模・海域など
　…夏

◆質問3　藻場の減少について詳しく教えてください
　…近年ひどくなり、海域全体に及んでいる

◆質問4　地先の水温が上昇しているとのことですが、それにともなって魚種等の変化がみられますか？
　…ある。ハマチ類、アイゴが増えた

◆質問5　スナメリクジラを毎日目撃されているそうですが、詳しく教えてください

…近年では3〜10頭見られる。春から夏にかけてよく見られる（P182下図、P183右上図）

♦質問6　カブトガニの目撃は倉橋島漁協ではありませんか？
　…ない

♦質問7　アンケートに定置網をされていると記入されていますが、詳しく教えてください
　…つぼ網の方式で20年以後。秋から春にかけて、タイ、ハマチ、ハゲ、スズキ、イカなどが獲れる。漁獲量は減っている

♦質問8　瀬戸内海漁業全般で感じられていること、ご意見等ご記入をお願いします
　…瀬戸内海はもうからない

（書面調査回答日：2023年5月2日／回答者：作田隆次組合員／実施者：大島浩司）

◉コラム　呉市豊浜町豊島K.K.さんに電話インタビュー

　15歳の頃（1963年）から今まで漁師をしてきました。主に一本釣りでタイ、ハマチ、ヤズ、アジ、サバ、メバル、色々釣ってきました。主に何を釣るという訳でなく、仲間からタイが居るハマチが居るという連絡が入ると、一緒にそれを釣ります。

　昔と比べてですか。昔はいつでもコンスタントに釣れていたけれど、メバルも30kgとか50kgとか。今は釣れる時は釣れるけれど。釣れたり釣れなかったり。群れが小さくなったという感じ、結果よくないよね。だから昔と比べると、25歳の頃漁船が50杯程いたけれど、今は14杯、1/4に減ってしまった。

　別にタコ漁もしていて、タコ壺を500個ほど投入して1週間ほどして引き上げると、200から300kg入っていました。今は800個ほどを20日ほど入れといても30〜40kgほどしか捕れない。

　海の変化？　今は海に餌が無いという感じ。まずプランクトンがいないんじゃないかな。だからイカナゴ、アジ、サバ、が居ない。底物も少ないね。その原因は私はよく分からないけれど、陸からの栄養分が少ないとか、殺虫剤、除草剤も良くないんじゃないかな。

　アマモは少なくなったね。20㎝位にチギレて良く流れてる。ガラモも少なくなってるよ。バリ（アイゴ）？　今よく言われているけれどね、あれは昔からいたよ。でも藻場の方が勢力、強いので気にしなかったよね。

（電話インタビュー／実施日：2023年8月8日、実施者：原戸祥次郎）

●コラム　倉橋島漁協所属の藤本昭博さんに電話インタビュー

原戸：藤本さんは瀬渡しもされていて、私も小情島に渡していただいたことがあります。今日は海の環境について教えて下さい

藤本：私も漁協の環境保全推進委員をしています。釣りのお客さんのゴミはすべて回収していますが、実はその処分に困っています。7月8日は大浦崎海岸でリフレッシュ瀬戸内海という催しで、ゴミ拾いをしてきました。問題になっている、カキ筏からの廃棄物は今、ずいぶん減少しました。業者も気を付けるようになったし、スペーサーという細いパイプのゴミもうんと少なくなりました

原戸：スペーサーは竹に変わって来ているのですか？

藤本：そこまでは進んでいませんが、使い方、回収の仕方が変りました

原戸：私は鳥の調査で、上関の祝島沖を船で走り回るのですが、あそこでごみの掃海艇を走り回らせたら効率よくゴミが取れますな

藤本：それなら、音戸にも走らせたいですね

原戸：魚の減少どう思われますか。貝、カレイ、グチなど居なくなった気がしますが

藤本：本当に少なくなったね。でも海は大分きれいになったんだけれどね。でも何が変ったんだろうね。20年位前かな、この少し東の浜にね、稚貝を5t150万円分、九州から取り寄せて撒いたことがあるの、そしたら暫くしてみんな死んでしまったよ。原因は分からないけれど。その頃から海がおかしくなったんだろうね。海の温暖化はもう少し後だと思うけれど

原戸：原因は分からなかったのですか？

藤本：稚貝が死んでしまった原因は分かりませんね。今年はねガラモが無い。船がつけやすいと言うことはあるけれど、産卵場だし、稚魚が育つ所のガラモがホント少ないのです。アマモ場も少なくなっているのだけれど、少し深場なので割と気が付きにくいです。この辺りは瀬戸内海国立公園内でほとんど開発されず、海岸線も昔のままなんだけれど。深刻といえば、ウミウかカワウか分からないけれど、ウの大群です。そこに見える情島にも200羽ほどの大群が住んでいます。ウは大食漢でいるだけ、根こそぎ、いくらでも魚を食べます。これは本当に何とかして欲しいです。これだけは皆さんに伝えてください

原戸：ありがとうございました

（電話インタビュー／実施日：2023年7月23日、実施者：原戸祥次郎）

42.鹿川漁業協同組合 （広島県江田島市能美町鹿川4779-1）

■漁協の現状と変化

	50年前	現在
組合員数	—	正組合員78人・準組合員115人
組合員の平均年齢	—	58歳
主な漁法（含養殖）	—	二艘イワシ船曳（瀬戸内海汽船）、船曳、小型底曳き、流し刺網、二艘サヨリ船曳
漁獲高	—	
およその年収	—	

■アンケートの回答に関連した質問

♦特に減少している魚種

　タチウオはもう幻の魚。イカナゴも見ない

♦なぜ減少したと思うか？

　ガラモがなくなったが、それはアイゴの激増が原因と思う

♦昔いなかった魚種とそれが見られるようになった原因

　ハマチは昔は見なかった。バリ（アイゴ）が網にたくさん入って困る。温暖化が原因

♦海域ごとの特性からみえる疑問・問題点について

・　イカナゴの減少要因…イカナゴは見ない

・　ハモの増加の意味？…原因はわからないがハモは増えてはいる

・　スナメリクジラの目撃…よく見る（P183左上図）

（電話インタビュー実施日：2023年7月25／木葉登喜夫職員／実施者：原戸祥次郎）

43.宮島漁業協同組合 （広島県廿日市市宮島町974-9）

■漁協の現状と変化

	50年前	現在
組合員数	約70人	45人
組合員の平均年齢	不明	55歳
主な漁法	刺網、採貝、採藻、カキ養殖	刺網、採貝、採藻、カキ養殖
漁獲高		
およその年収		

■アンケートの回答に関連した質問

◆特に減少している魚種（アンケートより）

　2010年頃からサワラ、タコ類は増加。マダイ、イカ類は増減なし。その他は減少している。全体として漁獲量は40%程度になっている

◆昔いなかった魚種とそれが見られるようになった原因（アンケートより）

　アイゴ（4、5年前から急激に増えた）、サワラ・ハマチ（時期によるがかなり増加）、アカエイ（5、6年前から増加、500g〜15kgくらいのものが1日100匹程度かかる）、トビエイ（5、6年前から増加、2kg〜30kgくらい）

◆海域ごとの特性からみえる疑問・問題点について（アンケートより）

・　クラゲ…7、8年前から全然いなくなった

・　海岸線…護岸整備や船舶の往来で砂が寄って埋もれた

・　藻場の変化…アマモがなくなった。アオサが異常に増えた（以前は夏場に多かったが、最近は年間を通じて発生している）。名前は不明だが、粘りのある糸状の海藻が増えた。モイサイ（ベラ）が増えて、魚が産んだ卵を食べたり、小魚が隠れる岩が砂等で埋まってしまっている

【丸本組合長：談】

　10年ほど前から家庭排水の排水規制のためか水が透明になりました。プランクトンが減少しました。（プランクトンを調べているのですか？）カキの養殖が盛んなので県の試験場で調べています。

　今カワウが凄く増えて食害で困っていますが、水が透明なので余計に魚が見つけやすいのでしょう。このカワウには大変困っています。50年前ほど前には何もしなくとも魚が取れていました。でも10年ほど前から魚の減少が顕著になってきました。磯焼けも段々進んでいます。

　10年ほど前から海水温の上昇も目立ってきました。その為アイゴやイソベラが増えています。イソベラは冬も活発なんです。冬に産卵する他の魚の卵や小魚を食べてしまいます。アイゴは海藻を食べつくして磯焼けになります。磯周りに網入れしますが、今は網を入れても魚は捕れないし、藻がないので網は破れるしで、ほとんど網入れしていません。この海水温の上昇で海は2〜3年でダメになってしまいそうな感じです。

　今、マイワシやコノハダ、コノシロが増え、そのためか、ブリ、サワラ、スナメリクジラが増えています。スナメリクジラが増えたらあなたたちは喜ぶでしょうが、私達は困ります。小魚は逃がすということを私達漁師はやっているけれど、素人さんがその逃がした魚を釣って帰ったのでは意味ないよね。でも

何と言ってもウの多さには困っています。

【今田職員：談】

　スナメリクジラについてですが、漁労さんや海で仕事をされている方は宮島周辺でよく目撃されるそうです。特に地図の〇当たりで2～3頭で目撃されることが多いとのことです（P183右下図）。海の状況につきましては、10年くらい前までは、アナゴをはじめ多種多様なお魚がたくさん獲れたようですが、近年は漁獲も激減しております。海水温の上昇や栄養不足といった海の環境の変化もあろうかと思いますが、カワウによる被害も大きいかと思われます。宮島にも大きなコロニーがあり、多いときには3000羽くらいのカワウが生息しております。そのカワウが稚魚を捕食するので、お魚もいなくなります。現在、県や市にもカワウ対策に力を入れていただいているところです。

(電話インタビュー実施日：2023年7月／協力者：丸本孝雄組合長・今田職員／実施者：原戸祥次郎)

44.くば漁業協同組合 (広島県大竹市玖波3丁目8-13)

■漁協の現状と変化

	50年前	現在
組合員数		
組合員の平均年齢		
主な漁法（含養殖）		底曳き網、刺網、採貝、釣り、カキ養殖（アンケートより）
漁獲高		
およits年収		

■アンケート調査の回答（2022年12月5日）より

◆漁獲量の変化

　マダイ、サワラは増加、その他はすべて減少

◆昔いなかった魚種

　アイゴ、メジナ、ベラ

◆海域ごとの特性からみえる疑問・問題点について

・　藻場の変化…アマモ、ワカメが減った

・　スナメリクジラの目撃…この1、2年でも10回は見た（P183左下図）

・　放流事業で魚を放流すると、他の魚が減少しているように感じる

・　放流した魚は増加している

・　魚の獲れる時期が遅れてきている（水温の関係）

- ・　カキの身入りの時期が遅れている
- ・　カキのへい死割合が増えている

【北林組合長：談】

　漁をされる方はこの漁協にはほとんどいません。だから魚の実態は分からないと思います。ただ減ってはいます。バリ（アイゴ）ですか、この近海は言うほど増えていないと思います。阿多田島が以前からいたようなんですが、増えていると聞きました、それと宮島西の兜島が少し増えているようです。阿多田島以南が大島圏との境という感じですかね、そこらが増えているのかな。どちらにしても魚のことはよくわかりません。

（電話インタビュー実施日：2023年8月3日／協力者：北林隆組合長／実施者：原戸祥次郎）

【伊予灘・周防灘・響灘・別府湾・豊後水道】

45.山口県漁協祝島支店 （山口県熊毛郡上関町大字祝島184番地の4）

■漁協の現状と変化

	50年前	現在
組合員数	35〜36年前120人	男性19人・女性1人・準（若手）15人
組合員の平均年齢	―	30代1人、50代1人、あとはそれ以上
主な漁法)	―	一本釣り、網、タコ壺
漁獲高	―	3,000万円弱
およその年収	―	組合の赤字：1人当たり、今年は28万円、去年は33万5,000円。魚を獲って売る人は8人、あとは獲って食べるだけ。魚価が安い、50〜60cmのヤズが100円しかしない。油代は高い。出荷するのに金がかかる。浮島だけは赤字になっていない（イリコがたくさん獲れるし漁師も若い）。平生ではイリコ業者は1軒だけになった。サヨリもいない

■アンケートの回答に関連した質問

◆特に減少している魚種

　イカとカレイ

◆なぜ減少したと思うか？

わからない。温暖化とは一口に言えない気がする

◆昔いなかった魚種とそれが見られるようになった原因

熱帯魚のような魚が増えた

- ・イカナゴの減少要因…イカナゴは60年以上前、私が子どもだった頃はけっこういたが、今はいない
- ・ハモの増加の意味？…ハモも少ない

◆海域ごとの特性からみえる疑問・問題点について

- ・スナメリクジラの目撃…昔は網にもかかっていたが近年は減った。田ノ浦の沖や蒲井と田ノ浦の間で5、6頭連れている（P182上図）

■この50年間の変化

あの頃は、徳山湾の魚は臭くて食べられないと言っていた。奇形魚の話もよく聞いた。祝島ではボラも臭くない

■定置網の状況

わからない。潮の流れが速いのでやる場所がない

■磯浜復元をどう思うか

いったん埋立てたものはもとに戻るには100年かかるのではないか。柳井港は埋立て寸前までいって船着き場まで移動させたが、民主党政権が止めた。桟橋はまたもとに戻した。今心配なのは、田ノ浦の埋立て

■国等への要望事項

◆漁師を育てること…現在の制度は使えない。その制度を使って漁師になってやめた人がいる。制限・条件・親方につくという形は無理。もっと親身になって考えてほしい

◆最近クラゲが異常発生している。4、5月に多い。祝島の港の中にもうじゃうじゃいた。赤い筋があるクラゲで触手が2cm。目に当たるとひどい（毒がある）。それを過ぎると普通のクラゲが多くなる

（インタビュー実施日：2023年5月16日／協力者：橋本久男運営委員／実施者：三浦 翠）

46.山口県漁協埴生支店 （山口県山陽小野田市大字埴生754番地）

■漁協の現状と変化

	50年前	現在
組合員数	約130人、少なくとも100人以上	正組合員16人、準組合員8人、合計24人。10数年前から昭和一桁の年齢層が一斉にやめた（後継者がいない）
組合員の平均年齢	－	65歳は越える
主な漁法	冬場は8割がノリ養殖。74年オイルショックでノリの単価が安くなりノリ減少。底曳き沖合漁業、7、80人くらい	底曳き網、建網（台湾ガザミ等を獲る）
漁獲高	－	コロナで魚価が安くなった。唐戸市場、小倉市場にもっていく。底曳きに行く人が減った
およその年収	－	最盛期は底曳きで700〜800万円。底曳きに行く人が3、4人。原油高騰で底曳きは燃料費がかさみ、敬遠気味。8時間の燃料がいる。漁にいって赤字。昨年は最低で100万円あがった人は数名しかいない。建網とかイカ籠、タコ壺など経費がいらない雑漁業へ移行する傾向にある。建網とか流し網は300〜400万取る。コロナでどこの組合も経営が大変

■アンケートの回答に関連した質問

◆漁獲量の変化（地図を見ながら漁場などを聞く）

　49号の共同漁業権の話が出る（小野田から、埴生、王司、壇之浦までの9漁協）。底曳きの漁場は、満珠島まわりと、満珠島から埴生へ向けた方角にある大きな漁礁のまわり。元々は砂地だったが、底曳きが減ったことで、泥が増えた。ハモが住みやすい環境になり、増えた。ハモは、小魚や、クルマエビ、ガザミなどなんでも食べてしまう。自分たちが若い頃ハモはめったに獲れなかったのに、今は1年中いる。どこの組合も困っている。埴生から才川までは干潟があり、そこは砂泥地があり、クルマエビ、ガザミがいた。沖には中洲という砂地があったが、15年ほど前に航路浚渫で掘ったため、小野田の方の東部では冬場は底曳きでマンガンをやる。海を耕すので、それなりに漁はある。木屋川の河口には干潟（小月干潟）があった。底曳き網の数が減ってから、逆に漁獲量が減った。耕すことの必要性は畑と一緒。ハモ、マダイは増

えている。イカ、タコ、クルマエビなど底ものが減っている

◆海域ごとの特性からみえる疑問・問題点について

- クラゲ…底曳きでは魚が溜まる袋がある。そこにクラゲが入ってしまうと、潮の抵抗で浮き上がってしまい、他の魚が入らない。クラゲが増えたのには原因がある。砂浜がなくなって、全部堤防になった。昔はしけたらクラゲは砂浜に全部打ち上げられて死んでいた。今は、コンクリートで止めるためにクラゲは卵は産みやすいし、減らなくなった。温暖化もあるかもしれないけど、私たち漁師はこれ以外にないと思っている。6月くらいに発生しても、すぐいなくなっていた。それが、最近は一年中、いる。ハモと同じ。埴生から才川まで全部砂場だった。しければ東風が吹き打ち上げられていた。それが全部、護岸工事をして全部コンクリート護岸になっているから、クラゲは減らない。地域によって違うかもしれない

- スナメリクジラの目撃…（アンケートでは「最近は年に10回程度」とある。）最近は多い。時には波止に入ってきてしまう。去年は波戸の中に住み着いてしまった。子が生まれると、陸に入って来る。餌を求めて波止の中に入ってきて、出ていけない。子どもが1尾でやってきて、餌を取る。親は沖までは来るけど、港の中には来ず沖にいる。旧下関水族館の沖が子を生む場所で群れるところ。コノシロとかエサがあるのだろう。何でも食べる。底曳きでグチが入り、船の上に置いておくとスナメリクジラが寄ってくる。人懐っこい。船で走れば船のともを追いかけてくる

- カブトガニ…（アンケートでは「漁に出た時は毎日見る」とある。）乃木浜でどこかの先生が、子どもを集めて産卵や幼生の様子を調べているらしい。ハモとカブトガニは増えている。カブトガニが底曳き網にかかると、邪魔になる。よくかかる場所は満珠島から陸の方でドベタが多い。多いときは、底曳き1回でカブトガニが10〜20尾くらいはかかる。下が泥場になるとカブトガニは増える。埴生でイベントするときは、必ず5〜6匹、取って子どもたちに見せてやる

■磯浜復元をどう思うか

遠浅の砂浜が多かったのが、しけたときは砂の上に泥が溜まっていた。臭いくらい打ちあがっていた。それが打ちあがらなくなり、沖の干潟の底の砂地がヘドロになっていく。海底に泥が溜まることで、いろんな問題を起こしている。温暖化が関わっている。水位が高くなっている。川も護岸工事して、汚水は、ある程度流してもらった方がいい。ノリは育たんので、多くはやめた。

（70年代初め、周防灘総合開発計画があったが、覚えていますか？）覚えがある、関門海峡から航路だけ空けて全部、埋めてしまう計画があったと聞いている。田中角栄の時だ。才川のとこ、北九州空港、中津などが部分的に現実化している

■国等への要望事項

◆埴生は底曳き網をやっているので海底の状況がよくわかる。周辺9漁協の会議で海の状況が最悪なので海を耕してくれと提案している。コロナで高級魚が売れない。コロナ前はハモも、かつかつ値があった。キロ1,500円とか。コロナになってから150円とか、50円に。ハモは唐戸市場にもっていく。そこの業者は京都へもっていく。ところがコロナで売れないので、かまぼこ用になる。小倉は小さい仲買人が多い。メコチ、キスは高価に売れる。市場により特徴がある。コロナが下火になってくれたので、ハモも今から期待している。海を耕してほしい。これは即必要だ

◆漁礁を作ってほしい。潮が来ると、漁礁の先に砂地ができ、魚も増える。今は、満珠島だけが漁礁がある

（インタビュー実施日：2023年5月1日／協力者：久保田勝己運営委員長／実施者：湯浅一郎）

47.山口県漁協王喜支店 （山口県下関市松屋本町一丁目4番-18号）

■漁協の現状と変化

	50年前	現在
組合員数	約310人、底曳き沖合漁業70〜80人くらい。	正準の合計で51人（女性は3人）
組合員の平均年齢	―	約65歳
主な漁法	―	刺し網5人。採藻ワカメ。釣り（タイ、スズキ）、籠（うちの漁業権がある中でやる）
漁獲高	―	―
およその年収	―	―

■アンケートの回答に関連した質問

◆魚種と漁獲量の変化

・ タイとガザミ…タイが増えているのは、稚魚の放流の関係だろう。ガザミは籠、建網で獲るが、非常に少なくなった

・ ノリ…水温が下がれば栄養が上がってくるはずなのに栄養塩がほとんどな

い。ノリの種付けが、年々遅れてくる。宇部から内の地場に来る。ここはノリの漁場がある。山口県では、ノリの種付けはここだけ。ノリの種つけから育成までをうちでやっている。宇部の藤曲からくる。宇部から5人くらい来て一緒にやっている

- ハモの増加の意味？…増えすぎている。ハモは、イイダコ、カニ類など網に入って取れたものを何でも食べる。イカ籠にもハモがよく入って来る。ハモは、昔からいたが、これほどはいなかった。値段も良かった。この傾向は瀬戸内海全部ではないだろうか。海が汚い、元々は砂地だったところにヘドロのようなものがたまってだめになった。ダムを作ったから、川から砂が来ない。ゲリラみたいな雨が降ると、木の枝とかごみがすごい。それが、また海に沈む。木屋川は二級河川だが、川がヘドロだらけ。ダムは発電ではなくて、工業用水や飲料水用。自衛隊は戦前からあった。自衛隊の岸壁のところは、元々は深かった。江戸時代、昔は海だったらしい。干拓で農地になった

◆海域ごとの特性からみえる疑問・問題点について

- クラゲ…刺網にかかることがある
- スナメリクジラ…今でも、一杯おる。1年に100回くらいみる。王喜の漁港の前とかで、よく見る。木屋川の河口にもおるよ。どこでも見る。2〜3頭とか。多い時には4頭はおる
- カブトガニ…刺し網に「大量にかかって」処理が大変。
  （夜に網をかけて、朝獲りに行くと、1回入れてどのくらいかかるか。）長さによるが、30mの長さで3〜4匹はかかっている。大体、産卵のころ、交尾中かな、大きなものがかかる。余り小さいのはかからん。自分は逃がす。カブトガニの卵や幼生は見たことはない。今頃、子どもらを連れてきて乃木浜で調査をやりおるのは知っているが、詳しいことは知らない。
  （寿命はどのくらいか？）15〜20年くらいではないか
- 海に関する情報を集めている人は？…海水温を毎日港と川で測っている94歳の漁師がいる。ノリをやっていた。高齢なので聞き取りは難しい

■国等への要望事項

栄養塩が全然ない。規制のしすぎだ。場所によっては栄養塩の管理ができるようになっている。今年は、兵庫県はノリが良かったと聞く。雨が降れば、いい。プランクトンが発生するのだろうが、ノリが悪くなる時がある

（インタビュー実施日：2023年5月1日／協力者：大石茂美組合長・大場美保職員／実施者：湯浅一郎）

48.山口県漁協才川支店（山口県下関市下関市長府才川一丁目44番5号）

■漁協の現状と変化

	50年前	現在
組合員数	約200人	正17人・準43人の計60人（女性は9人）
組合員の平均年齢	—	約70歳。70歳以上が37人。若い人は兼業がほとんど。年1回、浜の掃除に参加
主な漁法	採貝とノリが主。カキもあった。ワカメ、定置網	建網5人、採貝、釣り、籠（カニ、イカ、雑）。今もカキはやっている（3年前の台風でカキ筏が8基あったのが5基壊れて流れた。今は1基のみ残っている）
漁獲高	—	漁獲量は県に報告
およその年収	—	不明。警戒船とか工事の額が多く、それが主な収入源

■アンケートの回答に関連した質問

◆魚種や漁獲量の変化

マアジ、ハモ、マダイが増えている。これは瀬戸内の全体で増えている。チヌ（クロダイ）もものすごく増えている。貝類を食べる。ハモが増えるとタコがいなくなる。タコはカニを食う。そのタコをハモが食う。ハモは異常発生している。増えたら、敵がいなくなる。増えたのは、この3〜4年くらいで、どこでもそう言っている。それと、ここ2〜3年、90cmくらいのブリが増えた。虫が入っている。アジも、15年位前からよく獲れる。自分が若いころは、アジはまるでいなかった。豊後水道から上がってくるものが減った。コウイカ、トラフグ、スズキが減った。定置網では、イカ、トラフグ、スズキが入っていた。熊本、大分の船がフグを釣って上がってきた。巌流島が最後。その一部が定置網に入る。2006年頃に辞めた。台風19号でやられた。この辺は水浸しになった。漁協の前の防波堤が全部倒れた。機械が海水に浸かってしまいやめた。ミルクイは養殖でキロ2〜3,000円する。バケツに土を入れて籠の中でやる。シロミル、台湾ガザミが10年位前から異常発生している。ワタリガニは採れなくなった。ヒラアジは才川で1、2年前から釣れだした。アジは丸いが、平たくて形が違う。関門海峡から入ってきた？　水温の関係かよくわからんが。猛毒を持ったタコが2年程前から山口県のかごに入りだした。トラフグの稚魚を何十万匹と放流するが、全部、出ていく。干珠島、満珠島などのまわりは藻場があって、イカ、タコなどが子を産むところは親の代から聞い

ている。魚がいなくなった。キスゴ、コイチ、グチ（イシモチ）もいない。
ここ20年、アイナメが全く釣れなくなった。アコウは9月頃に5〜8cmのものを
放流している。値が高い。ワタリガニ、クルマエビ、トラフグ、タイ、カサ
ゴ、ヒラメも放流している。どう反映されるのかわからんが、組合としても
せざるをえない

◆海域ごとの特性からみえる疑問・問題点について

- ・ スナメリクジラの目撃…昔からいる。定置網に入る。見るのは1、2頭。凪
  の時よく見る。子どもはわからない。姿は少ししか見せないので見えにく
  い。見るのは春が多い。魚が釣れる頃が多い。去年くらいから関門海峡で
  イルカもよく見る
- ・ カブトガニの目撃…ずっといるので始末が悪い。建網に大量にかかる。水
  深5〜6mのヘドロと砂が混じっているところにいる

■定置網の状況

　定置網は区画漁業権なので、定置網の場所は県が決めている。（戦前はあっ
た？）長府、王喜、才川にもあった

■磯浜復元をどう思うか

　才川の北側の埋立ては、18歳の時には囲いができていた

■国等への要望事項

◆予算を含めて放流事業に力を入れてほしい

◆この近辺の4漁協は潮が引いたら漁に出られない。その航路を掘らねばならな
　い。今頃、泥を捨てるところがないので浚渫できない。潮が引いたら帰って
　こられない港なので、困っている

（インタビュー実施日：2023年5月1日／：今井正組合長／実施者：湯浅一郎）

49.北九州市漁協大里支所
（福岡県北九州市門司区大里本町3-12-2）

■漁協の現状と変化

	50年前	現在
組合員数	不明	正会員21人・準会員2人（男性のみ）
組合員の平均年齢	55〜60歳	50歳代
主な漁法	一本釣り、採貝、採藻※ここは工業地帯で企業が多く、退職者が漁をはじめ、漁	一本釣り、採貝、採藻　※海峡なので定着性の魚

	業協同組合を作った経緯がある。昔から存続する漁協ではない	は少なく、通り魚を獲っている
漁獲高	—	回答なし
およその年収	1日3時間就労すれば生活ができた	300万円～500万円

■アンケートの回答に関連した質問

◆特に減少している魚種

クロダイ、イシカレイ、マコカレイ、アイナメ、イシモチ、ニベ、キンウチ、アサリ

◆なぜ減少したと思うか?

水質の向上で栄養分が減ったのではないか。魚は回遊するので、中国や韓国で乱獲している影響があるのではないか。漁獲量については卸売市場の価格を見て漁獲するので統計は正確に反映していないのではないか。価格が安いと分かれば獲らない。自分で得意先を持っているので高級魚を釣った時は直接店に持ち込む。また、燃料費が3倍に高くなっており、採算が合わないので沖合まで行かなくなった。遊漁船を始めた漁師も多くなっており、釣り人が持って帰るので水揚げ量は不明。養殖魚が増えており、天然物は市場価格が低いと漁をしないので水揚げ量は減る。減った理由については市場に水揚げした量だけで見るのではなく、環境や社会状況を科学的に調査すべき

◆昔いなかった魚種とそれが見られるようになった原因

高水温が原因。アラカブや熱帯性の魚、例えば沖縄のグルクンが獲れるようになった。水温が上がったので、12月までマダイが獲れるようになった。洞海湾や沿岸で工場がなくなり、また生活排水が処理され水がきれいになり、魚種が変わった。定着性のスズキが獲れるようになった

- イカナゴの減少要因…砂浜がなくなったことが大きいと考える。ここは関門海峡なので航路浚渫が行われている。こどもの頃は門司側には砂浜があったが、航路を深くするため浚渫することで航路に砂が移動することを防ぐために護岸工事が行われ、それ以来砂浜はなくなった。遠賀川河口の芦屋漁協ではイカナゴは昔は獲れすぎて捨てていたが、それを農民が取りに来て肥料にしていたと聞いている。いまは獲れなくなっている。河口に砂が堆積しているので砂の除去を求めている。砂の減少だけではないのではないかと思っている

- ハモの増加の意味?…ハモが増えているのは漁価が安いので獲らなくなっていることが原因と考える。ハモは1キロ30円ぐらいで1本100円にもならな

い。またハモは噛みつくので扱いにくいため多くは海に戻すか捨てられる。ハモは京都のハモ料理に使うような小ぶりの適当の大きさの上物は1/10ぐらいしか獲れず、巨大ハモは獲らないため巨大ハモが増え続けていると思われる。ハモは練り物に使えるので加工業者に話をしたことがあるが、すり身は海外から輸入した方が安いので、同じ価格では引き合わない。すり身は魚の35%しか使えず、手間もかかり、値段も折り合わない。底曳き網もハモがいるところではやらない。天敵もいないし漁師も獲らないので増えているのでないか

♦海域ごとの特性からみえる疑問・問題点について

・ スナメリクジラの目撃…スナメリクジラは関門海峡にいるが、最近はイルカが定着している。イルカは12、3頭の群れがいると思われる。イルカは海峡に住み着いているようだが、1群だけなのかは分からない（イルカについては語ってもらえたがスナメリクジラの状況は聞けなかった）

・ カブトガニの目撃…カブトガニは見ないし、話も聞かない。ここには砂地がない

■この50年間の変化

♦漁獲量が増えていないのは、市場価格が安く、獲らないことがあるのではないか

♦人口減少や魚離れで需要が減少していることもあるのではないか

♦燃料費が3倍に高騰しており、沖合や遠くの漁場にまで出て漁をしなくなっている。魚価が安く、燃料が高騰しているので、遊漁船をした方が収入がよいので遊漁船が増えている

♦市場に水揚げされる漁には、遊漁船で釣った魚は客が持ち帰ることや直接小売りする漁は反映されていないので数字として反映されない

♦1972年頃と現在の違いを、漁獲量の数字だけで判断すべきでない

♦水温が高くなったことや水質がきれいになったことで魚種が変わった

♦養殖や輸入物が増えている。

■磯浜復元をどう思うか

復元したいがここは関門海峡なので航路浚渫のため、海岸部は護岸されていてできない

■国等への要望事項

♦県単位での漁獲量規制では先に獲った勝ちになるので、漁協単位での枠にしてほしい

♦タッグ漁法で魚種毎の漁獲枠を決めるのはやめてほしい

♦魚は回遊しており、中国、韓国が乱獲していることの問題があると思うので、国際的な規制をしてほしい

♦漁獲量の減少については市場の水揚げ量だけで判断するのではなく、環境の問題、人口減や魚離れによる需要減による価格の低迷による影響など科学的に原因究明をしてほしい。例えば鯨が増えており、オキアミなどを食べる量が増えれば食物連鎖から魚種の増減に影響があるのではないか

（インタビュー実施日：2023年5月25日／協力者：三松浩大里地区代表理事／実施者：荒木龍昇）

50.大分県漁協中津支店 (大分県中津市字小祝寺山525-10)

■漁協の現状と変化

	50年前	現在
組合員数	約1,000人	正準計110人
組合員の平均年齢	—	70歳位
主な漁法（含養殖）	採貝（アサリ、キヌ貝）	底曳き、刺網、建網、ノリ・カキ養殖
漁獲高	現在の1.5倍はあったのでは？	1億5,000万円位
およその年収	500万円位	平均して300万円位

※今津・田尻・大新田・竜王・小祝漁協が合併。50年前はノリ養殖が盛んであったが、設備投資に費用がかかりやめたところが多い。その他、50年前は不明な点が多い

■アンケートの回答に関連した質問

♦特に減少している魚種

アサリ、ハマグリ、キヌ貝などの貝類。海には何らかの魚は生息している。魚種の減少もあるが、漁師の数が減ったことで漁獲高が減ってきた

♦なぜ減少したと思うか？

海水温の上昇、上流部の影響、那馬渓ダム、平成大堰（山国川河口堰）の複合要因。

♦昔いなかった魚種とそれが見られるようになった原因

関門航路（国土交通省より）

155

ナルトビエイの被害。昔からいたが近年増加。ほかはあまり聞かない

- ・ イカナゴの減少要因…わからない
- ・ ハモの増加の意味？…個人的意見だが、ハモは他の魚を食べるので、食物連鎖のせいではないか。中津ではハモも漁獲高が上がっている

◆海域ごとの特性からみえる疑問・問題点について

- ・ スナメリクジラの目撃…周辺どこでも目撃情報がある。漁港の中に入ってきたこともある。単体が多いと聞く
- ・ カブトガニの目撃…成体・幼生が刺網・建網にかかることがある。卵を見たという話は聞かない

■この50年間の変化

　アサリで生活していた人もいるくらい豊富に生息していたが、今はほとんどいない。稚貝の放流をしても成体になる前に死ぬ。漁師の数が減っている。設備にお金がかかる。海の中に何かいるから漁師の生活はできる。カキ養殖（干潟での日本初の養殖に取り組んでいる）のような育てる漁業の推進も必要

■磯浜復元をどう思うか

　中津市ではダイハツの進出に伴い、海岸部の埋立てがあった。企業進出には必要な開発だったのだろうが、埋立て護岸整備などは漁業への影響を小さくすべき

■国等への要望事項

・漁師の話として、海に流れ込む排水の規制を緩和して富栄養な水を流してほしい
・各浜の実情として、海があるので漁業者の育成に力を入れてほしい
（インタビュー実施日：2023年6月10日／協力者：林智洋指導販売課長／実施者：尾島保彦）

51.大分県漁協宇佐支店 （大分県宇佐市大字長洲4263-43）

■漁協の現状と変化

	50年前	現在
組合員数	500人（2002年）	正準で123人
組合員の平均年齢	若かったと思う	60歳代だと思う
主な漁法（含養殖）	採貝（アサリ）、ノリ養殖	底曳き、刺網、カゴ漁、ハモ漁
漁獲高	不明	不明
およその年収	不明	不明

※50年前も現在の漁法は行われていた

■アンケートの回答に関連した質問

♦特に減少している魚種

　クルマエビ、カレイ、シャコ、メバル、アナゴ

♦なぜ減少したと思うか?

　干潟の養分(栄養)が少なくなった。ハモが増えたことも原因

♦昔いなかった魚種とそれが見られるようになった原因

　ハモだけが増えている。原因はわからない

　・　ハモの増加の意味?…わからないが、ハモは11月になると獲れなくなって
　　　いたのに、今では年中獲れる

♦海域ごとの特性からみえる疑問・問題点について

　・　スナメリクジラの目撃…毎年のように目撃されている。ほとんどの漁師が
　　　見たことがある。単体が多いが、時に家族連れの姿も聞く

　・　カブトガニの目撃…刺網に成体が時々かかることがある。幼生・卵の話は
　　　あまり聞かない

■この50年間の変化

　アサリは減少しているというより、いなくなっている感じ。ワタリガニが減
少している。温暖化の影響で海水温が高くなっているのではないか。クラゲが
一年中いる

■磯浜復元をどう思うか

　埋立て等で潮の流れが変わったと言われることが多い。砂浜を復元すること
で漁業に効果があるのなら取り組んでほしい

■国等への要望事項

　合併浄化槽等の普及により、きれいな水が海に流れ込むようになり、栄養不
足が生じていると思う。砂浜に藻が生えない。水質基準の見直しも必要ではな
いか

(インタビュー実施日:2023年7月14日 (電話での回答/協力者:髙橋善純職員/実施者:尾島保彦)

52.大分県漁協国見支店 (大分県国東市国見町伊美1995)

■漁協の現状と変化

	50年前	現在
組合員数	不明	正43人・準84人、計127人 (女性3人)

組合員の平均年齢	不明	67.4歳
主な漁法（含養殖）	ノリ養殖、ワカメ、潜水（タイラギ）※50年前も現在の漁法は行われていた	刺網、採藻、釣り、定置網
漁獲高	多かった	178t+ヒジキ（11t×7）
およその年収	良かったはず	正で500万円位

■アンケートの回答に関連した質問

◆特に減少している魚種

　カレイ類、タチウオ、タイラギ（絶えた）

◆なぜ減少したと思うか？

　タチウオの餌でイカナゴを使う。タチウオは乱獲、カレイは南限が北に上ったのでは？

◆昔いなかった魚種とそれが見られるようになった原因

　・　ブリ類増→脂がのらないので金にならない。サワラ（岡山・広島での増加の取り組みが影響しているのでは？良いことだ）、タイ類、ホンダワラ、ヒジキ若干の磯焼けが見られる

　・　イカナゴの減少要因…不明

　・　ハモの増加の意味？…国見はハモは獲らない。シタビラメの網にかかることがある

◆海域ごとの特性からみえる疑問・問題点について

　・　スナメリクジラの目撃…場所は決まっていないが、海域で時折目撃されている。家族連れもいた。コノシロ漁の時、海ボウズのように突然浮き上がってきた例も報告されている

　・　カブトガニの目撃…稀に網にかかることがある。いるのはいる

■この50年間の変化

　判断がつかない

■定置網の状況

◆方式

　ます網（小型定置）10統ほど

◆いつから？1970年代以前？

　設置時期は不明だが以前からあった

◆時期による特徴、主な魚種や漁獲量の変化は？

　1〜3月は網の修理。国見ではボラなど安い魚をいっぱい獲る漁法

■磯浜復元をどう思うか
垂直護岸については災害が起こらない程度の整備は必要だが、過度の整備は不要

■国等への要望事項
　重金属の流入は困るが、現在の排水基準を緩和して、もう少し栄養のある水を流入させ、藻場の育成をはかってもらいたい

（インタビュー実施日：2023年6月22日／協力者：井上泰広支店長／実施者：尾島保彦）

53.大分県漁協杵築支店 （大分県杵築市大字守江4777-5）

■漁協の現状と変化

	50年前（正確にはわからない）	現在
組合員数	全員で700人位	男性199人・女性3人 （正準合計202人）
組合員の平均年齢	50代	65歳
主な漁法（含養殖）	底曳き、ノリ養殖	底曳き、船曳（チリメン）、 定置網、カキ養殖（19軒）
漁獲高	—	—
およその年収	底曳きで1000万円位	底曳きで500万円位、カキの養 殖は50t、2,500万売上

■アンケートの回答に関連した質問

◆特に減少している魚種

　イカナゴ、タチウオ、クルマエビ、アナゴ。クルマエビは放流しているが放流効果が少ない

◆なぜ減少したと思うか？

　タチウオ、クルマエビ、アナゴなどは乱獲ではないか

◆昔いなかった魚種とそれが見られるようになった原因

　ナルトビエイ、チヌ、タイ（放流していないのに増えている）

　　・　イカナゴの減少要因…杵築では春になると獲れていたが、20年程前（2010年頃）から減って、現在は全く獲れない

　　・　ハモの増加の意味？…ハモは昔から生息していたが、タチウオが獲れなくなったのでハモ漁に転換し、漁獲高が上がったのではないか

◆海域ごとの特性からみえる疑問・問題点について

　　・　スナメリクジラの目撃…昔から目撃情報は毎年ある。単体のことが多いようだ

　　・　カブトガニの目撃…刺網にかかることがある。今は数が減った。杵築市内はカブトガニの生息地（守江湾）がある

■この50年間の変化

　護岸、漁港が整備された。漁業者の利便性は高くなった。護岸のコンクリートにくっつくクラゲの発生が多い。埋立ても進んだ。漁獲高が減少している原因となっているのでは？

■定置網の状況

◆方式

　ます網（小型定置）

◆いつから？1970年代以前？

　昔からあり、以前は30統あったが、今は15統

◆時期による特徴、主な魚種や漁獲量の変化は？

　漁協にデータはないが、アジ、チヌ、ボラ等が獲れている

◆過去からの記録の有無

　過去からの記録はなし

■磯浜復元をどう思うか

　先に述べたように、護岸や漁港の整備はある面漁業者にとっては自然の流れ。漁業振興のために、明確な根拠があれば復元してほしい

■国等への要望事項

◆埋立て等で海底の地形が変化してきている（海流による）

◆水質基準が厳しく、河川からの流れ込みが気になる。アオサ（夏）が栄養がないため育たない

◆有害魚（他の魚を食べる）の増加

以上の観点からの施策を検討してほしい

（インタビュー実施日：2023年6月22日／協力者：奥井豊広支店長／実施者：尾島保彦）

54.大分県漁協日出支店 （大分県速見郡日出町大字大神5418）

■漁協の現状と変化

	50年前	現在
組合員数	資料がないため不明	男性91人・女性2人
組合員の平均年齢		64歳
主な漁法（含養殖）	―	小型底曳き漁業
漁獲高	―	3.5t
およその年収	―	300万円

■アンケートの回答に関連した質問

◆特に減少している魚種

　エビ類、介藻類

◆なぜ減少したと思うか？

　栄養分の不足、漁具の高性能化

◆昔いなかった魚種とそれが見られるようになった原因

　海水温の情報、潮流（黒潮）の変化

　・　イカナゴの減少要因…元々イカナゴの漁獲量は少ない

　・　ハモの増加の意味？…ここでは減少している

◆海域ごとの特性からみえる疑問・問題点について

　・　スナメリクジラの目撃…目撃情報はまれ。餌を追っていると思われる。ごく稀に操業中の漁具に絡まることがあったと聞いている

　・　カブトガニの目撃…砂浜が少ないので幼生や卵の確認はないが、稀に成体が網にかかることがある

■定置網の状況

◆方式

　だいたいは「竿張り」「浮子つき」の2種、いずれも小型

◆いつから？1970年代以前？

　定置網の操業開始時期は不明だが、1970年以前から操業している

◆時期による特徴、主な魚種や漁獲量の変化は？

　漁獲量が減少傾向にある。魚種の変化はほとんど見られないと思う

◆過去からの記録の有無

　当市場の取り扱量なら2008年から記録がある→取り扱い注意の上なら可

◆網元に話をきけるかどうか

　可能と思う

■磯浜復元をどう思うか

　一度壊したものが元通りになるとは思えないが、クラゲの減少効果などが期待できるなら良いことだと思う

■国等への要望事項

　漁獲報告は毎年県や農政局に報告しているが、情報を共有し報告先を一元化してほしい

（書面調査回答日：2023年6月16日／回答者：上野裕之業務課長／実施者：尾島保彦）

55.愛媛県漁協高浜支所（愛媛県松山市高浜町四丁目1503番地104）

■漁協の現状と変化

	50年前	現在
組合員数	220人	男性21人・女性14人
組合員の平均年齢	40〜50代	76歳
主な漁法	一本釣り	一本釣り
漁獲高	―	―
およその年収	―	―

■アンケートの回答に関連した質問

◆特に減少している魚種

根付き（石についている魚、メバル、カレイ、ホゴなど）がほとんどいない。釣り人もいない

◆なぜ減少したと思うか？

農薬、気候の変化、水温

◆昔いなかった魚種とそれが見られるようになった原因

回遊魚と熱帯の魚が多い。ハマチがいつもいる（昔は春だけだった）。タチウオが今は全くいない。瀬戸内海にいなくなった。たまに釣れるだけ。専門の人でも取れていない。仕事にならない

- イカナゴの減少要因…ゼロに等しく、いない。水温が高い。プランクトンがいない（稚魚の時の）。寒子1〜3月に産む。
- ハモの増加の意味？…昔は好まれなかったが、今は食べるから、取る人が増えたため、増えたような気がするだけではないか

◆海域ごとの特性からみえる疑問・問題点について

- スナメリクジラの目撃…70年前くらいはたくさんいたが、イカナゴといっしょによく見られた。それから減って、最近増えた気がする。中島によくいる（中島・興居島・お市島が取り囲む場所で20〜30頭）。50頭になることも。20年前は5、6頭だった
- カブトガニの目撃…ない。70年前くらいは、底曳きで引っかかることもあった

■この50年間の変化

昔のようには、皆が獲れるということがない。今まで獲れていたものが獲れなくなった。魚の種類が偏ってきた。昔は若い頃から漁師をしていたが、油代

とかで赤字になるので、今はサラリーマンをやめてから漁師になる（収入は今の方が多い）

■定置網の状況

　わからない。潮の流れが速いのでやる場所がない

（インタビュー実施日：2023年4月18日／協力者：沖野鶴重運営委員長／実施者：大野恭子）

56.愛媛県漁協三津浜支所 （愛媛県松山市住吉二丁目三津第2内港）

■漁協の現状と変化

	50年前	現在
組合員数	60人くらい	男性37人・女性1人
組合員の平均年齢	40代くらい	70代
主な漁法	底曳き、建網	一本釣り、引き縄つりが多くなった
漁獲高	―	ほとんどない
およその年収	1,000万円以上はあった	500万円

■アンケートの回答に関連した質問

◆特に減少している魚種

　マアジ、サバ、タチウオ。5〜7年前まではタチウオは愛媛県が日本一、去年は10匹くらい

◆なぜ減少したと思うか？

　取りすぎ、環境の変化、水温と水質（プランクトンが減りすぎた）、稚魚の餌がない。水がきれいになりすぎた。薬剤処理の影響：水質をきれいにするための薬で、プランクトンが死んでいるのでは？　砂地が減った。巣がない（イカナゴの）

◆昔いなかった魚種とそれが見られるようになった原因

　南予のギゾ（キュウセン）がいるようになった。回遊魚が増えたのでなく、他の魚がいないから獲る。ハマチが獲れる量はかわらない

　・　イカナゴの減少要因…環境の変化は仕方がない。香川にイカナゴを買いに行っていた。今は香川も少なくなってきた。砂地が減ったから

　・　ハモの増加の意味？…南にいたのがこちらに来る。昔は年に1匹が今は1日に3、4匹釣れる。ハモだけが増えている。ハモが増えてタコが減る。ギゾもタコの稚魚を食べている。ハモは獰猛でなんでも食べる

◆海域ごとの特性からみえる疑問・問題点について

- スナメリクジラの目撃…50年前より少し増えた印象。どこでみるかは決まっていない。イルカも、大きいのと小さいのと2種類が、数十匹単位でいる。20年前に海一面のイルカを見たことがある。1万匹はいた。ハモ、サメが増えてきて、地魚が食べられている。少ない単位（2〜7匹）
- カブトガニの目撃…なし。50年くらい前に一度だけ成体を見た。興居島で取ったという話を昔聞いたことがある

■この50年間の変化

昔はクジラも瀬戸内海にいた。モリがあるのを見たことがある。昔は下灘の売り上げが9億以上あったと聞いた。海岸線が減った。埋立てもたくさん行われた。環境が変わった。波もないから自然な酸素も減ったのでは？　干潟も保安部から向こうにあった。それを埋めた

■海砂採取中止の影響

透明度が上がった。アマモは減っている。野忽那の所と由良の湾。浅い所が減っている気がする。高浜周辺では海砂はとっていない

（インタビュー実施日：2023年4月18日／協力者：奥田学運営委員長／実施者：大野恭子）

57.愛媛県漁協今出支所 （愛媛県松山市西垣生町1946番地の地先）

■漁協の現状と変化

	50年前	現在
組合員数	1987年（S62）128人	48人（男性のみ）
組合員の平均年齢	50歳くらい	70.5歳
主な漁法	一本釣り、小型底曳き、タコ壺9人、タコ釣り13人	一本釣り、小型底曳き、今はタコ壺は2人
漁獲高	―	ほとんどない
およその年収	400万〜500万円	400万〜500万円、魚の単価が低いので今は副業している

■アンケートの回答に関連した質問

◆特に減少している魚種

タチウオ、エビ類、タコ類など、全体的に減っている

◆なぜ減少したと思うか？

ノリの色が薄いと言われている。栄養不足、滅菌しすぎでは？　水がきれいになりすぎている

◆昔いなかった魚種とそれが見られるようになった原因

海水温の上昇で、南予によくいたイシダイ（根付きの魚）が増えた。量も種類も南方のものが増えている。クラゲ（エチゼンクラゲとか、大型のものとか）も多い

- イカナゴの減少要因…分からない。周期的なものなのか？原因不明。むしろ原因を知りたい
- ハモの増加の意味？…食物連鎖の頂点にいる。タチウオの代わりに増えてきた。ハモは雑食で底をはっている。なんでも食べてしまう

◆海域ごとの特性からみえる疑問・問題点について
- スナメリクジラの目撃…3日に1回は見る。春・夏・秋にどこでも見られる。単体が多い。寄ってはこない。イルカは2年に1回くらい。シャチは5年に1回くらい
- カブトガニの目撃…30年前に一匹（50cmくらいのが網にかかった）。幼生・卵はみたことはない

■この50年間の変化
◆考えることは一緒。なつかしい。『瀬戸内海』P224のところに中3まで住んでいた。父親が組合長をしていた
◆悩みは同じ。海の環境は厳しくなっている。海の資源が減っている。漁業に関して、年に3%くらい下がる（獲れる量など）

■定置網の状況
ここでは航路のじゃまになり、法律的に設置できない。

■海砂採取中止の影響
海砂をとった跡がまだある。とった跡にゴミがたまる。重信川の河口からの砂が海を侵食している。埋立てで藻場が消えている。今は漁礁（小さいのを入れて藻場を育てている）

■国等への要望事項
◆魚の単価を上げてほしい
◆跡継ぎができるような漁師を育てたい
（インタビュー実施日：2023年4月24日／協力者：中矢宏明運営委員長／実施者：大野恭子）

58.松前町漁業協同組合 （愛媛県伊予郡松前町大字浜597）

■漁協の現状と変化

	50年前	現在
組合員数	正120人	正30人（内女性7人）・準79人
組合員の平均年齢	30代	55歳くらい
主な漁法	今と同じ	底曳き（エビコギ、イワシ、サワラ、チリメン）
漁獲高	―	ほとんどない
およその年収	5～6万円／日	4,000万円／イワシ以外、7,000万円／イワシ

■アンケートの回答に関連した質問

◆特に減少している魚種

タコ、エビ、ハギ、クルマエビ。ウシノシタ（デベラ）が全くいなくなった

◆なぜ減少したと思うか？

飛行場用の埋立てにより潮の流れが変わった。長浜の埋立てがダメ。ヘドロがたまっている⇒マンガンで耕してくれたらヘドロがのくと思う。ヘドロが固まってコンクリートのようになっている。家庭排水がダメ。魚のマンション（200m四方にドーム状のもの）を埋めているが、小魚は隠れず、意味がない。入れるなら石の方がよい

◆昔いなかった魚種とそれが見られるようになった原因

ニベ（グチ）、ハリセンボンがわいたことがある。南方の魚が流れてきている感じ

- イカナゴの減少要因…砂浜がない。川の水が少ないからヘドロが散らず、砂地が少ない。ダムのために川砂が運ばれない。タチウオは2週間に1～2匹
- ハモの増加の意味？…分からない。イワシが餌だから、イワシが増えている？

◆海域ごとの特性からみえる疑問・問題点について

- スナメリクジラの目撃…たくさん、どこにでもいる。1～2匹、おこぼれがねらい？
- カブトガニの目撃…40～50年前にはたまに見た。幼生・卵は見たことはない

■この50年間の変化

『瀬戸内海』に書いてあるとおりだと思う。今は魚が少ない。獲れ高、船の数も減ってきている

■海砂採取中止の影響

　重信川の川砂が積もりすぎて、船が入れずに困っている。ダムのせいで川の流れが遅く、砂が沖に流れない

■国等への要望事項

◆ちゃんと小魚が隠れるような石を入れてほしい。昔からしているようにしてほしい

◆重信の川砂をとってほしい

◆家庭排水でできるヘドロへの対策

(インタビュー実施日：2023年4月25日／協力者：西村元一代表理事組合長／実施者：大野恭子)

59.上灘漁業協同組合 （愛媛県伊予市双海町上灘甲5722-3）

■漁協の現状と変化

	50年前	現在
組合員数	正120人	正39人・準181人（内女性20人くらい）
組合員の平均年齢	―	60代（20代はいない、全員30以上で40は若い方）
主な漁法	底曳き、サワラ流、タコツボ、建網	同じ
漁獲高	1日に10万〜20万円獲れた	底曳き網が5、600万円分くらい
およその年収	―	―

■アンケートの回答に関連した質問

◆特に減少している魚種

　タコ、エビ、ハギ、クルマエビ。タチウオが全然いない。アナゴ、シャコエビもいない。遊漁船も釣れてなさそう

◆なぜ減少したと思うか？

　海がきれいになりすぎた。排水→植物プランクトン→動物プランクトン→小魚→大魚の連鎖がなくなった（今は排水が少ない）

　（こぼれ話：偏西風で日本が輩出した排気ガスが太平洋の真ん中に溶け込むから植物性プランクトンを育てるからいいんだ！と言っていた）

◆昔いなかった魚種とそれが見られるようになった原因

　熱帯系の魚を見る回数が増えて、海水温が上昇

　・　イカナゴの減少要因…生態的な原因。イカナゴは砂地に卵を産むが、ヘド

ロで住むところがなくなった

- ・ ハモの増加の意味？…ヘドロの中に巣を作っている。瀬戸内海に3か所（山口、上灘、あともう一つ）

◆海域ごとの特性からみえる疑問・問題点について

- ・ スナメリクジラの目撃…上灘の海域ならどこでも。漁のおこぼれをもらいにくる。5〜6頭連れ
- ・ カブトガニの目撃…2〜3年で成体を1〜2匹幼生・卵は見たことはない

■この50年間の変化

『瀬戸内海』の頃はよかった。それから海の環境が変わった。海水温、ヘドロ、砂地の減少

■海砂採取中止の影響

海砂を取っていたときの方がよかったのではないか？　河口付近は逆に取って磯を護った方がいいのでは？

（インタビュー実施日：2023年4月18日／協力者：東茂樹小型底曳き網漁師・組合員／実施者：大野恭子）

60.長浜町漁業協同組合 （愛媛県大洲市長浜甲1015番地57）

■漁協の現状と変化

	50年前	現在
組合員数	男女比は8:2	470人（男女比は8:2）
組合員の平均年齢	45歳	54.5歳
主な漁法	底曳き、釣り	底曳き、釣り、建網、延縄、潜水など（板漕ぎは禁止）
漁獲高	最盛期は10億円	水揚げ量は比較にならない激減。金額的には最盛期の2割程度に（2億円）
年収	―	最高1,000万円

＜漁協の様子＞

漁協に着いて、前の港内を眺めると岸壁際にはワカメやヒジキ、アナアオサなどの海藻が生え、スズメダイやメバル、カワハギ、タナゴ、メジナなどの幼魚が群泳している。その下をここの主だろうか、でっかいコブダイまで悠々と泳いでいる。愛媛の水産市場の人間なら知らぬ者は居ない、魚どころ長浜の面目躍如といった景色であった。また、漁協の前の水槽にはチダイ、ヒラメ、カワハギ、カサゴ、オコゼなどが活かされており、さらには優に3kgを超える巨大な天然トラフグまで泳いでいた

■アンケートの回答に関連した質問

◆特に減少している魚種

　この地域は回遊性の魚類がよく獲れるが、アジ、サバの漁獲や、タチウオ、クルマエビの漁獲は壊滅的。他にもタコ、イカ、アワビ等も激減、カレイ、サワラ、トラフグなども激減している

◆なぜ減少したと思うか?

　単純には言い切れないが、一番感じるのは水温の上昇。海藻の減少やクラゲの増加もめだつ。ただ、組合員の減少や漁法の変化もあり、単純には比較できない。例えばかつて盛んだった板漕ぎという底曳き漁の禁止も関係しているだろう

・　ハモの増加の意味?…水揚げが近年増加しているのは確かだが、長浜では減っている。他所で増えているのはそれまで獲ってなかったのに獲り始めたからだろう。長浜では昔から獲っているが、確かに近年減っている。(実施者注:考えてみれば、近隣の漁協も、さらには今治の底曳きでさえも近年はハモを獲って来る。が、以前はエビやカレイを獲りに行っていた。それらが獲れないから、ハモを獲るようになり増えたと感じるのだ。確かにそのとおりだと思う)

■この50年間の変化

　長浜漁協では、地形的には漁港の改築や、東部の大規模な埋立て、新港の防波堤など、かなり大規模な人工的改造がなされ、肱川の少し上流の企業進出、上流には山鳥坂ダム建設など様々な問題に曝されてきた(実施者注:共同代表の阿部が県議時代に漁港改築反対の請願を受けたとのこと)

■国等への要望事項

◆クラゲの大量発生による漁獲妨害や、ウミウの沿岸への接近なども問題だが、まずは水温上昇が海藻の減少も引き起こし、クラゲの大量発生にも繋がる。これには漁協レベルでは対処できず、行政レベルでの対策を希望する

◆後継者問題が深刻。うちの子どもも後を継いでくれないらしく、組合員の減少も深刻だ(実施者注:これは他でも共通する問題で、やはり国レベルでの対策が必要だろう)

(インタビュー実施日:2023年4月28日/協力者:西岡安則職員/実施者:湯浅一郎・阿部悦子・井出久司)

61.三崎漁業協同組合 （愛媛県西宇和郡伊方町串19番地）

■漁協の現状と変化

	50年前	現在
組合員数	－	正80人・準291人
組合員の平均年齢	－	60〜70代
主な漁法	－	刺網（イセエビ10人）採貝（サザエ30人）採藻（ヒジキ）釣り（30人）
漁獲高		3億円＋α
およその年収		正1,500万円〜2,000万円、準250万円

■アンケートの回答に関連した質問

◆特に減少している魚種

全体的に。特にタチウオ。サバ（岬（はな）サバはまぼろし、岬（はな）アジも減少）。宇和海は台風による海底変動により一気に変化し、変動幅が大きい。とくにヒジキなど

◆なぜ減少したと思うか？

水温の変化、黒潮の大蛇行、瀬戸町（八幡浜漁協）の「チリメン曳き」により、稚魚が捕獲されること

◆昔いなかった魚種とそれが見られるようになった原因

南方系の魚種（ブダイなど）。ヒョウモンダコ

■国等への要望事項

◆農業なら（大）災害時に国からの支援がある一方、漁業では海の中が見えないため、支援がまったくない。農業並みの支援がほしい（たとえば、ヒジキなどこのところの運送費・油代・箱代などの高騰などで魚の価格が上がっていることへの支援がほしい）

◆農林水産省、厚生労働省が後援する「新規就労者支援」のイベントなどに参加して、新規事業者を募集して、毎年少しずつ三崎に住み、「親方」に謝金を支払いながら行政からの収入を受けつつ暮らす若者が増えている（2016年以降6人）。この事業は途中でリタイアする若者がいないなど希望がある

（実施者注：三崎漁協は2000年度時点で16億4,600万円の欠損金があった。その後組合職員が入れ替わり、努力の結果、去年でその金額を4億余りにまで減らした。これまではその負担が漁師に重くのしかかっていた）

（インタビュー実施日：2023年4月29日／協力者：佐藤圭介職員／実施者：湯浅一郎・阿部悦子・井出久司）

62.八幡浜漁業協同組合（愛媛県八幡浜市大黒町五丁目1522番地18）

■漁協の現状と変化

	18年前着任後	現在
組合員数(組合員にならないと漁業はできない)	世帯主で登録するが、男性が主。正組合員1,206人（内女性60人）、準組合員1,242人、合計2,448人	正組合員266人（内女性16人）・準組合員1,160人、合計1,426人
組合員の平均年齢	－	68歳
主な漁法	－	大体の漁法がある。底曳きが一番多い（沖2、小50）、流し網が20ほど、延縄、釣り、採貝（サザエ・アワビは密漁がなくなって少なくなった）イセエビ（6月から禁漁）
漁獲高	－	－
およits水揚高	147億円（市場全体）	38億円（1/4になった）

聞き取り調査の当初の予定にはなかったが、この辺りの支所（小さな漁港）の取りまとめをしているので行くことになった。2005年（H17）に合併。八西地区の8つの漁協が合併し大きな漁協になった。職員も100名位いた。市場も大きい。支所は、喜木津の事務所を廃止して磯崎（いさき）のみ事務所を残した。アンケートにも回答をいただいた。水揚げと金額の資料もいただいた（卸売市場から市にデータを出し年末にとりまとめる玉岡水産のも入っている）

■アンケートの回答に関連した質問

◆特に減少している魚種

いわゆるアオモノ（イワシ・アジ・サバ）やタチウオが減っている。近年、サワラは増加傾向だが、今年は不漁。マダイ・ブリ類が主となっている

◆なぜ減少したと思うか？

愛媛県水産研究センターと提携して調査をしてもらっている。海水温の上昇が一因ではないかと考えられる。一方で春先は水温が下がったまま。本来なら22〜3℃であるのに、今年は20℃しかない。夏になると高すぎて海枯れをしているのではないか。潮の流れも変わってきている。採卵時期・採卵場所が微妙に変わってきているのではないか。生態系がだいぶ変わってきているのではないか

◆昔いなかった魚種とそれが見られるようになった原因

カツオ類の他、南方系の鮮やかな色の魚が、4、5年前から増えた。海水温の

171

上昇が原因ではないか

- イカナゴの減少要因…水揚げはない。タチウオはここ4、5年激減
- ハモの増加の意味？…延縄で今が最盛期。増減なし

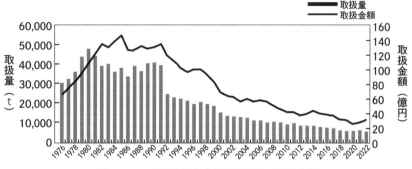

図3-10　八幡浜漁協年度別取扱量及び取扱金額

◆海域ごとの特性からみえる疑問・問題点について

- スナメリクジラの目撃…スナメリクジラは見ないが、シャチ・イルカは見ることがある
- カブトガニの目撃…なし。カブトエビはいる

■定置網の状況（喜木津担当の磯崎さんから説明を受ける）

◆方式

磯津にはアオリイカの定置が3軒だけある

◆いつから？1970年代以前？

昔からだろう。50年くらい前に減った。アオリイカが獲れなくなったから

◆時期による特徴、主な魚種や漁獲量の変化は？

イサキ（夏）、アジ（秋）、ハマチ（冬）が減っている。10年ほど前まではアオリイカが多く獲れていた

◆過去からの記録の有無

なし

■磯浜復元をどう思うか

リアス式海岸なので埋立てはあまりない。藻場の関係で漁協としてもダイバーの協力で海の状況を調べたりする。自営はないが県の事業で漁礁を入れている。藻場の変化に関連して磯焼けについて、エサが減ったから魚が減ったのではないか。ヒジキが減ったし、育ちが悪い。色が薄くなっている（真っ黒でなくなっている、色落ち）。ヒジキの養殖は普及してない。価格は3倍くらいにな

っている（高値でキロ3,000円以上）。フノリも10,000円くらいになることもある。地球温暖化がもっとも影響が強い。乱獲以上の要因。漁獲高は1985年頃がピークでだんだん減ってきた。これからしばらくは現状維持〜徐々に減ってくるのではないか。コロナ前の魚価に戻って来ている

■国等への要望事項

♦ データがほしい（環境がどうなっているか、環境の変化について）

♦ 漁獲量を管理するためのシステムが活用されているが、経済や環境に影響する。獲れても捨てることはどうなのか？

♦ 多すぎて捨てるものはデータとして残らない。ここでも小型マグロの問題があった。枠を超えたら獲れない→獲っても廃棄、売れない→捨てる→環境に悪い

♦ 東京の沖底の会議に参加している。水揚げをTACで管理している

♦ 漁獲量を管理することは経済にも影響する（今後、魚種を増やそうとしている、権利があるのにとってはいけないようなことになるかと危惧）。IQ管理が増えてきている

♦ 漁業者が自主的に休業日をつくったりしている（サワラ、サゴシ、アマダイも産卵時期には獲らないようにするとか）。若い人たちの考え方も変わってきている。魚類養殖では魚の管理をAIを使うようなところもある

（阿部質問：湾・灘単位から県単位になっていますね）

城戸さん：水産庁が漁獲高の取りまとめをシステム化（デジタル化）し始めた。JAFIC（漁獲情報サービスセンター）に卸売場市場単位でデータを送っている

（青野質問：原発の話題はないか）

城戸さん：ほとんどない

（インタビュー実施日：2023年6月8日／協力者：城戸 稔総務共済部部長・飛彈浩司市場部課長・磯崎竜一磯津支所長／実施者：阿部悦子・井出久司・青野篤子）

63.八幡浜漁協磯津支所 （愛媛県八幡浜市保内町喜木津2丁目334-3）

■漁協の現状と変化

	50年前	現在
組合員数	約100世帯	約30世帯
組合員の平均年齢	50〜60代	70代、若い人が2〜3人移住してくる予定
主な漁法	ー	底曳き・小型定置網・刺網・建網養殖は2軒（エ

		ムシ、ゴカイ、アワビ）
漁獲高	－	魚価が安い
およその年収	約1000万円	約500万～600万円

※漁協選定リストになし。磯津支所は、磯崎（いさき）出張所（漁港）と喜木津漁港の魚を扱っている

■アンケートの回答に関連した質問（アンケート調査は依頼していなかったのでその場で質問）

◆特に減少している魚種

アジ、イワシが激減、タチウオも減った。カレイも10年前から減った→東北の方へ移動している。ハマチは減っていない

◆なぜ減少したと思うか？

海水温の影響、小魚がいなくなったことも影響。河川の改修、山からの栄養がなくなった

◆昔いなかった魚種とそれが見られるようになった原因

マグロが見られるようになった。20kg程度のものが年間数頭獲れる。南方系の色が鮮やかな魚が増えた

- ・ アイゴ…海藻を食べる
- ・ イカナゴの減少要因…漁はない
- ・ ハモの増加の意味？…底曳きで、今はシーズンでよく獲れる

◆海域ごとの特性からみえる疑問・問題点について

- ・ スナメリクジラの目撃…昔はいたが今はいない。ここでは「ナメ」と呼んでいる。網にかかると死んでしまう。ここ5、6年前からほとんどいない。単体で来ていた。今はイルカが群れで来る
- ・ カブトガニの目撃…いない

■この50年間の変化

若人の会の運動を引き継ぐ人はいない。反原発の運動は下火。声を上げる人はいない

■定置網の状況

◆方式

小型定置網

◆時期による特徴、主な魚種や漁獲量の変化は？

ハマチが主流。ヤズ、ハマチ（3kg程度）、ブリ（6kg程度）のいずれも多い。しかし安い

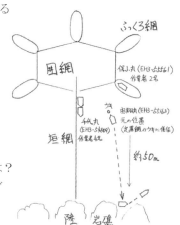

■磯浜復元をどう思うか

　波止を作ったために潮の流れが変わった（原発の補償金が当てられている。船を係留するために必要ではあったが、結果を予測すべきであった行政も考えてほしかった）。もとにもどすには相当なお金がかかる。出してくれないだろう。

■国等への要望事項

　波止を壊すことはできないだろう。磯、漁礁を作ってほしい

（インタビュー実施日：2023年6月8日／協力者：鎌田建一郎さん・道休基文さん・谷本　功さん・兵頭慎平さん／実施者：阿部悦子・井出久司・青野篤子）

◉コラム　磯津若人の会の人たちへのインタビュー

若人の会：鎌田さん・道休さん・兵頭さん（ミカン農家）・谷本さん（谷本倉庫オーナー）

　この会の成り立ちは？と聞くと、100も200もこの話をしたと苦笑しつつ、長浜に昭和電工のコンビナートができることを知って、何とかしなければいけないと思って作ったとのこと。そのうち伊方原発の話が起こって、一緒にやることになった。埋立て用に、伊方原発の建設予定地から土をもっていったらしい。汚染調査団の報告書にも長浜のことがある。「海に糧を求めて」というラジオ番組にも出演したそうだ。鎌田さんは1947年生まれ。谷本さんは1945年、道休さんは1950年、兵頭さんは1948年。関わっていたのは24、5歳の頃で、すでに漁業を始めていた（兵頭さんは農業：紅まどんな）。この運動に励まされた人は多い。原発の運動は磯津しかなかった。八西とのかかわりも。汚染調査団で近藤さんが回ってきたとき、ここに住むことを決めた。公民館で一緒に看板を作ったりした。斉間さんもおられた。漁に出られないときには車で街宣に行った。

　窪川にも行った。議員さんもいた。当時は新聞もよかった。原発稼働を60年にするなど、政治がおかしくなっている（世襲政治のせいだ）。（兵頭さんは農業だが、他の方は漁業をまだしておられる。）東予の方はずっと埋立て。南予は2世3世が続かない。三崎は粉飾決算があった。国が漁業者のマッチング事業をしている。毎年何人かずつ居ついている（陸では頑張れなかった人が漁業をがんばる）。ここでも底曳きをしようとする人が京都あたりから来る（船も買ったようだ、あと組合に入るだけらしい）。人がいないと何もできないから。子どもたちは出ていったが、鎌田さんの娘婿さんは定年になったら漁業をやるかもしれないと言っているらしい。それまでがんばれるかわからない。皆が助け合っている。皆年をとって記憶は薄れてきた。

青野：小出先生が来られたときには、コバルトが問題になっていたのでは？

鎌田さん：アラメを採って調べた。1979〜1990年、3か所で調べて京大で分析。その結果は第1集・第2集→「技術と人間」にも載っている。運転開始から30年。近年は検出されていない、と書いてある。鎌田さんは、温排水の影響はあまりないのではないかと言われた

井出：海藻は？

鎌田さん：磯津はアラメもあるらしい海の環境は良い。遠浅に近い

阿部：漁礁を鉄鋼スラグで作ることは？

道休さん：ここはない。古い船の油を抜いて埋めるようなことも聞く

井出：原発がなかったらもっとよいところになるのでは？

鎌田さん：原発があるから引く、という若い人はあまりいない

青野：国等への要望は？

鎌田さん：人を増やしてほしい。何とかして後継者を増やしてほしい。魚も増えたらよいが人を増やしてほしい

（文：青野篤子）

64.愛媛県漁協下灘支所 （愛媛県宇和島市津島町嵐番外23番地2）

■漁協の現状と変化

	50年前	現在
組合員数	1983年人工採苗始まる。1994年頃は順調で最盛期で600人（1996年から大量死が始まる。原因がわからずにとん挫）	350人（女性は10人弱）
組合員の平均年齢	かつては若かった	平均57〜58歳くらい。2極化。母貝養殖は平均68歳と真珠養殖は若い
主な漁法	—	母貝と真珠養殖、同等。水温が13度以下になると養殖はできない。底曳き網、刺網
漁獲高	最盛期には120億円。60年前の1963年（S38）から養殖、ミカン	今年25億円
およその年収	—	母貝700〜1,000万円。真珠3,000〜5,000万円。と言っても経費がかかる

■アンケートの回答に関連した質問

◆真珠養殖

・ 区画漁業権で別々。母貝を真珠業者が購入して核入れをする。1年半くら

　い、来年秋まで育てるのが母貝養殖
- ・　赤変化。中国貝を持ってきて交雑
- ・　4年前は、アコヤガイの稚貝だけが死ぬ

◆他の漁法

　漁船漁業10軒。本業は3〜4軒。一本釣り10軒。正組合員170名。真珠・母貝で160名。

　市場は宇和島、八幡浜へもっていく

◆漁獲量
- ・　今年はアジが不作。減少している
- ・　イカナゴは、見ないのでわからない
- ・　サゴシ（サワラの幼魚）はいる

◆海域ごとの特性からみえる疑問・問題点について
- ・　冷水塊があるということで、潮の流れが変わってきている。急潮もあったりなかったりで、様子は違う。最近起きなくなったのが夜光虫の赤潮。昔は、4月頃、よくあった。共存、共栄していくしかないのであろう
- ・　毒のあるヒョウモンダコ、ハリセンボンは増えている。チヌが大きくなっている
- ・　海藻が減っている。ヒジキ、ホンダワラが大変少ない。ウミウシが多いイワガキの養殖をしだしてから、カキが多い
- ・　スナメリクジラは、最近、よく見る。沖にいくとみる。迷い込んでくる。数匹いる。夏になったらくるもんだと思っていた。メジカ（ソウダガツオ）を追ってくる？
- ・　水温の連続観測をしていることから、急潮とそれに伴う変化がわかる。昔は冬場には13℃以下になっていたが、近年14℃を切る日が数日になった。しっかり卵を持ち、放卵のときに差があった。夏の高水温が9月あたりになっていた。12月に20℃の時がある
- ・　クロロフィルを細かく測定している
- ・　自然海岸は減ってきている
- ・　磯焼けがひどい
- ・　アサリは採っている
- ・　山から栄養塩が流れてこない。山を枯らすと海にも影響するのではないか
- ・　気仙沼へ貝を持って行ったことがある

■国等への要望事項

◆ 養殖資材用の発泡スチロールなどの漂着物が増えてそのための産廃処理費用が嵩むなどのため、組合員が回収に力を入れている。その一環として、支所で「破砕機」を購入し、春には1,500箱を始末するなど、清掃活動を始めている

◆ 後継者、人材が帰ってこられるような政策、人材育成支援をしてほしい(Iターンなど)。海外の人が来てもいつかない。であればUターンしかない。水産では三親等以外でないとダメということになっている

(インタビュー実施日:2023年4月28日/協力者:有田茂広事業部長/実施者:湯浅一郎・阿部悦子・井出久司)

65.愛南漁業協同組合 (愛媛県南宇和郡愛南町鯆越166番地3)

■漁協の現状と変化

	50年前	現在(前期決算書から)
組合員数	正1,000人以上・準2,000人、合計約3,500人。年々減少。後継者がいない。県外から時々、問い合わせはある	正385人(内女性10人)・準849人、合計1,234人。(カツオ19t型は12〜13人)
組合員の平均年齢	―	60歳は超える。巻網、定置は若い。底曳きは50歳代後半が若手の方
主な漁法	―	釣り、その他後述
漁獲高	―	巻網がダントツ
およその年収	―	1人でよく稼ぐ人で年1,200万円。平均300万円あるかないか。

※2006年(H18)、7漁協で広域合併

■漁法の詳細

◆ 巻網

網を巻く船。火をつける船3隻、運ぶ船など4〜5隻が1船団。漁獲量だけで言えば、そう変化はない。佐多岬から豊後水道一帯で行う。高知県側には入れない。今は、小さいサバが毎日400tも上がる。60円/1尾ほどで養殖マグロの餌になる。カツオ漁場…ずっと南の高知沖や宮崎沖に漁礁に行く。さらに種子島などにも行く

◆ 定置網

8か所。久良も含めれば10か所。30年前にはあった。小型なので2〜3人で、家族でやる。マダイ、ハマチ、カンパチ、アジ、ヒラメ

※瀬戸内海と言っても内海側とは全く違う

■アンケートの回答に関連した質問

◆特に減少している魚種（アンケートでは増減なしの回答が多かった）
　タチウオは減っている。ハモは元々多くない。

◆海域ごとの特性からみえる疑問・問題点について
　・　藻場…アンケートでは、「15年〜20年前より藻場は減少している」と回答。
　　　養殖の餌の関係で、配合飼料に変えたりしていることで、見た目には海は
　　　きれいになっている
　・　スナメリクジラ、カブトガニの目撃など…元々ない

■国等への要望事項
　要望としては、新規就業者の支援制度が欲しい。後継者問題が根深くある

（インタビュー実施日：2023年4月28日／協力者：西口明広職員／実施者：湯浅一郎・阿部悦子・井出久司）

◉コラム　鯛の養殖業者「安高水産」
　　　会長 安岡一生さん（81歳）にインタビュー

　愛南町最大の養殖業を起こされた方であり、長年手広く会社を続けて来られた。従業員は35名。休みを取ることも想定して、少し余裕をもって雇っている。彼が魚の卸業を辞めて養殖業を手掛けたのは60年近くも前。1965年（S40年）、ハマチ養殖から始まった。それまでの漁獲が激減したことからだったという。

　この辺でも入り江の中で赤潮が問題になったこともあった。というのは、昔は生エサを使っていて、イワシをそのまま海に放り込んで餌とするのだが、8割方は沈んでしまい、海底にヘドロが溜まり大変だった。ハマチより10年遅れくらいでタイへ移行した。養殖物は馬鹿にされていた。最初は、ブリ250円/kgくらいで安いのと、環境が悪くなってよく死ぬ。13業者がいたが、今はうち1軒しか残っていない。経営が厳しくて、やめざるをえなくなった。環境が悪くなるので、生エサをやめ、今はドライ餌を使っている。

　昔は、300台の筏があった。今ある筏はタイ。目の前の入り江では小さな魚ばかり。大きいのは、外の方の筏。8つ筏を連結していて4階建ての建物を置いているようなもの。今は天然タイは安い。天然物の方がかえって危ない。またどちらがおいしい

かと言われれば、養殖の方がうまいともいえる。養殖は、餌をやっているから肥えている。さらにいつでも取れる。（実施者注：養殖鯛は東北地方をはじめ都会に向けて、1日5,000匹も出しておられるという）

- 養殖の餌の関係で、配合飼料に変えたりしていることで、見た目には、海はきれいになっている。
- 愛南漁協の養殖は他には、カキ養殖、真珠養殖もある。スマガツオを試しにやっている。
- 海が悪くなってきた原因の一つとして農薬がある。消毒の時期になると、梅雨の時期に雨で農薬が海に流れて来るので、魚がよく死んだ。
- 工事現場の砂が海に流れ出て魚のエラをふさぐということもあった。
- この入江は、深いところは70mくらいあった。今は、埋立てで浅くなった。
- この辺りは、春のカツオの玄関口だ。水温20度前後の潮に乗って、カツオが来る。カツオだけで1日に300tは採れた。サバも600t。1日に1,000tの漁獲があった。1980年（S55）頃。
- 本四架橋ができるというとき、我々の商売は難しくなると思った。情報が早く入ってきてしまう。またコンクリートは魚にとって悪い影響がある。

■国等への要望事項
- 国の政策は、時間がかかり、今やってほしいのに時代遅れになってしまうことが多い。国に何か要望して言っても反映されない感じがしている。国はそういう状態ではない。しかしこれ以上、若者に負担をかけるのはおかしい。自給率を少しでも上げていかないと。後継者不足が深刻。後継者を育成する予算が欲しい。
- 事業主が考えて、経営が成り立つようにできるかどうかが重要だ。エサ代が大きい要素で、人件費はまだやりようがある。餌自体が輸入。飼料米はどうなっているのか？餌になりうるのかは教えてほしい。

（実施日：2023年4月28日、実施者：阿部悦子、井出久司、湯浅一郎）

（実施者注：この証言は、1960年代の瀬戸内海沿岸の大規模開発と時期を一にしている。瀬戸内法以来の50年の、またその前からの海について知る人物から話を聞けたことは改めて有意義だった。）

66.大分県漁協津久見支店 （大分県津久見市高洲町24-16）

■漁協の現状と変化

	50年前（不明）	現在
組合員数	－	男性413人・女性34人・法人10
組合員の平均年齢	－	67歳
主な漁法（含養殖）	－	採介藻、刺網、巻網、一本釣り
漁獲高	－	6億円
およその年収	－	300〜600万円

■アンケートの回答に関連した質問

◆特に減少している魚種

アジ、タチウオ、メバル、カタクチイワシ、サバ、サザエ、アワビ、ヒジキ

◆なぜ減少したと思うか？

漁労機器の先進による獲り過ぎ

◆昔いなかった魚種とそれが見られるようになった原因

潮流の変化、水温の変化

・　イカナゴの減少要因…捕り過ぎ（限界を超えた）

・　ハモの増加の意味？…ハモ漁業者の増加（延縄の減少、底曳き網の減少）、売価の下落

◆海域ごとの特性からみえる疑問・問題点について

・　スナメリクジラの目撃…なし

・　カブトガニの目撃…なし

■定置網の状況

休業中

◆方式

だいたいは「竿張り」「浮子つき」の2種、いずれも小型

◆時期による特徴、主な魚種や漁獲量の変化は？

四季にわかれた魚種、アジ

◆過去からの記録の有無

なし

（書面調査回答日2023年6月9日／回答者：後藤真二支店長／実施者：尾島保彦）

スナメリクジラの目撃場所（長島周辺）

スナメリクジラの目撃場所（鹿島周辺）

付録：希少種（スナメリクジラ、カブトガニ）の目撃図

スナメリクジラの目撃場所（鹿川港周辺）

スナメリクジラの目撃場所
（倉橋島東側周辺）

スナメリクジラの目撃場所（玖波湾周辺）

スナメリクジラの目撃場所（宮島周辺）

付録：希少種（スナメリクジラ、カブトガニ）の目撃図

希少種の目撃場所（三津湾周辺）

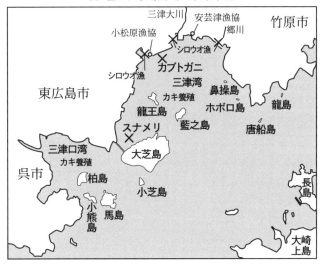

希少種の目撃場所（百島周辺）

※図作成にあたっては各漁協様、原戸祥次郎さん、松田宏明さん、高島美登里さんの協力を得た。

184

3. 調査から見えてきたこと

この調査の意義

　アンケート調査は、量的分析により、全体や海域ごとの傾向を探ることを目的とした。聞き取り調査は、数字からはわからない個別の状況や実態をできるだけ忠実に聞き取ることを目的とした。これら双方のアプローチをとることにより、環境や水産に関する公表されたデータとは一味違った瀬戸内海の姿をリアルにとらえることができたのではないだろうか。これは、瀬戸内海汚染総合調査団（1972）の「漁民に学ぶ」という姿勢から受け継がれた精神とも言える。

　瀬戸内法施行から50年という歳月を経て、瀬戸内海の水産生物や生物多様性、そして漁業は極めて深刻な事態に直面していることが浮かび上がっている。これをどう分析するかは今後の追究を待たねばならないが、ここでは、当面のまとめとして見えてきたことを整理しておきたい。66に及ぶ漁協の生の声を一つの報告書にしたこと自体に意味があると考える。

漁協の現状

　まず、この調査から見えてきた漁協の現状についてふれておく。聞き取り調査では50年前と現在の状況を尋ねたが、世代交代もあり、50年前の状況は詳らかではない。漁協規模は相対的に瀬戸内海西部の方が小さい傾向にあるが、ここ50年で組合員数は、元の規模にかかわらず、1/2ないし1/3ほどに減少している。調査対象となった漁協で、50年前と現在を比較できた中では、唯一、坊勢漁協だけが組合員数が増加していた。農業人口も減り耕作放棄地が増え、食料自給率の低下が問題になっているが、漁業も後継者不足を背景に就労者の減少が続いている。加えて漁業の場合は、大きな自然相手の営みであり、世界規模の環境の変化によって衰退していくとすれば、問題はさらに深刻だと言えよう。

　組合員の男女の内訳も尋ねたが、ほとんどが男性で、女性はごくわずかであった。実態としては女性も漁業に携わっていると思われるが、正式に組合員に登録している人は少ない（組合員でなければ漁業はできないので、いわゆる海女さんは組合員として登録している）。愛媛県東予では、世帯単位で組合員の登録をしているところもあった。漁業は船の操縦や網の仕掛け、釣りなど肉体労働の比重が大きく、男性優位の仕事と言える面もあるが、漁に出る女性も少なくはなく、漁港での魚の仕分け等、陸の仕事はむしろ女性の出番は多くなるだ

ろう。

　組合員の平均年齢はほぼすべての漁協で高齢化しており、漁業の担い手が壮年期（40代、50代）から老年期（70代以上）に移っていることは明らかである。多くの漁協で、若者の漁業離れ、次世代育成の難しさが大きな課題となっていることが訴えられた。しかし、一部ではあるが、若い世代が増えてきた漁協もあった（春木漁協は平均年齢が40歳〜50歳）。就業形態が家族単位ではなく、一部を会社組織が担うことによって収入が安定し、研修などの新規就労しやすい環境を作り出している効果のようだ。若者にとって、経済的自立が可能な「職場」となっていることが必要不可欠である。また、広島県の横島漁協のように、浜売りの導入やプレジャーボート施設の運営から資金を得て、新たにカキの養殖に乗り出した例もある。次世代を育成し、漁業を継承していくためには、生産性の維持と自立した経営の確立、そのための環境の保全が不可欠であることがわかる。

漁法と漁獲量

　漁法について聞き取った範囲では、大規模な仕掛けが必要な漁法は少なくなっているように見える。それは漁獲量の減少以上に、高齢化の影響によるものと思われる。その一例が定置網である。

　定置網の特徴として、奈田（2020）は、①漁労技術の習得が比較的容易であること、②就労時間が安定していること、③事故率が低いこと、④新規就業者の受け皿であること、⑤浜の存続に欠かせない産業であることをあげている。高齢化により定置網が減少し、それがさらに若者の漁業離れの一因になっているかもしれない。なお、この聞き取り調査でわかったのは、定置網は岡山県日生で開発され、それが四国や中国地方全域に広がっていったことである。

　瀬戸内海の漁獲量は、戦前におよそ年間10万tから1960年代前半には25万t前後になり、高度経済成長初期の1965年には30万tになっている（星野、1972）。1985年には過去最高の48万tを記録し、「獲れすぎ」とも言える高レベルは1995年頃まで続く（1965年〜1995年＝富栄養化時代）。ところがその後は多くの魚種で減少していく。2000年には25万t前後で1960年代前半と同レベルに戻り、2005年には20万t、2010年には18万t、2015年には15万t、2019年には12万tと減少が続いた。21世紀になり10年を経て20万tを切ったことは、全域でみる限り漁獲量は減少したと見ざるを得ない。多くの漁協が「海に力がない」、「魚がいない」と話していることと符合する。音探の発達などを考慮すれば、資源量そのもの

の減少の可能性もある。

　一方で瀬戸内海は多くの海域（湾・灘）から成り立っている。生態系や魚種の分布は多様である。魚種ごとの減少幅は海域によって微妙に異なっているし、ある魚種が減少している漁協もあれば増加している漁協もあるのが実態である。

魚種ごとの漁獲量の変化
《アンケート調査から》
アンケート調査による海域単位での漁獲量の変化（表3-2）から、魚種ごとに減少幅が大きい海域に注目してみよう。
・カタクチイワシは、備讃瀬戸西部〜燧灘と安芸灘・広島湾
・イカナゴは播磨灘・備讃瀬戸東部と伊予灘〜豊後水道
・マアジは備讃瀬戸西部〜燧灘
・カレイも備讃瀬戸西部〜燧灘
・タチウオは播磨灘から豊後水道までの幅広い範囲
・イカ・タコはとくに備讃瀬戸西部〜燧灘
・ハマグリ、アサリはとくに播磨から広島湾
・ノリの養殖はとくに安芸灘以西でそれぞれ減少幅が大きい。
　一方、増加した魚もある。これも表3-2により、魚ごとに増加した海域を見ると、ハモが播磨灘から広島湾までのかなり広い範囲で1.5倍〜2倍まで増加している。サワラは備讃瀬戸西部〜燧灘では2倍程度の増加である。
　また、増加した海域と減少した海域に分かれる魚種もある。マダイは紀伊水道・大阪湾で半減したのに対して、備讃瀬戸西部から広島湾でおよそ1.5倍に増加し、播磨灘・備讃瀬戸東部で3倍近くに増加している。クルマエビ、その他の貝類はほぼ全域で半分以下になっているが、紀伊水道・大阪湾は2倍の増加になっている。
《聞き取り調査から》
　聞き取り調査では、減少している魚種と減少の原因も尋ねた。
　紀伊水道入口の漁協では、黒潮の蛇行の影響が大きいとされた。
　大阪湾はアナゴやシャコが乱獲のために全滅状態、ワタリガニやカレイなどの底曳き物が減少、砂浜の減少のためにエビが減少した等、底物が減少している。
　播磨灘海域では、名物のタコがここ10年で減少が著しいが、栄養不足ではないかとの指摘があった。この海域全体でみると、キス、ベラ、タイ、カレイ、ブリ、アナゴ、貝類、エビ類、カニなどが減少していることがわかった（ヒラ

メ、スズキなど小魚を食べる魚は減っていないとのことである）。淡路島海域ではイカナゴの減少があげられ、護岸工事で砂浜がなくなった影響が指摘された。

　備讃瀬戸東部では、減少した魚種としてイカナゴ、ワタリガニ、アイナメ、メバルなど（底物）があげられ、名物のママカリもいなくなったようだ。減少の原因として、栄養塩の不足、水温上昇、漁具の進化、藻場の減少、食物連鎖（アコウがメバルの稚魚を食べるなど）などが指摘された。

　備讃瀬戸西部・燧灘はかつて多種多様な魚が獲れる海域だった（日本一の漁場と自負する人もいる）が、多くの魚種が減少し、特に、タチウオ、エビ、カニは激減している。同じ愛媛県でも、南予はつくる漁業ができるが（リアス式海岸のため養殖が盛ん）、燧灘は獲る漁業であり、自然には勝てないという嘆きの声も聞かれた。減少の原因としては、温暖化や貧栄養化の他に、ダム、護岸工事、農薬、電力会社の温排水等も指摘された。

　安芸灘・広島湾では、アサリ、カキ、底物の魚は減少したという漁協が大半であったが、マダイ、サワラ、タコについては、増えている漁協と減っている漁協があった。減少の原因としては水温の上昇の他に、豪雨の影響、藻場の減少をあげる漁協が複数あった。

　伊予灘ではタチウオが激減している（タチウオは5年ほど前までは愛媛県が日本一だった）。そして、アジ、サバなどのいわゆるアオモノが減少しているようだ。ハマチは減っていないが大きくならない（安い）。

　周防灘では東西で様相が異なるが、名物のフグや、イカ、タコ、カレイ、ワタリガニ、貝類（アサリ、ハマグリ）の減少が著しいようだ。逆にハモ、マダイが増えている。

　豊後水道方面では、アジ、タチウオ、メバル、サバ、貝類（サザエ、アワビ）、ヒジキが特に減少しているとのこと。魚種の減少の原因としては、（漁労機器の先進による）乱獲、海水温の上昇、貧栄養化、農薬などがあげられていた。

希少種の目撃

　環境の変化の指標とされる希少種については、アンケート調査で、少なくともこの1年以内にスナメリクジラ・カブトガニ・ナメクジウオの目撃情報があった漁協の所在地を地図に示した（P62）。これによると、スナメリクジラは、周防灘を中心に瀬戸内海のほぼ全域で目撃されている。カブトガニも、周防灘の山口県、福岡県、大分県の河口や干潟で多数生息している様子がわかるが、他にも備讃瀬戸東部の日生、広島県竹原から安芸津などで目撃されている。ナメ

クジウオは淡路島、安芸灘、周防灘のほんの数か所でしか目撃されていない。

　聞き取り調査では、スナメリクジラとカブトガニの目撃があった漁協に対して、目撃された状況を詳しく話してもらった。また、スナメリクジラの目撃情報がとくに多い広島湾〜周防灘のいくつかの漁協や漁業関係者から、目撃された場所について詳しく聞き地図を作成した（P182〜184）。

スナメリクジラ

　2000年頃まで周防灘では全域での生息が確認されてきたが、今回も同様の状況が継続していることがうかがえる。山口県の周防灘東部沿岸の長島、祝島周辺沖でよく見られていたが、近年は減ったとはいえ目撃され、時々定置網に入るとのこと。関門海峡に近い才川、王喜、埴生漁協では「漁港の前や河口でも見られる」など漁に出ればよく見かけるという。大分県でも、中津、宇佐、国見、杵築など国東半島周辺でも目撃例が多い。

　大阪湾では4、5年前からかなり目撃されるようになったとのことである。空港島の南側で群れが見られるが、漁にとっては望ましいことではないとのコメントがあった。播磨灘近辺では夏に時々沖合で見られ、死体が網にかかることもあるとのこと。備讃瀬戸西部はそれほど多くないようであり、燧灘では年中（とくに春先）、群れで見られるようだ。イワシを追っているのではないかとのコメントがあった。

　備後灘西部では、30、40年前には春から夏にかけて岸までボラを追ってきていたが、最近はあまり見られないという（昔から横島の北側と百島の間でよく見られたとも）。スナメリクジラがいると魚が来ないので、漁師にとっては「天敵」という意見もあった。竹原市にはスナメリクジラの天然記念物指定の地があり、海砂採取などにより激減したといわれてきたが、今回の聞き取りから三原、安芸津漁協によれば、かなり目撃されている気配がある。

　愛媛県の中島周辺は継続して生息していたとみられるが、聞き取りから倉橋島南方では「漁に出れば毎日見る」とされ、生息域や数が増えている可能性がある。広島湾奥の宮島周辺でも定着したものが目撃されている。

　伊予灘東部の中島に近い方面でも近年増えており、季節や場所を問わず、3日に1回程度、5、6頭で現れるとのこと。イルカも増えているそうだ。

　2000年頃までの情報では空白であった燧灘、広島湾奥部など新たな生息地が、やや広がっているようである。ただし面的に生息しているのは周防灘だけで、その他は点在しているものと推定される。

189

カブトガニ

　周防灘では山口県、大分県側を問わず、多く目撃されている。関門海峡に近い埴生漁協では底曳き網に多い時で10～20匹かかることがあるとのこと。王喜漁協では刺網にかかる（30mに3、4匹）。才川漁協では建網にたくさんかかり、始末に困るほどだという。この3漁協は木屋川河口沖の小月干潟周辺が共通の漁場で、底がカブトガニの大きな生息地とみられる。大分県杵築漁協からは、市内にカブトガニの生息地（守江湾）があるが、今は時に刺網にかかるくらいで数が減ったとのことである。

　大阪湾では見られていない。播磨灘では埋立てが行われる前（5、60年前）には壺網にかかることがあったそうだ。備讃瀬戸西部の笠岡漁協では、60年前までは多く見られたが、2、3年前に1匹見て、それからは見ていないとのことだった。燧灘でもここ20年はまったく見ていない。

　岡山県日生の干潟では、時々、壺網に成体がかかることがあるという。これが事実ならアジアのカブトガニの東限と言えるかもしれない。次いで広島県の竹原、安芸津の瀬戸部で自然海岸が残る地域である。安芸津町の早田原漁協では年に1、2回刺網にかかることがあるといい（P184上図）、付近の竹原市西部には相当な生息地があることがわかっている。尾道漁協では50年前には売るほどいたが今はいないとのこと。さらに伊予灘では数年に数匹程度見られている。

 # 4. 聞き取り結果の「カギ」

　各漁協への聞き取り内容から、それぞれの海域でどのようなことが起こっているのか、何が問題なのか、その打開策は何だと考えられているのか。これらを包括的に理解していくには、素材を読み込むことが必要であるが、いくつかの項目に絞って聞き取り調査からカギになると思われる事項を列記してみる。語法上の修正を施した部分があるが、できる限り、記録票の記述に従った。

環境の悪化・気候変動
- 栄養塩・赤潮・ヘドロの問題（大阪湾）
- 磯焼けがひどく原因は専門家でもわからない（紀伊水道・伊予灘）
- 梅の産地は海の力がないが雑木林があるところは魚も多い（紀伊水道）
- 雪が降らなくなり、雪解け水が栄養を運ばなくなった（播磨灘）

- 雨が降らないと水温が下がらずカキに影響（安芸灘）
- 山が枯れて海に栄養が来ない（伊予灘）
- 島のがけ崩れで海が濁る（安芸灘）
- 潮の流れが変わった（播磨灘）
- 台風のときのゴミがひどい（播磨灘）
- ゲリラ豪雨で泥水が流れヘドロになり、藻が育たない（安芸灘）
- 家庭排水（洗剤）でアサリが減少（安芸灘）
- 1970年代は工場排水のせいで魚が臭かった（燧灘・周防灘）
- 黒潮の蛇行（紀伊水道）
- 冷水塊のために潮の流れが変わっている（伊予灘）
- 1970年代の方がよかった（伊予灘）

生態系の変化
- 大きいハモが増え、刺網にかかり網をかむ（安芸灘）
- ハモが異常に増えてタコがいなくなった（周防灘）
- ある種のクラゲが大量に発生している（安芸灘・備後灘）
- スナメリクジラの増加は環境保護の点からは歓迎されるかもしれないが
  漁業者は困っている（広島湾）
- カワウの害がひどい（広島湾）

垂直護岸・河川工事・埋立て・人工島など人工物の影響
- 垂直護岸はある程度必要（燧灘）
- 垂直護岸では波がぶつかっても酸素が入らない。傾斜護岸の周りには魚が
  いつく（大阪湾）
- 垂直護岸を元に戻すのは無理、残っている自然海岸・砂浜を守るべき（大阪湾）
- コンクリート護岸により高潮の心配はなくなったが灰汁が出て魚に影響
  （播磨灘）
- 逆に、垂直護岸により波が高くなった（備讃瀬戸西部）
- 砂浜の時はシケでクラゲが打ち上げられて死んでいたが、垂直護岸が増え
  てクラゲが死ななくなった。また、垂直護岸はクラゲの産卵場所にもなっ
  ている（周防灘）
- 芦田川河口堰を開放してほしい（備後灘）
- 河川工事により砂が流れなくなった（播磨灘）

- ダムの水は工業用・農業用に使われ、川に流れない（燧灘）
- ダムを作ったから川から砂がこない（周防灘）
- 埋立てにより潮の流れがかわった（備讃瀬戸西部・伊予灘）
- 埋立てで砂浜や藻場がなくなった（播磨灘・伊予灘）
- 埋立てで沖に出るのに時間がかかる（大阪湾）
- 人工島建設から50年たち、ホンジョウガイがいなくなった（播磨灘）
- 神戸空港の影響が大きい（海流の流れが阻害され、貧酸素水塊がふえた）（大阪湾）

環境回復の手立て・取り組み
- ため池のかいぼりによりノリの色落ちが止まった（播磨灘）
- 漁協が連携して海底耕うんや里山の植林をしている（播磨灘）
- 環境に配慮した船を使っている（播磨灘）
- 生態系を元に戻すには莫大なお金が必要（燧灘）
- 磯浜復元にお金をかけても漁師がいない状態では無駄、まず生き残れる漁業をトータルバランスで復元する必要がある（備讃瀬戸西部）
- 磯浜復元は大切なことだ（大阪湾）
- 藻場の育成（播磨灘）
- 漁礁の形成（備讃瀬戸西部）
- 干潟の回復（大阪湾・播磨灘・備讃瀬戸西部）
- 河口付近の砂の除去（伊予灘）
- 「魚のマンション」は効果がなく、石の方がよい（伊予灘）

国等への要望事項
- 栄養塩の適度な調整（播磨灘・備讃瀬戸西部・備後灘・周防灘）
- （プラスチック）ごみ対策の強化（播磨灘）
- 農薬の規制（燧灘）
- 電力会社の温排水の規制（燧灘）
- 生活排水の一部（魚の残飯など）を海に戻してもよいのではないか（安芸灘）
- 海底耕うん（周防灘）
- 魚船が通るのに必要な浚渫（周防灘）
- クラゲ対策の強化（備後灘）
- 放流事業は効果のある魚種を選んでほしい（大阪湾）

- 自然の回復力に期待し活用する（例バクテリアが重油のコールタールを食べる）（大阪湾）
- 助成金を、「川の漁協」「山の漁協」などとの連携にも使えるようにしてほしい（播磨灘）
- 釣り道具（腐食せず鋭利なためケガをしやすいステンレス製の釣り具など）の規制（大阪湾・備後灘）
- 竿でのタコ釣りの規制（備後灘）
- 災害時の支援（現状では農業の方に手厚い）（伊予灘）
- ガソリン代の補助を希望（多くの海域）
- ゴミの除去に補助を希望（播磨灘）
- 漁獲高・収入を数値で規制するだけでは漁業を維持できない（播磨灘）
- 魚価の安定化が必要（周防灘）
- 地物だけではなく近海魚を食べるような啓発が必要（燧灘）
- 後継者の育成に力を入れてほしい（伊予灘）
- 漁業振興の制度は受ける人がいないので見直しが必要（燧灘）
- 環境省は数字でしか環境を見ていない、生物をみていない（大阪湾）
- データだけではわからない、条件もいろいろなので現場を知ってほしい（備讃瀬戸西部）
- ダムをなくして砂を流して干潟を作って、仕組みは簡単でやろうと思えばできる（大阪湾）
- 環境さえ整えれば生物は戻ってくる（大阪湾）
- 海がよくなると思うことは何でもやる、国もしっかり取り組んでほしい（播磨灘）

5. 若干の考察

水温上昇のどういう面が問題なのか？

　魚が獲れなくなるのは漁業者にとって死活問題であり、その原因究明と対策が必要であることは言うまでもない。ではその原因はというと、調査でもっとも多くあげられたのは海水温の上昇であるが、その詳細なメカニズムは必ずしも明確ではない。いくつか挙げられたことは以下である。

- 南方系の魚が増えたり、水温の上昇に適応した魚種になっている。

- イカナゴの夏眠中に砂の温度が27℃を超えると親魚が死んでしまう
- 冬場の最低水温が以前より高くなることにより、クラゲなどが越冬してしまい、それが大量発生の要因の一つになっている可能性がある。
- 夏に卵を産む種類が、今の環境にあっているのではないか
- これらが、他の要素と重なって作用することが問題を複雑にしている面があるのではないか。

「海がきれいになりすぎた」言説について

　続いて多かったのが「海水の栄養不足」「海がきれいになりすぎた」である。アンケート調査でも海の透明度が増したという回答がほぼ100%であった。魚が育つ海に戻す一つの方策として、海水の水質基準を緩和して栄養塩を増やすことを要望する漁協が多かった。栄養塩については、瀬戸内法の2021年改正に基づき、自治体が「栄養塩類管理計画」を策定し栄養塩類（特に全窒素）の供給量を増やすことができるようになった。その一例として、兵庫県では、「豊かで美しい瀬戸内海の再生に向けた栄養塩類管理計画」が2021年に策定され、①生物の多様性及び生産性の確保に必要な物質（全窒素・全リン）②海域の富栄養化に伴う生活環境悪化のおそれがなく、生物の多様性及び生産性を確保する上で望ましい濃度の基準をもとに、全窒素・全リンの濃度が決められている。具体的には、工場排水や下水処理場の排水基準を緩和するという方法がとられている。

　しかし、これが根本的な解決にはならないことは、漁業関係者がもっともよく気づいている。魚が獲れなくなったことには、「いろんな要因が重なっている」（春木漁協）のである。一番は水温だが、海藻の減少、クラゲの増加、組合員の減少、漁法の変化（板漕ぎの禁止）など、複数の要因があると指摘する漁協もあった（たとえば長浜漁協）。

海の環境に対する人工構造物の弊害

　各地の漁協が悲鳴を上げ、近未来への展望や期待を描きにくい状況が浮かび上がった。「底ものが取れなくなっている」、「ハモが増えて困っている。ハモは獰猛で、何でも食べてしまう。海底が、元々は砂地だったところにヘドロが溜まり、泥っぽくなった。ダムを作ったから。川から砂が来ない」、「30年前から海底が泥になった。芦田川河口堰に魚道はあるが、砂が流れなくなったためである」（横島漁協）。そのことから栄養塩不足も含めて、芦田川河口堰を開けて

ほしいということになる。

　「クラゲの大量発生の一つの大きな要因は、砂浜が減り、その分、垂直護岸が増えたことだ。昔は、1回、しけが来ればクラゲは浜に打ち上げられて皆、死んでいた。今、垂直護岸になってからは、しけで風や波がたっても、ぷかぷかと浮いているだけで、ほとんどが生き延びてしまう」(埴生漁協)。

　書ききれないが、もろもろの人工構造物の弊害が多様な形態で起きていることが浮かび上がっている。ダム、河川改修、垂直護岸、河口堰、埋立て、人工島といった一連の土木事業がある。これらは一地域の問題ではなく、1960年代から半世紀以上にわたり瀬戸内海全域で共通にやってきたことであり、その結果、長年のツケとして起きた問題を、多くの漁民の証言にみることができる。そしてクラゲが大量に発生すれば、イカナゴやカタクチイワシなど小魚に食べられていた動物プランクトンの相当部分がクラゲに食べられてしまう。その分、イカナゴやカタクチイワシが減っているのかもしれない。

6. 調査の成果と課題

　本書には、117漁協からのアンケート結果と66漁協と関係者から聞き取りをした報告が並んでいる。瀬戸内法施行から50年という歳月の中で、瀬戸内海全域で何が起こり、今どうなっているのかを考えていく素材が、ここにある。私たちは、漁民の証言に何を見出すのか？「海に力がない」とは何を意味するのか？生態系ピラミッドとの関係で考えてみたらどうなるか？証言されたことの背景と原因はなにかを追究せねばならない。しかし、余りに多岐にわたる問題が見えており、考察は容易ではない。

　そこで漁協アンケート・聞き取り調査は、瀬戸内海という大きな視野で、自分の地先の海を捉えなおすことに寄与できる面もあるのではないかと考え、調査結果をアンケートや聞き取りに協力をいただいた漁協に配布し、そこからのフィードバックをいただき、「提言」につなげていきたいと考えた。瀬戸内法施行から50年間という時間軸と瀬戸内海という空間的視野を持って調査した記録自体に意味があると考える次第である。

　漁業は現在、環境・社会の変化による不漁(増えている魚もあるが)、後継者不足、統廃合による組織の問題等に直面しており、様々な矛盾を抱えている。そこに環瀬戸内海会議のような市民団体が話を聞きに行くことは、状況を共有

し、国への要望などの橋渡し役を果たすことになるのではないか。あるいは、そうならなければならない。

聞き取り調査には多くの人がかかわった。また、魚や漁法の呼び方や方言は地域によって多様である。それにより聞き取りの方法や記録の取り方がやや不統一になった面は否めない。また、諸事情で詳しく聞き取れなかった部分があるかもしれないが、ここでは、調査担当者の記録をできるだけ忠実に掲載した。逆に担当者の個性により漁協の個性が引き出された面もあると考えられる。ただし結果に対する考察や分析は十分とは言えない。今後も引き続き、考察を深めていきたい。

海にかかわる人は多い。漁協（の代表）ではなく一般の漁業者の声、女性で漁業に関わっている人の声、漁業者だけでなく瀬戸内海沿岸域に暮らす一般市民の声を聞けば、それぞれ異なる声が聞かれ、さらに実態は明らかになるだろう。それは今後の課題としたい。

引用文献
・　星野芳郎(1972)：『瀬戸内海汚染』（岩波新書）
・　奈田兼一(2020)：『もうかる漁業から見た定置漁業の現状と課題について』（水産振興）
　　ONLINE　〈https://lib.suisan-shinkou.or.jp/column/teichi/4-nadak.html〉
・　瀬戸内海汚染総合調査団(1972)：『瀬戸内海』

アンケート調査ならびに聞き取り調査にご協力いただいた漁協、
その他関係各所の皆様には厚くお礼を申し上げます。

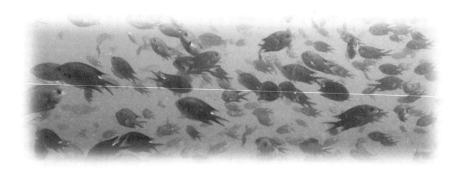

写真：香川県小豆島吉田ダム。島内最大の水道水原ダムで、堰堤
最上部から海が見える（2009.6.20）

コラム5 ◎ 私と瀬戸内法 —アシカ磯と織田ケ浜—

　今治の沖合には今も海図に残る「アシカ磯」と呼ばれる磯がある。30年ほど前、漁師だった人からこの磯の話を聞いたことがある。戦後すぐの若いころお父さんと一緒に漁をしていた時に聞いた話—「この磯は昔から魚がようけ獲れてな、ある時ここのアシカの声が遠くからでもうるさくて、行ってみたら海が魚で盛り上がって、アシカが魚を食べ過ぎてゲーゲー吐きよったんじゃ」と。

　またそのアシカ磯の対岸に、「瀬戸内で最後」とも言われた2キロも続く白砂青松の織田ケ浜があった。若いころ私も子どもたちを連れて泳ぎに行き、日がな一日遊んだものだ。数えきれないほど沢山の人がいた。遠浅の砂浜は広くて行っても行っても海に行き着かず足が火傷しそうなほどだった。

　この織田ケ浜は80年代半ばに住民の激しい反対運動があったにも関わらず、北の端から700メートル、34haが埋められてしまった。今残る浜は砂が削られ大きく湾曲してかつての「織田の長浜」の面影はない。また砂浜は急傾斜になり極端に狭くなった。埋立ての影響と共に沖合で長年続いた海砂採取の影響だ。

　織田ケ浜近くに住むお年寄りに話を聞いたことが忘れられない。「戦前は大きな海亀がやってきた。そんな時浜の人はリヤカーを持ってきて家に連れて帰り神棚のお神酒を飲ませて海に返した」「浜は四季折々の遊びの場所で、お雛様の時には子どもたちがお重に詰めたお弁当を食べた」「戦争に負けたあとは、戦地から帰ってきた男たちが、浜のアチコチに座ったままじっと海を見て心を癒していた」「戦時中には調味料に海水を使った」「イカナゴの時期には漁師が大量にバケツで・・」など。

　この海を埋めたのである。埋めた正体・元凶は「瀬戸内法」だった。1984年に市民

埋立て前の織田ケ浜（1980年代）

198

1,103人が原告となって今治市長を相手取り、公金支出差し止めを求める裁判を起こして11年後、差戻し控訴審は1994年住民の訴えを棄却、しかも判決時には9割の工程を終えており、翌1995年には埋立てが完了したのだ。瀬戸内法13条には埋立て配慮義務がうたわれているものの、「影響が軽微な埋立て」であるとして「埋立て免許は違法とはいえない」とした。つまり司法は「埋立てに関して瀬戸内法の実効性はない」と断じたのだ。

　「影響が軽微」とされた織田ケ浜埋立てだが、埋立てから30年後の今、織田ケ浜から数キロ北の浅川海岸では浜の砂が流出しており、消波ブロックをはじめコンクリート構造物が醜く大量に投入されている。地元住民は「織田ケ浜を埋めてから…」と嘆く。

　瀬戸内法の立法過程で「埋立て全面禁止」が盛り込まれた法案（自民党案）に対して愛媛県選出の議員が「後進県愛媛の発展を止めるのか」と強く反対、抵抗したことが、埋立てに関する例外規定を設けた要因になった。瀬戸内海の環境の蘇りを阻んだことを悔しく思う。

　さて、環瀬戸内海会議が会として「瀬戸内法改正」の議論を始めたのは1995年の神戸総会で神戸空港の埋立てを問う声が上がった時であった。翌1996年7月の岡山の第7回総会で方針を決定、8月には松山で第一回の集まりを持ち、学習会活動を開始、その後アンケート調査や署名活動、国会ロビー活動に取り組んだ。

　織田ケ浜埋立て反対の運動から瀬戸内法改正によって、子どもたちが海で泳ぐ風景や、人々が貝を掘る風景を取り戻したいと活動してきて30年。瀬戸内海の環境問題はより複雑化し、人々の関心が海から遠ざかっていると感じられる今、今後の私たちの役割も大きい。

（文：阿部悦子）

織田ケ浜埋立て30年後・数キロ北側の浅川海岸（2023年）

　プロジェクトを進める過程で節目ごとに状況を整理するために2回のシンポジウムを行なった。第1回の豊島シンポジウムは、2023年7月2日、廃棄物問題に地域住民が一丸となって闘った香川県豊島で開催した。半世紀前、「瀬戸内海汚染総合調査団」の一員として関わった山田國廣京都精華大学名誉教授に「汚染調査団から50年を振り返り、これからの瀬戸内海を考える」と題して基調講演をお願いした。次いで豊島からの報告として廃棄物対策豊島住民会議の石井 亨が「豊島事件と瀬戸内海」、本会共同代表湯浅一郎が「生物多様性の国際取組みを活かそう」との短い講演を行なった。その後、会場との質疑を含めてパネル討論を行った。

「瀬戸内法50年プロジェクト」シンポジウムPart1
―瀬戸内海の50年をふり返りこれからを考える―

日時：2023年7月2日
会場：唐櫃公堂（香川県豊島）
プログラム：
1：基調講演
　　「汚染調査団から50年をふりかえり、これからの瀬戸内海を考える」
　　　　──講師：山田國廣（京都精華大学名誉教授 瀬戸内海汚染総合調査団）
2：豊島からの報告「豊島事件と瀬戸内海」
　　　　──石井 亨（廃棄物対策豊島住民会議）
3：「瀬戸内法50年と同時進行の『生物多様性の国際取組』を活かそう」
　　　　──湯浅一郎（環瀬戸内海会議共同代表　ピースデポ代表）
4：ディスカッション──山田國廣×石井 亨×湯浅一郎

写真：汚染地下水排水基準達成に向けて処理を進める豊島処分地の様子（2021.4.24）

「汚染調査団から50年をふりかえり、
これからの瀬戸内海を考える」

──────── 山田國廣（京都精華大学名誉教授　瀬戸内海汚染総合調査団）

1）調査団の始まりと4冊の報告書

　瀬戸内海汚染総合調査団というのは1969年の春に立上げ、報告書「瀬戸内海汚染総合大調査、海を取り戻す行動その1：予備調査報告書（1971年）」を作った。この報告書の表紙に背びれが窪んでる魚が書いてある。これは奇形魚なのだが、書いたのは当時、京都大学理学部4年の柳哲雄君。参加者の中で唯一、海のことがわかっていたので、調査船で船長の代わりに「ここで採水しろ・ここで停めろ」という役割をした。彼は亡くなる前に「里海論」を提案して、本も書いて、論文もいっぱい書いた。その絵の下に参加者の名前が出ている。「山田国広　工学部助手」、「飯塚修三　医学部」とある。瀬戸内海をグルっと一周して、主に漁協に飛び込みで聞き取りに入る調査を1971年に行った。

　当時は大学紛争があって、大学は何のために存在すのかと学生が頑張っていた。大学が何するかなんて大学の中でもわからない。起きている問題をみて、大学は何ができるかを考えた。東大の宇井純さんが書いた『公害原論』を読むのが定番だった。彼がローマで開催されていた海洋汚染に関する国際会議から帰ってきて、シンポジウムで「世界で一番汚れているのは実は日本の瀬戸内海だ」と話した。世界を回っているから言える話。我々は、その状況を止めようということを思いついた。

　当時、関西の大学助手、関西助手連「関助連」というのを作った。そこが学生にも呼びかけて、実行委員会を立ち上げた。赤いマイクロバスに十数人が乗って瀬戸内海をぐるっと回った。印象的だったのは呉の藤岡さんのところに行った時。お化けハゼを見せてもらい、町に入ったらまず製紙工場の臭い、「こんなところに住んでるのか」というくらいひどかった。

　その時に問題別に5つの班を作った。まず「ビニール汚染班」。当時は塩化ビニールだけでなくプラスチックのことをビニールと呼んでいた。それから「赤潮（班）」。これはCOD、窒素、リンなど。それから「海水浴場など自然海岸の埋立て（班）」。水島とか新居浜の梅とか竹のフッ素汚染、梅は「大気汚染」による植物被害である。もうひとつは「PCBや水銀（班）」。高砂の鐘淵化

学がPCBを作っていて、カネミ油症事件が起こり、高砂の海でもPCB汚染が起きるPCB問題、水俣を含めて水銀も問題になった。例えば福山の日本化薬という工場がpH1.5の強酸性廃水を直接瀬戸内海に出していた。日本化薬が工場を撤去した跡地からPCBと水銀汚染が見つかった。というように汚染はどんどんと見つかっていった。

　漁民との対話集会を夜にやって回った。調査団は4冊の報告書を発行した。その第一弾が71年春の予備調査報告書。2冊目が72年5月の『瀬戸内海』（瀬戸内海総合汚染調査報告Ⅰ）。これは漁民からの聞き取りを中心としたB5版528頁に及ぶ大著である。漁民の話は、科学的な見方からすれば、適当なことを言うといった批判があった。私たちは、漁民こそが海とずっと付き合って、そこでどんな環境破壊があって、魚がどう取れなくなったのかを一番知っている。彼らに学ぼうという明確な方針で行っていた。

　宇井純さんは『公害原論』で「被害者の現場に行く」ことをやらずに語るヤツはニセモノだ、と言っている。大学は何のためにあるのかと言ってる間に、闘っている人がいっぱいいた。それは漁民であり、ふつうの住民であり、女性であり。大学人はゼロではなかったが、ほとんど闘っていなかった。現実を見てしまった。大学とは、外に行って、そこで起こっている環境問題を解決する為に、徹底的に利用する場所であるという私の結論が出た。会議はタダでできる、図書館も使える、知ってそうな人にいっぱい聞ける。大学は役立つじゃないか、という理解をしたのだ。

　その次の報告書は『本四架橋とその環境破壊』（1973年6月）。これは田中角栄が日本列島改造論を出して、橋を3本通そう、山を削り瀬戸内海を埋めたら土地が広がるじゃないかと。これも批判した。

　4冊目として1974年の三菱石油重油流出事件について瀬戸内海漁民会議と共著で報告書を出した。児島漁民会議に居た横井安友さんが（瀬戸内海漁民会議を立上げる中、重油流出事故を起こした三菱石油を）告発をする。告発まで持っていくのに、瀬戸内調査団が相談に乗り支える。刑事罰は認められなかったけれども、存在意義は示せて解決した。

　『1971年・公害時代の瀬戸内海汚染総観図』という手書きの地図を作ったが、これがリアル。手書きで、どこにどういう工場があって、ここのヘドロが行くような呉のところに奇形魚がいると書いてある。1970年代初めの瀬戸内海は、各湾の工場やコンビナートのある所は、ヘドロが溜まり赤潮もあって汚れ

てる。赤潮が出ている範囲と透明度のデータは、ほぼ同じような認識を示している。瀬戸内海全体の汚染マップは、そんなに間違ったものではないと言っておきたい。

2) 瀬戸内調査団の学会発表と山田國廣の著書

　赤潮裁判があって、1972年に被害が起こって瀬戸内海汚染総合調査団はこれを支えるが、調査をもとに学会発表を行うことになった。日本海洋学会の講演要旨だが、裁判所の証拠に出すためにはこういうこともやる。これは支援するためだった。少し遅れて、水道水のトリハロメタン問題。水道水を殺菌するために入れた塩素でできた発がん性物質が含まれた水を全国的に飲んでいる。関西水系連絡会などを作って日本陸水学会で発表した。

　私は1989年に『下水道革命』という本を書いた。これは公共下水道批判。公共下水道だけでは限界があるとして、石井式合併浄化槽という個別合併浄化槽について、第一工科大学（当時）の石井 勲先生に頼まれて書いた。次に書いたのが『ゴルフ場亡国論』。全国を回ると「あのゴルフ場亡国論の山田さんですか」とお礼を言われるほど有名になった。ゴルフ場は止まらないが、問題提起となって運動は広まった。このあと『里山トラスト』という本を書く。この立ち木トラスト運動に入ってから、開発が止まる。長年環境運動をやって負け続けたが、勝てる運動に参加するなんて夢にも思わなかった。これが環瀬戸内海会議の運動に繋がるという重要なポイントである。それから『水循環思考』。このときはハイテク産業の地下水汚染で、東芝太子工場からトリクロロエチレンが出てくるのを、播磨灘を守る会の青木さんたちと調査したり、水道水のトリハロメタン問題をやったりした。

3) 赤潮と瀬戸内海環境保全臨時措置法と下水道普及率の関係

　72年に鳴門と引田で赤潮でハマチが大被害を受けて、漁民が裁判を起こした。損害額は71億円だったが1.7億円の和解金で和解する。近藤三二さんという方が、魚に対する慰霊碑を建て、環境省が環境保全臨時措置法を作り企業も頑張り始めたので和解したと書いてある。環境保全のための臨時措置法は、瀬戸内海の赤潮訴訟がきっかけでできた。きっかけを作ったという意味で社会的に大きな意味を持っていた。

　この法律で画期的だったのは、第4条でCOD（化学的酸素要求量）を1972年（昭和47年）の負荷量に比べて具体的に半分にすると謳ったことだ。これは

総量規制の考え方。当時は濃度規制が主流だった。例えばコンビナートの煙突を高くして遠くに飛んでいけば濃度は下がるけれど、3本も4本もあれば広い範囲で亜硫酸ガスの汚染が起きるので、濃度規制への批判があった。そこで総量規制が入ってきたという一定の役割があった。その後、実際、CODでおよそ半分、窒素、リンが下がるので、とりあえず総量規制の目標は達成したと言える。

　それでも、解決しない問題が残って、なおかつ新たな問題が出てきた。ひとつは赤潮がある程度は減ったけれど、それ以上は減らなかった。CODを減らすために、下水道を推進してCODを下げ、窒素やリンを下げれば赤潮も減るはずだった。ところが昭和30年代から45年頃まで、下水道普及率、赤潮の発生件数と被害額、両方とも増えている。下水道で除去できるのはCODは8割、窒素は半分近くで、完全には取れない。下水処理場は内陸部で個別に処理するはずだったが、海の近くに作ることになり、配管で下水を一つに集めて海に直接出すから集中効果が起こった。浄化効果と集中効果を見ると、集中効果の方が上回った。その後、下水道は普及して昭和47年当時は赤潮がすごいから、下水道の普及とともに赤潮は減る時代になる。ところがある程度、年代が経って普及が進めば、こんどは赤潮が減らずに横ばいになる。下水道には限界がある。比例（悪化）時代と浄化時代と横ばい時代。私はこの50年間ずっと統計を取ってみて、こんなことになっているのか、と。それと重要なのが、豊後水道の赤潮件数だけが増えていく。なぜ豊後水道の赤潮だけが右上がりに増えているのか。私が伊方原発の温排水を疑ったのはこれがあるからだ。

4）瀬戸内海のプラスチック汚染と海水温上昇
　ごみ問題は臨時措置法では何もできなかった。実際上ごみは川から入ってくる。環境省の調査でも、高梁川から備讃瀬戸に1万3,000t。プラスチックごみはマイクロプラスチック（5ミリ以下）になれば回収できない。陸から出さないことと、いま海の底や離島にあるものを回収するという問題がある。漁民が底曳きですくい上げて、魚を取り出し、ごみを、ポリエチレン、ポリプロピレン、塩ビなどに徹底的に分別し資源化するシステムを作り、漁獲とともに資源回収料と資源料として漁民が金をもらう仕組みを作っていかないと問題はなくならない。そういうことを私はアイデアとして環瀬戸内海会議としてやってくださいと提案したい。具体的に漁民が動く活動に結びつけるこ

と、漁民が関わって、漁場がきれいになって社会的に評価されて。そうしたら若い人にも漁業をしたい人が出てくる。そういう仕組みを作らないと海の底のプラスチックごみは無くならない。マイクロプラスチック化して添加剤のノニルフェノールとかフタル酸エステル、モノマーとかが溶けるので、魚に入って害を与えたり、というのがマイクロプラスチックの問題点。既に海にあるものを回収する、陸からは入れない、この二つ。これをするしかないということで瀬戸内法を改正する。

5）伊方原発・温排水は伊予灘、広島湾、周防灘、豊後水道の海水温を同時に上昇させた

　伊方原発は1号機、2号機、3号機とあり、温排水は2本ある。広島湾、周防灘、豊後水道を同時に汚染させる。伊方原発の温排水が移流拡散して、同じように影響を与えていた。それで海水温を灘ごとに当たった。冷却水は1号機・2号機が38㎥/秒。3号機が65㎥/秒。合計141㎥/秒になる。それが温排水の量。それは7℃周りの海水温を上げてしまう。141㎥/秒という数字を上回るのは淀川だけ、193㎥/秒。吉野川は45.5㎥/秒。つまり伊方原発は、1秒間あたり吉野川の3倍の温排水を出している時代がある。

　1995年頃から2010年頃まで、ずっと141㎥/秒を出して7℃上げる時代があった。伊予灘、広島湾、周防灘、豊後水道の隣接する四つの灘・湾だが、1980年ごろから2015年までの水温では四つの湾ともだいたい直線的に上がっている。19か所で四つの灘・湾で（水温の変動の）山と谷が同じになったので、これは伊方原発の温排水（が影響した）結果だという、重要な証拠だと思っている。環境省の他の湾の全てデータを手に入れて自分なりに解析したいと思っている。2010年以降に水温上昇の直線より下がるが、これは1、2、3号機が止まる時期と一致している。この影響がどれくらい大きいかというと、例えば火力発電所で見ると1事業所当たり冷却水は27.4㎥/秒、温度差は7.5℃。鉄鋼8.7、石油精製は2.2、石油化学は3.5。これらも海水温を上げていることに寄与しているが規模的に見たら141㎥/秒を出しているところが伊予灘、周防灘に影響を及ぼしている。漁業被害で、周防灘のアサリに被害が起こっているという明確な報告がある。それから豊後水道の養殖業がカレニアという渦鞭毛藻の有毒プランクトンが出続けて被害がでているというのはほとんど伊方原発の放水量と傾向が同じということがわかってきた。そうすると今回のアンケートの結果で書いてあるデータも、漁民の証言も、ほぼ私がいま述

べたことと一致している。

6）質疑応答

質問者

今後の瀬戸内海のあり方について、何かご提言できることがあれば。

山田

　瀬戸内法の改善提案はやるべきで、まず埋立てそのものは瀬戸内海ではやめる。それから重大なのは温排水で、温排水の総量規制が必要だ。これをCODと同じように半分にする。原発は冷却水量を技術的に減らせない。ほかの施設は免れるけれども、伊方原発は止めるしかない。そもそも国立公園の中、閉鎖性水域で、どこにも漁場があって、人が住んでいるところに伊方原発を作るのが根本的に間違っている。

　瀬戸内海の中でごみ回収も、具体的に関わる中に漁業者を入れて回収ができるような仕組みを作って実行していく。基本的には山と河川と海をつないで循環的にうまく回るように。海だけ考えるのではなく、河・流域、その上の里山。海も里海といって、人が関わってなおかつ漁獲を得て汚染をそんなにせずに持続する、これが基本概念。人が関わる中で山も川も海も、循環機能を有し、破壊しないかたちで生産を維持していく、そういう概念に向かおうじゃないかという議論が、環瀬戸内海会議、これからの50年に必要だと思う。

　豊島では、公害調停で申請した人がかなり亡くなっている。この人たちの想いは自分が生きている間には産廃撤去は実現しないけれども、撤去の筋道をたてて未来の子孫にこの島を残すということだった。私たちも年寄りで瀬戸内海を50年後、子孫にどう渡すかという基本概念を立てた中で、具体的な政策を実行していく、法律の改正案も提案することが必要だ

2：豊島からの報告

「豊島事件と瀬戸内海」

石井　亨（廃棄物対策豊島住民会議）

　私は1960年生まれの63歳。リヒトホーフェンが最初に日本に来たのがその100年前。1868年には瀬戸内海を渡った。その感動と共に将来を憂いて「かくも永く保たれた瀬戸内海が今後も続かんことを祈る」と言ったが、100年後の

瀬戸内海は、赤潮にまみれ、山田先生たちが走り回って調査を始める時代を迎えていた。豊島事件も1975年が発端である。街に出かけると街の上（の大気）が黄色い時代があった。その頃から考えたら、きれいになっている印象を多くの人たちが持っているのかもしれない。でも豊島でゴミのことに向き合い始め、今回の漁業調査でいろんなことを聞かせていただく中で、ほんとに知らないことがいっぱいあった。

1）香川県豊島とは

　知らない例として、1987年に海上保安庁が周囲100m以上のものを島とした場合に日本には6,852島、瀬戸内海には727島あると発表した。今年2月に国土地理院が数え直すと、同じ定義で14,125島あった。豊島は実質現在人口700人程度、高齢者指数50％以上の過疎高齢化の島。私は1990年、30歳の時に兵庫県警の摘発を機に豊島事件に直接関わる。

2）豊島事件とは

　豊島事件は、悪質な事業者が13年間にわたって大量の廃棄物を持ち込み、埋立てた事件である。事業者を逮捕、有罪は確定したが、あとには膨大な廃棄物が残された。この廃棄物を撤去したいと、住民の方々が運動をしていく。行政による解決はそもそも出来なかった。島の人たち自身が事件の真相・核心に迫り、原状回復を求めて公害調停に踏み込む。調停で科学的な鑑定が行われ、この廃棄物は放置できる状態ではないという結論がでた。撤去から現地封じ込めまで7つの対策案が出された。豊島事件以前は、その現場に封じ込めて人の立入りを禁止する措置しか取ってきていない。封じ込めたら61億円、撤去なら151億円以上かかると試算され「封じ込めてしまえ」という声が出てくる。封じ込めは本当に可能か？ 汚水をポンプで汲み上げ続けて管理する期間は？ 汚染状況の科学鑑定結果では、半永久的だと科学者達は言う。周りにコンクリートの壁を作って半永久的に封じ込めるのだが、コンクリートの耐用年数は70年程ともいわれる。そうすると、70年後には作り直すことが必要になる。封じ込めというのは将来の世代に問題を先送りする考え方で、解決の選択肢とは言えない、というたいへんな議論があった。その中で最終的に調停委員会が、封じ込めでは将来にわたっての環境保全はできないと自ら認める結果になった。

3）香川県による原状回復

　島から持ち出すことにはなったが、ゴミとして埋めるのではどこも受け入れない。最終的に全て原材料として人間の社会経済活動の中で使う形で処理することになる。この事件の議論が、現在の各種リサイクル法、ダイオキシン規制などに繋がっていくことになった。私も豊島の現場は、この国が大量消費型の社会から循環型社会への転換点になったランドマークだと話している。

　2017年の3月に廃棄物の全量撤去を終えた。持ち出した総量は91万3千t。豊島から東京までのダンプの行列に相当する量。その後の浄化作業で地下水が排水基準を下回ったので、浄化作業に使った施設の撤去を終え、2023年3月整地を終えた。今後は自然浄化に委ねる。人為的な積極浄化作業を終え、状況を観察しながら自然に水質環境基準（ゴール）を下回るまで監視する。2023年は、発端から48年目、兵庫県警の摘発から33年目、調停申請から30年。非常に大きな節目だったと思う。時期は不明だが、必ず完了に至るという段階にまで至った年である。

　振り返ってみて、豊島事件の48年というのは、1975年から2000年の調停成立までの間、豊島の人たちは7,000回を超える直接行動を起こして香川県行政を動かし、前例のない原状回復事業にこぎ付けることに成功した。このことが、この国が大量廃棄型社会から循環型社会へと転換するきっかけの一つになった。これが第一のフェーズ。では人が汚してしまった環境というのは、自然科学的、社会科学的に回復できるのか、という原状回復事業の途上に今ある。これが第二のフェーズ。

　では、循環型社会はうまくいっているのか。2000年（調停成立年）当時、バブル崩壊後横這いと言われた廃棄物年間排出総量は4億5,000万t。2022年で4億3,000万tを少し下回った。2000年の最終埋立て実績はおよそ5,600万t。1990年（摘発年）には1億1,000万t近く埋めている。1970年に廃掃法ができてから、全国に数万から数十万か所、違法合法を問わず、埋めてしまった。その埋立て量自体は2025年1,300万tを下回るということを目標に減量化は進めていて、だいぶ減っている。例えば、高松で水道水から1,4-ジオキサンが出た事故があった。調べたら、取水源の綾川全域が1,4-ジオキサンで汚染されていた。過去に埋めた最終処分場から漏れていた。新聞報道では、取水割合を変えて基準値以内に収めたと書いている。これは薄めて県民の皆さんに飲んでもらってますとも読める。

　1,4-ジオキサンは21世紀になってからの規制対象物質で、これを原因とし

て全国でたくさんの取水源が取水を停止している。そのうちのかなりの部分は過去に埋立てたゴミが原因ではないかと疑われている。埋めるということも、可能な限り卒業しなくてはならない。

4）ゴミ問題とは

　100年、150年くらい前まではゴミにはほとんど困っていないと言われる。例えば当時の日本住宅は石と木と紙でできている。住めなくなっても、木（薪）として使う、捨てても微生物が分解して土に戻る。ところが人類は人工合成物を使い始め、昔と同じように捨てたら自然界が受け入れてくれなかった。これが最も深刻な問題となった。高層ビルや高速道路も含めて人工物もいずれはゴミになる。20世紀初頭の人工物の総量は、地球上におよそ350億t程度だったとWWF（世界自然保護基金）が2020年に発表した。全生物量に対しておよそ3％程度の比率。ところが2020年、人工物の総量は全生物量を上回って1兆1千億tを超えた。そして今後20年で、過去100年間の2倍から3倍の人工物を人類は生み出すと予測されている。20年後の人類は3兆tを超える人工物という「ゴミ予備軍」を抱えるかもしれない。同時にWWFは、過去48年間に生物多様性の豊かさの69％を失ったと発表した。国連のミレニアム評価の中にも、生物の絶滅速度は20世紀初頭まで100万種あたり年間0.1〜1種類程度だったが、現在は年間100種類から1,000種が絶滅していると。これほどの早い絶滅速度は、地球上で過去に起きた5回の生物大量絶滅期よりもはるかに速い。それから、プラネタリー・バウンダリーという言葉が出てくる。これは2009年に論文発表されて、2012年に出版されたことから、今は科学者の間ではほぼ共通認識になっている。先に地球の限界の方を明らかにしてしまおうと。地球温暖化がある程度のレベルを越えてしまうと後に戻れなくなる点、レジームシフト（註：気候など自然現象の急激な変化）を明確にして、その範囲内に人間の活動を抑え込む知恵を出し合うという考え方だ。SDGsにも取り入れられている。9つの指標の内、CO_2レベルより深刻なのが生物多様性の問題。

　リヒトホーフェンが渡った瀬戸内海は、どんな海だったんだろうか。瀬戸内海にはシロナガスクジラをはじめ、世界中のクジラの主だった種類が回遊、あるいは繁殖、棲息していた。クジラ漁の歴史というのは瀬戸内にたくさんある。ニホンアシカは20世紀に入っても鳴門辺りでかなりの生息数が確認されている。リヒトホーフェンが瀬戸内海を渡った1868年には、島の海岸線に

はニホンアシカが群れ、大型のクジラが回遊する時代だったのかと思えてしまう。生態系の豊かさの69%を失ったという発表に、実は瀬戸内海はもっと深刻なレベルなのかも知れないと思ってしまった。

5）第3のフェーズ　現状回復の完了〜未来

　国連の動きを二つだけ紹介しておく。現在の経済成長要求は、人類を幸せにしない。いっぱいモノを作っていっぱい消費して、いっぱい捨てる。結局地球の環境を破綻させ、人間社会の中で格差を急速に拡大させるだけだ。そこで、人間にとっての豊かさの指標を本格的に見直すために、2022年1月に国連が本格的な調査を始めると発表した。「生物多様性及び生態系サービスに関する政府間科学政策プラットフォーム」、これで2年間をかけて再評価をやる。もう一つはGDPに替わる人間にとっての豊かさの評価を、2025年に国連がとりまとめる。2022年COP27、この冒頭で国連事務総長は「地球の気温は上昇しつづけ、我々は後戻り出来ない所に近づいている。人類には選択肢がある、協力するか滅びるかだ。」と話した。また、各国の政策立案者、国主導ではもう間に合わない、我々一人ひとりにまで立ち返って行動を起こさないといけないと言っている。

　今回思ったのだが、年配の組合長の話で、若いころ普通にシャチが泳いでたと。すると50年前当時、赤潮で苦しんだ漁民の人たち、この当時すでに年配だった人たちは、少年時代にニホンアシカを見てたんじゃないかと。いま私たちが瀬戸内海を議論している50年の変化、50年前の人たちが感じたその前の50年の変化、私たちが想像してるよりはるかに劇的な変化かもしれないと思う。私たちの豊島の現場は、まだ原状回復の途上だが、私たちがこれからどういう形で次の時代へ繋いでいくのか、次の時代を残していくのかはほんとに大変な課題である。私も白髪のおじいちゃん達に「わしの時代に、この島汚してしもた。きれいにする道筋を立てておかんことには、わしゃ死んでも死に切れん」と直接何度も聞かされた。

　1970年代、50年前の報告書『瀬戸内海』、その後の50年、漁協を回って皆さん仰るのは「透明度上がった、きれいには見える。でも力がない、生きてない」と。瀬戸内海はこの50年で生き物の気配がなくなった。瀬戸内海はどう変わったのかは調べようと思ってもほとんど資料がない。今となっては捉えようがないが、今からでも記録化していかないといけない。

　国連が発表している、評価しているこの状況というのは、瀬戸内海そのも

のの姿であり、我々からすれば瀬戸内海を維持できるのか、回復できるのか、それぞれの地域がそれをやって回復していけるのであれば、地球も結果として残るんだ。そういう意味で、いま地球が置かれている環境問題は目の前の瀬戸内海のこととして考えていく方が、より現実的で、瀬戸内海に何ができるかを考えていくべきなのだと思う。

3：

「瀬戸内法50年と同時進行の
『生物多様性の国際取組』を活かそう」

――――――――――― 湯浅一郎（環瀬戸内海会議共同代表　ピースデポ代表）

　2023年は瀬戸内法施行から50年がたつ。そのメモリアルな年に生物多様性をキーワードにして、この50年間どう変わってきたのかを、わかる範囲で整理をし、そこから近未来への提言を作って、社会に対して問題提起をするのが瀬戸内海という規模でものごとを考える環瀬戸内海会議の使命だと、大げさに言えばそういう感じでプロジェクトを始めた。生物多様性に関する国際的な取組の問題意識を常に念頭に置きながら、私たちのプロジェクトを進めていく必要があるという話を皆さんと共有したい。

　「瀬戸内法50年プロジェクト」は四つの柱で構成していて、一つが「生物多様性から見る海の変遷」を既存の資料を分析することで、わかることがどれくらいあるかをチェックしようと。その物差しとして、呉で中学校の教員をしていた故藤岡義隆氏が、1959年に自分が生まれた町の中学校に赴任して、1960年から6地点で海岸生物調査を始め、亡くなる直前まで毎年続けていた。海岸で見られるエビとかカニ、ヒトデ、そういうものの何種類の生物がいるかを記録して一つの図にした。例えば呉の長浜とか戸浜では、最初の年1960年には90種類くらいいた。それが10年後の71年になったら半分以下。2001年までデータがあるが、そのあと調査は整理されていなくて途絶えていた。藤岡さんが環瀬戸内海会議の顧問であり、私自身がたまたま同じ地域で生活していたので1990年代の半ば頃には一緒に調査をしていた。なんとか環瀬戸内海会議がこの調査をできる限り継続していこうと決めて、今回の50年プロジェクトの一環として環瀬戸内海会議の調査を藤岡さんの調査の後ろに繋いでみた。かなり画期的なものだと思う。空白はあるが1960年から2022年までの変遷が一応わかる。

　環境庁ができたのは1971年で、（こういう形で変遷が見られる）それより前のデータは本当にない。実は今年は明日から調査に行く。続けられる限り続けるが、住んでる人が自分の目の前の場所を調査し続けるという問題意識で、この数年の間に次をやってくれる人の体制を作ることが今回の50年プロジェクトの一つの目的でもある。プロジェクトの中心になると思っているのは「漁民に学ぶ」ということ。まず漁協アンケートをして、336の漁協にアンケート調査を年末に送ったところ、約120の回答があった。36%、単なるNGOから送られてきたアンケートにこれだけの数の漁協が回答してくれたというのはすごく多いと思った。しかもそのあと聞き取り調査、30人が関わってると思うが、その情報から考えても、漁民の人たちが現在の状況を本当に深刻に考えていて、何とかしたいという思いがあると感じられる、アンケート調査をやってよかった。その中から70ほどの重要だと思われる漁協、海域のできるだけ東から西まである程度網羅できるように、80に近い漁協に聞き取りができるかと思っている。そういうことでできた人脈、漁協と私たちとの一定程度基礎ができたので、次の展開として、漁民の人たちと私たちが一緒にできる仕事、あるいは漁業者自身がこれからの漁業に少しでも明るいものを見出せるような提言を生み出すことはとても大事だ。先ほどプラスチックの問題を具体的に提案して頂いたが、大変な宿題だと思う、ちょっとした夢が持てるかなと思う。

　石井さんからは、豊島の問題に関しての話。豊島が本当にすごいと思うのは、掘り出したものは全て原材料にして、無害にして社会に押し返すという考え方で貫いて、その結果として循環型社会への転換に当たるような、法律整備であったり、社会的雰囲気だったりを創り出すきっかけを作ってきた、その場所なのだ。石井さんのお話は、それを国際規模での状況に対応させながら、豊島という自分たちの住んでいる場所の問題としても語られ、瀬戸内海全体をこれからどうしていくのか、一つの構想を示していただいたと思う。そういうことをプロジェクトとしては現在やっている。

　同時進行の国際的な取り組みについて、2022年12月に生物多様性条約の第15回締約国会議がカナダのモントリオールで行われた。「昆明・モントリオール生物多様性枠組み」という合意ができた。この合意は23のターゲットを掲げていて、理念として「今までどおりから脱却する」、「社会、経済、政治、技術を横断する社会変革をめざす」ということが盛り込まれている。このままでは状況を打開できないという決意のもとで、例えば目標3は「陸と海の少

なくとも30%を保護区にしてこれ以上劣化しないようにそれぞれの国が努力する」、目標2は「劣化した生態系の少なくとも30%の再生を進める」と合意されている。これを受けて日本政府は2023年3月31日、生物多様性国家戦略を閣議決定し、極端に言えば昆明・モントリオール合意をそのまま採用したことになっている。例えば（閣議決定では）「陸と海の少なくとも30%を保護区域にする」というところは、「少なくとも30%」ではなく「30%以上」という表現が使われている。じつは、環境省原案は「30%」という数字しか使っていなかった。環瀬戸内海会議として「少なくとも30%」にすべきだと提案（パブコメ）したところ、意見を取り入れて「30%以上」と修正された。30%以上実現するというのはけっこう大変なことだと思う。環境省は既に2016年に日本の沿岸海域で生物多様性の観点から重要性の高い海域を選んでいる。北海道から沖縄まで270ほどあるが、そのうちの57が瀬戸内海。「今までどおりから脱却する」のであれば、選んだ270海域全ては保護区にして、これ以上手を付けないようすべきだというのが、私たちが普通に考える結論だ。どういう観点でその海域を選んでいるかというと、8つほど基準があって、例えば「唯一性」、「絶滅危惧種がいる」とか「脆弱性」「自然性が高い」とか。私が大事だと思うのは2番の「種の生活史における重要性」。種が維持していくためには、生活史の中で弱いところがあるわけで、子どもの頃とか、卵を産み付けるところの有無という観点から、この海域は重要だという基準が必要だろうと。その観点で57海域を眺めてみると、例えば原発予定地である上関町長島の西の端に田ノ浦海岸があるが、海域番号13708という番号がついて「長島・祝島周辺」という名称がついた。そのど真ん中に上関原発予定地がある。スナメリクジラが目撃される、祝島と長島を距てる水道はタイの漁場として有名だとか、そういう記述の上でここは生物多様性が非常に重要ですよと。瀬戸内海の原風景が残っていることも含めて環境省は評価している。

　埋立て予定地の田ノ浦海岸では、山と海の相互作用というつながり具合がそのままあって、凄いことだと思う。こういう海域は何とかして保護区にする。今私たちがいる豊島を含めて、海域番号13504という岡山の西側から直島、豊島、そして小豆島の南側の海域。非常に広い500平方キロメートルにわたって、重要度の高い海域になっている。ところが残念ながら豊島の産廃捨て場だったところは、今このような状態になっている。豊島の皆さんはこれから自然海岸化を考えようとしているわけだが、これも生物多様性の新しい合意、国家戦略の中で「劣化した生態系」そのものだ。この劣化した生態系である

この産廃捨て場だったところを自然海岸化していくというのは、まさに「再生」そのものに当っていく。

　この発想はじつは播磨灘を守る会、青木敬介（あおき　けいすけ）さんたちが、磯浜復元を30年ほど前から言い続けていて、そのモデルが、コンクリート護岸に囲まれた場所に穴をあけて、あとはほったらかす。瀬戸内海では満潮干潮が大きいところでは3mとか3m50㎝くらいまであるので、満潮になったり干潮になったりを繰り返しながら自然に砂が運ばれ、海辺の様子が変わってくる。自然の力を活かした形で再生ができないだろうか、そういう視点での取組み。これはたぶん、豊島の産廃捨て場であった北海岸を変えていくとき、同じような発想になるんじゃないかなと思う。

　リヒトホーフェンが瀬戸内海の風景を見ながら絶賛する。この時、1868年の9月1日というのは、福島の会津若松の方では、幕末の戦争が行われていた日である。その日に福山の鞆の浦から出て下関に行くまでの船旅の中で書いた日記。「こういう風景がこれからも残ることを祈る」と言いながら、「その最大の敵は、文明とこれまで知らなかった欲望の出現である」と。原子力を活かす兵器が出てきたり、原発が出てきたり、あるいは人工生成物が大量に作られて、それが大量に捨てられるという社会は、リヒトホーフェンは想像していなかった。彼の卓見を承けながら、私たちもこれからに向けて取り組んでいかなければならないと思う。

　「瀬戸内法50年プロジェクト」を進めるに当って、生物多様性国家戦略が策定された事実が同時進行であって、そのことに照らしながら、瀬戸内海のこれからのあり方を考えていく、環瀬戸内海会議としては、そういう努力を進めていきたいと思う。皆さんと一緒に次の50年に向けて今できることを私たちとしてやっていきたいと思う。

原状回復を待つ豊島処分場跡
（2023年春）

ディスカッション

—————————— 山田國廣×石井　亨×湯浅一郎

■司会（末田）

　山田さんに瀬戸内汚染総合調査団の時からを振り返ってもらったので、湯浅さんにとって瀬戸内海汚染総合調査団はどう見えていたか。

■湯浅一郎

　身近な山田さんとの関係でいうと、71年の3月から4月にかけて、僕は寝袋を担いで福井県の敦賀、美浜、姫路、尼崎、堺、和歌山、ある種の公害現地を見て歩き回った。学生として居た仙台を出発点にして、反公害闘争に関わると決意をして、6月〜7月に女川原発の現地で送水管工事埋設阻止闘争に毎日のように参加した。汚染総合調査団があるのは知っていたし、「技術と人間」という雑誌、1972年春号が第1号だが、藤岡義隆さんの報告が載っていて、当時は、お化けハゼが沢山出ているという問題が中心。海岸生物調査の話はほとんど触れてなかった。それから3年後に僕が呉に行くとは思ってなかったが、ほぼ同時代性、それぞれが住んでる場所の状況に、闘おうとしている姿の一つとして汚染総合調査団が見えていた。柳さん、彼の方が一つ上なのだが、海洋学会でもよく出会ってすごい人だと思っていた。お互いに影響しあえて来たと思っている。

■司会

　住民の住民のための住民による調査という話があるが、瀬戸内海汚染総合調査団は若手研究者と学生の調査団で、市民・住民自身の調査ではない。山田さん自身はその後、国道43号線の排ガス騒音調査など、住民による調査にもアドバイザーの立場で関わった。その違い、あるいは汚染総合調査団は分厚い報告書をどういう形で漁民、市民に成果として返したのか。

■山田國廣

　調査を始めたのは、世界で一番汚れている海をなんとかしませんかという問題を持ち掛けられ、それならば大学が何のためにあるのかという空論より、とにかく役に立つことをやろう、という単純な所からきた。自分自身の問題として、世の中の汚染問題を解決したいと思い、機械工学から専門を変えざるを得ず、環境学を50年間やっている。時間の使い方を変えるきっかけを瀬

戸内海に関わったことで与えられた。当初は問題解決、役立つ情報で漁民を支えようとしてきたが、水道水のトリハロメタン問題に関わった時、これは自分の問題だと。瀬戸内海に関わる中で、困っている人を助けるやり方もあるけれど、そこに住んでいる、今日参加の若い方々も、自分自身の人生の在り方の問題という捉え方、切り口も当然ある。

　瀬戸内海にずっと関わってきたし、その瀬戸内海に私がどう関わっていくのかという私自身の問題の捉え方も今はある。時々漁民の方と話したり、一杯飲み屋で魚を食べたり、そういう上等な時間を持てるというのは幸せな生き方だと思う。支援という面と、自分の生き方、関わりたいから関わっている、そういう面の両面がある。若いときは人に役立って社会に評価されるとか正義感的なもの、それは十分大事なことだけれども、これは自分のためにやっている、そういう考え方の中で評価していくと関わった時間が豊かな時間として、生き方として、後で後悔せずに済む、ああよかったなと思える生き方に繋がっていく。

　結局、漁民に関しては、裁判とか公害調停とか闘争。これは徹底的に支える覚悟が要る。一方でおいしい魚を食べるようにするとか、役立つ形で繋がるというのも当然ある。環境調査の成果の活かし方は、瀬戸内海が持っている総合的な文化、生活、多様な側面で支援の場合もある。役立つという評価は後からわかってくるわけなので、役立とうみたいなところは基本的には必要ではないと思う。

■司会

　今の話の関連で、石井さん、7千回に及ぶ直接的な住民の行動とか、調停とかその後の環境監視で、専門家の支援の関わりなど、こうあるべきとか、注文とかありますか。

■石井

　難しい質問。中坊公平弁護士が弁護団長を引き受けてくれて、この事件はやってきたが、中坊先生は、住民だから科学的なことは科学者に任せ法律的なことは法律家に任せるということを良しとしなかった。

　住民こそがまさに法律家と、あるいは科学者と対等に議論できるだけ学べ、ということを常に要求されていた。それがいろいろなことを考える上で、後々すごく参考になった。強いて言えば専門家は「私に任せなさい」とはやらないでほしい。やると本当に依存して学ばなくなってしまう。

■湯浅

　汚染総合調査団が「漁民に学ぶ」という形で始めて、その後、漁民会議というのをつくった。その意図とその後ずっと続いていったのかどうか。

　これから未来の提言という時に、漁業従事者の人たちとどう繋がっていくかを考える時に、漁民会議の取組みの経験は生かせるのかと思う。

■山田

　漁民会議というのは、例えば水島の重油事件が起きて、その時児島漁民会議ができて、水島の児島あたりの漁民が抗議活動をする。やり方としては刑事告発ということになった。その時の団長は星野芳郎という科学技術論の立命館教授。星野さんを入れて法的に支えることもやってきた。児島漁民会議というのは、組織的にきっちりしてたわけではなくて、告発用の一時的なという経緯もあったかと。私の覚えている限りでは、告発が決着するとそんなに集まる運動はやっていない。ただし、児島漁民会議と私たちは、調査船を借りて水島あたりを一緒に調査する運動の継続ではつながっていた。ただ、それ以上の広がり、つながりは運動としては無かった。

■司会

　当時、まず告発という話が出たように、激甚型の公害・垂れ流しが横行していたような時代で、今と状況がかなり違う。昨日視察した産廃の現場でも法律違反で廃棄物をどんどん不法投棄するし、海面埋立ても違法でやるということがまかり通っていた時代。若い人たちはなかなかピンと来ないことがあると思う。今回の瀬戸内法を問うということで言うと、近年、瀬戸内海がきれいになり過ぎたと法改正がされて、水質規制をするよりも栄養塩の管理だという方向が打ち出されているが、山田さんの考えは。

■山田

　理解に誤解があると思っていて、確かにCODやBOD、一部リンなどもきれいになって、ある面で言うと富栄養化好みの、例えばノリとか、ハマチ養殖のエサになるカタクチイワシなどの漁獲が減った。しかし、それは富栄養化タイプの漁業・漁獲。本来きれいになったらもう一度高級魚などが戻ってきて、多様な魚が獲れたり、そういう対応をしないと。富栄養化時代のノリとカタクチイワシが減ったから、下水の栄養をコントロールしてという議論はちょっと筋がずれている。きれいになって例えば50年前、100年前の海に戻るなら、それなりの魚を獲って食べた時代もあるわけで、きれいになったならその魚に合わせた食の文化という方向に行かないと。汚染されてもこの漁獲を維持

したいという議論、きれいになり過ぎてだめだという言い方には違和感がある。毒性の強い赤潮、シャットネラとかは減ってない、播磨灘で。実は今でも被害が続いていると。こういうところが見えてないんじゃないか。きれいすぎるという議論は筋が間違ってると思っている。

■質問者

　先ほど、海の力が弱まっている、多様性がなくなっているし、そもそも水はきれいに見えるけれども力がないと仰っていた。私は有機農業をしてるけれど、農業でも化学肥料を使うことで土の力が弱まって、微生物も弱まっている。海の環境を考える上で、農業や林業と海というのはつながっていると思う。その連携、漁業の人にいろいろ話を聞く、農業や林業の方と連携していく動きがこれまであったのかどうか、今後も連携しながらトータルして地球環境を考えていくというようなことになるのかどうか。

■湯浅

　今言われたことは大事だと思うが、すぐにそこまで行けるかどうか、よくはわからない。ただ、山と川と海をつないでいく、水系で考えるという捉え方が、これから大事だと思う。そう捉えた時に、陸上での、例えば家庭での洗剤の使用とか、一時期石鹸運動などが普通に広がっていたと思うが、また洗剤に戻っている感がある。漁民の聴き取りの中でも、一部、アサリとか貝が減っている要因の一つとして洗剤を挙げてる人がいる。農業でも、農薬の使用量は減ってきているが、完全にゼロでやってる方はそう多くはないし、化学肥料の問題もある。化学物質が川経由で海に入っている問題もあり、重要だと思う。ただ水系で考えていくことを原則として、瀬戸内法なり法律の中に位置付けていく努力が求められていると思う。

　漁協の聴き取りの中で、福山周辺の横島漁協の人が、国への要望を尋ねたところ、芦田川河口堰を開放してほしいと。河口の出入口に堰があって、川の水は普通には海に出ていかない。砂も供給されず栄養も供給されないために、周辺の海底が泥っぽくなっている。そのため例えばハモが増えている。ハモというのは何でも食べる、タコとか他の生き物が減っているということを漁師さんが言っていた。河口堰はいちばん典型的だが、上流のダム、堰堤、垂直護岸、そういう人工物が物質循環を断絶させているわけで、その物質循環を断絶させるありようを変えていくのが一つの方向かと思う。

■質問者

　私は高校生で、参加させてもらった。貴重なお話、3人の方の話を聞いて、環境問題とか生物多様性の危機の問題とかというのは、もちろん私たちの世代にもこれから受け継がれていく問題。でもその問題というのは、悲しいこと、マイナスのイメージだけど、こうやって豊島のように産業廃棄物のために闘ってくれたり研究してくれたからこそ、今があるんだなと思ってすごく感動している。こんな機会はないので、私たち若い世代に伝えたい事を、短めに、教えていただければ。

■石井

　豊島で漁師さんと話をしていたら「今年は雨水飲まんから魚が育たん」と言う。ホントに雨水飲んで育つわけではないが、雨がしっかり降れば陸地栄養が十分に瀬戸内海に届く。豊島の北側に児島湾が見えていて、苫田ダムという岡山県のダムが、瀬戸内海の栄養塩類濃度が下がった時に、栄養塩補給放流という臨時放流をやる。実際にほんの数日間で（沿岸の）栄養塩が回復してくる。瀬戸内海、単純に数値だけを追いかければ、雨が降ればかなり顕著に塩分濃度が下がり反比例するように栄養塩類濃度が上がる。どれだけ健全に陸水がちゃんと海に届けられるのか。そういう意味では、苫田ダムの事例を見てると、かなりの悪さをしているのはダムだと思う。ダムでは砂が溜まる、あるいは青潮が出るほどの富栄養化で腐敗している。あれが瀬戸内海まで来てくれたらという現場はいっぱいある。瀬戸内海は地球環境のメルクマールでしょう。分水嶺から影響を受ける閉鎖性海域まで、こんなに小さい規模の中にあらゆる素材が揃っている現場なんて、世界中にそんなにない。本当に話し合いをしようと思えば会いに行って話せる距離にみんな居る。ここで知恵が出せないんだったら…。むしろ瀬戸内海で何ができるか、という可能性を考えたいと思う。

　豊島事件の物語を話すときに出てこない人達がたくさんいる。自分は知らなかったことにしよう、気付かなかったことにしようと一生懸命努力した人たちが大勢いたはず。世の中の出来事というのは、悪いやつが起こすのではなく、見て見ぬふりをしてるやつらが実は一番悪い。僕たちが訴えようと運動した時に、最大の暴力は無関心と感じた。ドイツのヴァイツゼッカー大統領が「過去に盲目な者は結局のところ現在にも盲目である」という言葉を残している。同じ間違いは必ず形を変えてやってくる。我々一人ひとりがどうするかということにかみ砕いて共有していくか、それがいちばん大事なこと

だが、必ずしも実践できているとは思えていない。

■山田

　例えば、いま日本が抱えている食糧、食の安全性の問題を考えたときに、危ない橋を渡り始めているという認識がある。ウクライナの状況も含めて食糧費が値上がりしているが、国の中で作れるものが脆弱になっている構造がある。それを支えてきた日本の林業、農業、漁業の中でも若手の後継者がいちばん大きな問題点として出てきている。なぜ若い人が林業、農業、漁業に参入して行こうという気になれないか。魅力がないということなんだろうけれど、若い人にとって魅力、自分でやってみようという形態というのは、あり得ると思う。私たちもモデルは提示できるけれど、若い人たち自身が面白いと思わなければ意味がない。その探し方、若い人自身がそれを面白いと思うものを見つけないと、食糧問題や食の安全性も含めて、相当危ないところに来ていると思う。若い人にぜひ目を向けていただきたい。

■湯浅

　すぐできることとして、一日何もしないで海辺で過ごすというようなことをやってみてはどうか。なぜ勝手に海面が高くなったり低くなったりするのか。潮の満ち引きだ。それも大きくなったり小さくなったり、二週間おきくらいに変化する。そこで見える自然の風景の事を考えてもよいし、その場にいながら人間社会のありよう、自分の今のありようなど含めていろんなことを見過ごしているよと。自分の今、これから先、自分にとって切実な課題とは何なのかを探すことは一番重要だと思う。そのために海辺で一日游ぶことに大きい意味がある。結論的なことを言うと、海の豊かさは、月と地球と太陽の相互作用が作っている。例えば潮の満ち引きがそうだし、潮流、瀬戸内海でも上げ潮や下げ潮といって一日の中で右に向かっていたと思ったら、何時間か経つと逆の向きに流れている。それがなぜか昔の人はわからなかったけど、500年ほど前にニュートンが出てきて万有引力を見つけた。地球の大きさや地球が一日に1回転することによって地球と月の距離が13,000km分だけ大きくなったり小さくなったりする。その結果、潮汐という現象が起きて、潮の満ち引き、海辺の生き物はそれに対応して生きている。そういうことを考えてみたらいいかなと思う。

コラム6 ◎ 豊島と環瀬戸内海会議

　豊島事件は私が中学を出るころに問題になり始め、1990年の兵庫県警摘発直後から直接かかわるようになった。30歳を迎えた年だった。第8回豊島公害調停（1996年2月22日）で「住民の被害とは何か」と調停委員会が住民に問いかけた。これを機に豊島弁護団は愛媛・香川・広島・兵庫・大阪・和歌山の弁護士からなる拡大瀬戸内弁護団を結成した。

　この事件は「個々人の被害」として捉えられる問題ではなく瀬戸内海の問題だと捉え直し、同時に瀬戸内海を中心として広く全国に支援を求めて歩くことになる。この年、環瀬戸内海会議の訪問を受け、96年の備前総会で豊島事件を報告することから環瀬戸内海会議にも係わるようになった。

　こうした運動が成功を収めるには、運動内部の自治とともに、問題に寄り添い共に考える外部の団体が見守っているという支援関係性が非常に重要である。そして立ち木トラストの延長として「一本の木になって立ち会う」という植樹活動が開始された。「豊島未来の森トラスト」と名づけられ、ここに寄せられた寄付が調停成立へと向かう豊島の運動にも活かされた。

　同時に豊島住民と環瀬戸内海会議の共催による「豊島秋の集会」が恒例行事となり、公害調停進展の報告・共有と、豊島の豊かさを再確認する機会となった。　この交流の中で、加藤登紀子さん、小室等さん、中山千夏さん、バイオリニスト大河内弘さん、画家の田島征三さん、自然農法の福岡正信さんなどとの豊島での出会いの機会を頂いた。

　こうした活動は、逆境の中で問題の普遍性を問う島の人たちを元気づけ、間接的ながら公害調停の成立にも大きく寄与した。豊島の例も含めて多くの現場に寄り添ってきたことが、環瀬戸内海会議のもう一つの存在意義だと思う。

　産業革命と資本主義の確立後、金融経済は実体経済を飲み込み、さらに情報こそが資源といわれ、コミュニケーション資本主義、認知資本主義とも呼ばれる難解な時代を迎えた。グリーンウオッシュ（「上辺だけ」環境配慮をしているようにみせかける企業の欺瞞的な環境活動）が取り沙汰される時代となった。こうした背景の中で環瀬戸内海会議が向き合った瀬戸内海も実態の改善には向かっていない。その瀬戸内海にある豊島の現場の「自然海岸へ戻す」という目標も、再開発による経済成長要求と向き合うことになる。

　一方で「いままでどおりから脱却する」という通念との決別を宣言する時代を迎えたのも事実である。政府・行政機関ではなく、企業でもない、「現場に学ぶ」もう一つのパブリックとしての環瀬戸内海会議が期待される役割が見えてくる転換点でもある。

（文：石井 亨）

222

　第2回シンポジウムは、50年前の瀬戸内法の施行日を念頭に2023年10月1日、プロジェクト活動を総括するべく、「未来への提言（案）」を検討する場として位置づけた。

　第1部は、基調講演とプロジェクトからの2つの報告である。基調講演は、「水産の立場から瀬戸内海の現在と未来を考える」と題して鷲尾圭司元水産大学校理事長にお願いした。その上で、プロジェクトから「漁協アンケート＆聞き取り調査報告」（※本書第3章）を本会事務局次長青野篤子が、「沿岸自治体アンケート調査報告」（※本書第2章）を副代表末田一秀が、それぞれ報告した。

　そののち、第2部は、パネル討論「未来への提言」を実施した。パネラーは、安藤眞一、西井弥生、鷲尾圭司、そして司会を兼ねた湯浅一郎である。

　この日に合わせ、漁協からのアンケートや聞き取り調査をまとめたA4 165ページの『漁協調査報告書』を刊行した。

「瀬戸内法50年プロジェクト」シンポジウムPart2

—瀬戸内海の50年をふり返り「未来への提言」を考える—

日時：2023年10月1日
会場：神戸市教育会館（神戸市）
プログラム
第1部　1：基調講演「水産の立場から瀬戸内海の現在と未来を考える」
　　　　　　　　——講師：鷲尾圭司（元林崎漁協職員・元水産大学校理事長）
　　　　2：「瀬戸内法50年プロジェクト」報告（※本書では第2章、第3章に詳しく掲載）
第2部　パネル討論
　　　　1：パネル討論を始めるにあたり——湯浅一郎
　　　　2：玉島で干潟と鳥を見る立場から
　　　　　　　　——西井弥生（たましま干潟と鳥の会）
　　　　3：淡路島の海と大地と空を今守りたい
　　　　　　　　——安藤眞一（日本自由メソヂスト布施源氏ケ丘教会主任牧師）
　　　　4：「未来への提言」に関して——鷲尾圭司
　　　　5：特別報告「使用済み核燃料中間貯蔵施設に抗して」
　　　　　　　　——三浦 翠（原発いらん！山口ネットワーク）

写真:岡山県倉敷市、人工島・玉島ハーバーアイランドで越冬するツクシガモ。主に九州北部、有明海に多い渡り鳥だったが諫早湾干拓以降、瀬戸内海でも飛来が増えている（2023.1.22）

「水産の立場から瀬戸内海の現在と未来を考える」

———————————— 鷲尾圭司（元林崎漁協職員・元水産大学校理事長）

1）若狭原発群との出会いから瀬戸内海へ

　山田先生達が瀬戸内海汚染総合調査団で活動された50年前、多くの若手の先生や学生が瀬戸内海を目指される中、私は日本海側を歩き出し、そこで敦賀原発、美浜原発などの若狭の原発群と出会った。

　当時の瀬戸内海は汚染が大きな問題だったが、若狭に原発が押し寄せてくる、というのはどういうことだったのか。原発を地方の平和に暮らしているところに押し付けるという仕組みに納得がいかず、舞鶴を拠点に、能登の志賀原発、島根原発、伊方原発、上関原発（計画地）と、西日本ほとんどの漁村を巡り調査した。

　多くは地場産業がなく、働き手の若者は街へ出て行き過疎化が進む。日本の沿岸漁業は、高齢化で先行きの見込みがなく、危機に瀕していたのだ。原発は都市や政府のお金儲けのためだが、仕方なく開発を助けに地域をなんとかしようという人たちが主導権を握った。原発建設に手を貸して補償金をもらおう、という流れができていた。それを食い止めるには、まず漁業でメシが食える仕組みをつくればよい、そのお手伝いがしたいという思いで都合13年学生をやっていた。

　瀬戸内法から10年後、1980年代の明石で、若い漁師たちが活躍している姿を目にした。「死の海」といわれた瀬戸内海でこの光景は考えられなかった。明石海峡の環境を使えば、あれだけ汚れて赤潮やヘドロで大変だといわれていても漁業が成り立つのである。

　当時は明石海峡大橋が架けられる前で、様々な調査研究がなされていたが、漁師たちと研究者や行政の意思疎通がうまくいかないという現状があり、大学院を出た人間ならその通訳ができるのではと、漁協の職員として林崎漁協で17年間働くことになった。イカナゴのくぎ煮といった伝統食品や恵方巻の開発などを手掛け、20億円位の水揚げだったこの漁協は昨年46億円にまで達した。

　その後、もっと広い普及や社会問題に取り組むべく京都精華大学で9年、そこから水産大学校の理事長に就任。現在は日本伝統食品研究会会長、NPO法人里海づくり研究会議副理事長として瀬戸内海を東へ西へ、行ったり来たりしな

がら、水産物を安全安心に、そして確実に食べていくにはどうしたらよいか、ということを研究対象にしている。

　今日の話は、瀬戸内法、瀬戸内海の50年というのを概観してみよう、ということになる。

2）瀬戸内海の水産資源の動向

　環境省せとうちネットの図（＊）によると、水産資源の動向は1985年頃がピークで、その後減ってきたことがわかる。その原因は様々に言われるが、増えていった過程の事はあまり言われず、元を辿れば実はあまり変わらないんじゃないかという発想もできる。瀬戸内海が全部埋まってしまえばゼロだが、瀬戸内海に水がある限りはどこかで何かが獲れるはず、と考える必要がある。

　図中の緑は貝類だが、グラフの前半と後半の大きな違いは、アサリ、ハマグリ、巻貝といった、海底に棲む生き物がいなくなったことである。様々な漁獲の増減は『漁協調査報告書』にもあるが、貝類の減少がそれぞれの漁協にどういう影響を与えたかという部分は、海底の状況は一番わかりにくいが非常に大きな要素だということである。

　また漁獲が減少したら養殖で補えばよいと言われるが、養殖も増減があり、養殖でカバーする、というのは実は絵空事に過ぎない。養殖は人工的なので減ることはないのでは？と言われるが増えてもいないのである。

（＊）環境省 せとうちネット　水産業の推移「瀬戸内海における漁業生産量の推移」グラフより
https://www.env.go.jp/water/heisa/heisa_net/setouchiNet/seto/g2/g2cat02/suisangyou/index.html

3）日本の水産物自給率

　自給率が減っても私たちが魚不足を感じないのは輸入があるからだ。食料・農業基本法では、自給を目指した安定供給とされた時代から政府の舵は切られ、農業基本法が定められた1960年には輸入も含めた安定供給に変わり、輸入量はあまり増減せず維持している。それなのに漁獲量だけが減っているのは、スーパーで売られているものや人気の回転寿司で回っているものの多くが輸入物だからである。我が国沿岸の漁獲は粗雑に扱われ、餌や飼料に使われている。これはコメと小麦の関係も同じだ。小麦など一定量を輸入しなければならないアメリカとの約束の中で、我が国の一大生産物であるコメを減らす、輸入量確保のために国内生産量を減らさなければ、という政策である。水産振興などと謳われているが、それは天の政策であり現実ではない。

魚離れ、と言われ2000年から消費量が減り、肉が増えたとされているが、2000年までは丸ごとの魚で流通していた。その後切り身になった。頭と内臓を取り除いたら3割ダウンになる。そして逆に増えたのがペットのエサである。人間の消費量の1/4が今ペットのエサに行っており減っていない。牛肉は実は減っているが、これが言われないのは、牛肉はアメリカのトウモロコシで育てるからだ。牛肉も減ったというとトウモロコシの消費量が減る、そのため牛肉は売れ続けなければならないのである。豚肉はトントン。増えているのはニワトリで価格が一番安い。要はこの20年ほどで、日本人が貧乏になっただけなのである。

　それから食品ロスが減っている、統計情報が減っているというのは無駄なく食べるようになったということの表れといえる。

　さて、政府を挙げて、これからは養殖だとベンチャー企業に投資している。世界は養殖が増えており、日本もやらねば、と言うわけだが、増加の大部分は中国で、一番増えているのはコイ、フナといった淡水魚。これは中国大陸の田んぼや池や川で自給的に獲れていたものを、市場で売るようになり、それを統計に乗せるようになったため増えているだけの話。そんなに飛躍的に伸びているわけではない。日本政府が言うようなマグロやサーモンがどんどん増えるなんてことはあり得ない、何せエサがないのだから。

4）瀬戸内海の富栄養化と赤潮

　瀬戸内法ができた昭和50年頃、瀬戸内海中が富栄養化し赤潮に見舞われていた。白砂青松の海から、河川や工場排水の流入で赤潮が常に出る栄養が多い海になったのである。

　先ほどの輸入量が増加するという話は、輸入された食品を日本人が食べ、排泄するということに繋がってくる。排泄物は屎尿・下水処理場で処理されるが、窒素やリンで取れるのはせいぜい半分。世界中から集めてきた食べ物の半分が海に流れ込み、必然的に瀬戸内海中が富栄養環境になったわけである。それが20年30年と続き、その状況に適応した魚が増えていく。

　貝類の減少は、富栄養化の影響でヘドロが溜まり、それが酸素を消費し海底の酸素がなくなり棲めなくなった、ということだ。それを改善するべく瀬戸内法において水質規制がどんどん強化されていった。

　瀬戸内海における魚種別生産量の推移だが、国の資料でも1985年くらいまでイワシなどが獲れていたのが、その後減少してしまう、アサリなども同じくで

ある。低下傾向の始まりがちょうどバブル経済崩壊の頃だったのである。

5）瀬戸内海の漁獲組成

　瀬戸内海の漁獲組成について、環瀬戸内海会議元顧問の故藤岡義隆氏が調査されていた、沿岸生物の種類数の変化と重なるものだと思うが、私のいた明石では、明石ダイに明石ダコ、タイにヒラメにスズキ、高級魚が多く獲れると言われるが、実態はカタクチイワシ、シラス、マイワシ、それからイカナゴで半分である。タコやタイはごくわずか。チリメンジャコほどの小さな魚は多いが、大きな魚はそんなに獲れるわけではない。

　それから瀬戸内海では様々なものが養殖されているが、70％〜65％は広島、岡山のカキ、また明石を中心としたノリは瀬戸内海各地で養殖されていて20％。ブリとタイで5％程度。かつてはハマチやブリの養殖が有名だったが、エサを与えて育てるためフンが海底に溜まり漁場を汚してしまう。ノリやカキはエサをやらずに海の中の栄養分を吸い取ってそれをとり上げるので、海域の浄化につながる。明石で漁師が元気だったのは、こういった利点を沿岸漁業としてうまく利用し生き残った、ノリ養殖とシラス、それからイカナゴを中心とした漁業を営んでいたからなのである。

6）海の食物連鎖と生物濃縮

　生態ピラミッドの一番下は海の中に溶け込んだものを栄養源とする植物プランクトンや海藻、アマモなどである。それを小さな虫、動物プランクトンや貝類が食べて育つ。次に中ぐらいのアジやサバ、タコ、メバルなどがそれを利用し、それをさらに大きな魚が利用する。栄養段階が一段、二段、三段と上がっていくという食物連鎖がある。上に行くほど食べたものが全て身になるわけではなく、排泄やエネルギーで消費されるのでだいたい1/10だ。10キロのエサを食べると1キロ残る程度。上の方のタイやヒラメは1/100や1/1,000程度。その代わりイワシ、イカナゴ、海藻のノリなどは100人前、1,000人前の容量がある。50年前頃、ここに生産の基盤をおいた漁協は生き残ってきたが、高級魚の一本釣りや伝統的な漁法で地域の特産魚を獲ってきたところは廃業せざるを得ない状況に追い込まれてきた。

　瀬戸内海は幅が広いので、明石は特異な例で、多くがそれぞれの地先のいい漁場、磯を使い、特産魚を地域の食文化にしてきた。今、その漁師たちの「泣き声」がこの『漁協調査報告書』に現れており、これをどう乗り越えたらよい

かということが課題である。

栄養段階が上がるほど高級魚になる。食べて必要なものは体に残り、要らないものは出ていくということを繰り返す、上に行けば行くほど、生きていくのに必要な成分が濃縮される。生物濃縮されるので上の方が味は濃いのである。海藻はダイエット食だが、サラダボウルいっぱい食べても太らない。一方上の方のマグロを食べるとたっぷり体の中に残る。

海洋汚染で50年前の海では重金属や有機化合物など様々な有害物質があった。それらは人工的なものが多いため、自然の生き物たちは体に取り込むべきか排泄するべきか、生物反応としてわからない。どうしてよいかわからず、肝臓に入れたり、骨に蓄えたりして濃縮していく。汚染魚というのはこの食物連鎖の皮肉である。美味しさを濃縮してくれるはずのものが、有害なものも濃縮してしまう。その結果、スズキ、クロダイ、ボラとか毛嫌いされるような状況が生まれていった。この仕組み自身は生物学的に決まっていて、当時と変わらない。富栄養状態のときには、一次生産者くらいまでは非常に豊かに育ち、明石の水揚げ高はものすごく多かった。上の方は少なくなっていくが、安い魚をうまく売る工夫をしてきた明石は生き残った、という仕組みである。

この生態ピラミッドが変形していく。変形してできた隙間がどうなったかというとクラゲになった。私が漁協にいた90年代の後半、海に潜るとクラゲだらけであった。ドボンと潜るとクラゲの傘をかぶって上がってくる、本当に嫌だった。クラゲを食べる魚もいるにはいる。カワハギとか、関西ではシズとかウオゼといわれるイボダイ、マナガツオなどもクラゲを食べる。ただ、それらが食べる量は知れている。大部分のクラゲは海底に沈みヌタとなって邪魔者になる。海底を死んだクラゲが覆うのだから、底の生き物はよけい育たなくなる、というのがこのところの現状ではないかと思う。

7）近年の栄養塩分布

1975年頃、栄養塩分布は、一番ピーク時に明石海峡の全窒素で0.5mg/Lあった。今はどんどん貧栄養化し、大阪湾の奥や、大きな川の河口付近しか残っていない。特に大阪湾の状況は、関西空港と神戸沖空港、ここを結んだ線でピタッと止まっている。神戸沖空港は2000年に着工されたが、それまでは大阪湾の奥の茶色い水は、須磨沖を通って明石海峡に流れ込んでいた。明石海峡に流れ込むと激しい潮で鹿の瀬まで持って行ってくれた。そのため明石の漁業生産は、他の地域に比べると長持ちした。だが、神戸沖空港ができて20年、今は完全に

止まってしまい、須磨沖もきれい過ぎるくらいだ。海水浴は透き通った海水で泳げるが、潮干狩りのためにはアサリを他から買ってきて撒いているのが現実である。

　面白いことに、大阪湾や淡路島沿岸で調査すると、これまで瀬戸内で岸壁に張りつくカキといえばマガキだったが、外来性のケガキという、カキ殻が少し硬いトゲばった種類に変わった。アサリも、マアサリからヒメアサリという外来性の種類に変わった。富栄養化でやってきた瀬戸内海の漁業はもはや限られたところでしかできず、大部分は外海に面した環境の中での漁業に対応せざるを得ない現状になっている。

8）漁獲量増減の歴史

　漁獲量増の背景の一つに沖合への拡大がある。それから高度経済成長による工業化、都市化による排水、し尿の耕地への投入や垂れ流し。赤潮の影響も出るが、赤潮の時がノリの生産量は一番良かった。これらがかさなり70年代〜80年代にかけて漁獲量は増え、それとともに生態ピラミッドでいう底辺に近いところの生産量が多くなった。1961年に農業基本法が制定され、安定供給と近代化が謳われたが、マッカーサーの禁止令で化学肥料になる。人糞を集め、お礼に野菜をあげるという物々交換で済んでいたが、化学肥料の購入には現金収入が必要になるため農業の体制も変わっていった。大地はこの時から痩せ始めた。この基本法、安定供給のためには自給しなくても輸入すればいいと、商社が供給に関わるようになり、農業自身はだんだんと廃れる道を方向づけられ80年にピークを迎えるわけである。その後、産業構造が変化して、垂れ流し企業は東南アジア諸国に渡っていって、水産物流も町の商店街や公設市場の魚屋さんがなくなって、スーパーマーケットが中心になる。家族構成も大家族で1匹の鮭を切り分けて食べる姿はなくなり、切り身で消費する核家族になる。沿岸は人工化され、そこに地球温暖化と貧栄養化が重なる。水質規制に関しては、日本人まじめだから徹底的にやったため下水処理場からも栄養分が出なくなったというのも大きい。

　しかし農地からもなくなったというのが、私は大きいと思っている。本日の会場までの道中、セイタカアワダチソウを見ただろうか？　あれはまさに富栄養化の産物である。今はもう大地も貧栄養化してススキとネコジャラシばかり、これは貧栄養化の植物だ。最近はアサガオの飼育実験をしても、雨粒がぽつんと当たって色が白く抜けることはない。酸性雨がなくなって大気汚染がましに

なったのは確かである。あれは窒素肥料をまいていた時代である。それがなく
なったのと、農地の休耕田や耕作放棄地の土は、堆肥がいっぱい入っていた。
80年代、90年代はまだ大地は富栄養状態であったが、耕作をやめ、その空き地
に入った外来種のセイタカアワダチソウが30年経って大地の栄養を食い尽く
した。今はもう大地も貧栄養化して、帰りに見てほしい。貧栄養化の植物、スス
キとネコジャラシばかりだ。

　大地の変わり目というのは、今の漁獲量、特に海底の生き物の減少にも響い
てきている。海の中の栄養は川から流れてくるばかりでなく、海底から浸みだ
してくる湧き水というのが非常に大きく、これは海底の砂から出てくるときに、
ゆっくり出てくるので、その表面に微生物が大繁殖して生物膜というマットの
ような状態になり栄養を食ってしまう。これが剥がれて流されていくときにア
サリやゴカイのエサになる。それらがなくなったというのが2000年くらい。こ
れ以降、それをエサにしていた海底の生き物がいなくなった。

　それから水産政策では、2019年に漁業法が改正されたが、沿岸漁業は寂れて
も仕方がない、企業経営で安定した生産性の高い漁業にせよ、という政策であ
る。沿岸の零細漁業はいずれ衰退してなくなったらいいんじゃないか、そうい
う方向で進められている。

9)　季節変化と旬

　明石では、30年前の最高水温は、9月が28℃、最低が8℃だった。この20℃の
温度差で、春先温度が上がり、14℃を超えると桜鯛と言われるマダイが明石海
峡にやってくる。サワラも産卵にくる。その後アジ、サバがやってくるうちに
18℃を超える。するとイカナゴは泳いでいられず砂に潜る。今度は冬に休眠し
ていたキュウセンベラやアナゴが元気に泳ぎだす。そしてタコの季節、ハモの
季節が来て、秋から水温が下がり始める。そうなると海洋循環といい、上下の
水がよくかき混ぜられ、海藻の季節を迎えノリ養殖が始まる。10月頃からノリ
養殖の準備をし、12月から春先まで海藻の生産をしている。

　イカナゴも12月になり18℃を切ると砂から出てきて卵を産む。産卵期の3月
になると3cmくらいになり、くぎ煮の炊き頃である。40年前だとノリ養殖が盛
んな3月にイカナゴを獲りに行く漁はなく、4月の終わりにノリ養殖を片付け、
5月6月、10cm近くになったイカナゴを獲っていた。脂がのっており、食用とい
うより養殖魚のエサだ。また昔は釜揚げしたものを干し、カマスという袋に入
れ農家に肥料として出しており、カマスゴという名前で呼ばれていた。養殖魚

のエサだからキロ30〜50円程度。これではたくさん獲っても利益にならないが、人間が食べるのならキロ200円くらいにはなるのではと、イカナゴのくぎ煮をやり始めた。10年経った頃にはキロ500円くらいで安定して売れだした。明石、神戸あたりで大ブームになり、職員も水揚げの作業も苦労ではなかった。83年にはシーズンで林崎漁協だけで3,000tの水揚げだった。漁獲量が減っても値段が10倍なので儲かる。

　それが2000年以降、温暖化によって水温が2℃上がってしまい激減した。最低水温が10℃、最高水温が30℃である。魚たちは変温動物で周りの環境が適温なため季節感がずれる。14℃になるのも18℃になるのも遅くなり、タイミングもバラバラ。

　タコは一番暑い時期に生まれ、秋から冬にかけて海底に降りて行き、次の年を迎えるという順序だったが、タコの赤ちゃんがエサと出会えるタイミングが合わなくなってきた。アジ、サバ、サワラなど広い海域を泳ぎ回る種類は適応力があるが、定着性のタコ等は融通が利かず、産卵期にエサがうまく繁殖してくれているかどうかが非常に重要なのである。

　マダコの産卵期はだいたいお盆過ぎだが、この時期に8割程のタコが産卵していた。ところが今は、春から秋までいつも卵を持っている。産卵期がばらついているのである。結果、季節外れに生まれた子たちは競争相手が少なく生き残り、シーズンに産んだ子は過密になりエサ不足でうまく育たない。タコも考えているのかどうか、結果的に年がら年中卵を持つ群れになってしまった。これでは明石ダコという特徴が出て来ず悩ましい。

　イカナゴの赤ちゃんが生まれる頃、アジの子どもは8℃になると明石からいなくなっていたが、10℃になると残ってイカナゴの子どもを食ってしまうという問題も出てきている。

　ノリも季節を巡ってやっているが、ちょうど10月1日頃ノリ漁場をセットし、種付けして、沖に張り出し育てていく、というのが30年前の暦だった。今では10月の下旬にならないとノリ養殖の準備ができず、摘み取って生産するのは12月に入ってから。年末のお歳暮に間に合わない。2℃上昇したことで様々な限界線が狂ってしまったのである。

10）瀬戸内海の環境変化とこれからの環境づくり

　こんな大変なことがいっぱいある。海底のエサに依存する魚種で不漁が顕著。イワシのシラスというのは海面で発生するから、それを求めて、サワラ、タイ、

ハマチ、ヒラメ、ハモという、魚食種で回遊性のものは時々とれる。このへんの漁獲量があるから何とかごまかしているが、イワシのシラスとノリの養殖が主力になっている。

それともうひとつ、クラゲ。これは利用法があまり出てこない。10年前に日本海に来たエチゼンクラゲは珍味にできるのでいいのだけれど、今瀬戸内海で漂っているミズクラゲとユウレイクラゲ、爆弾とか呼ばれるが、なかなか利用先が見つからないので悩ましい。

次にノリ養殖だが、瀬戸内海のノリ養殖は流れが速いので硬い。有明のノリのように柔らかく風合いよくできないので、明石にいたときはコンビニのおにぎりと巻きずしが活路だった。その後、栄養不足で色落ちになり始め、本当に困ったのだが、救いの神が現れた、豚骨ラーメンのトッピングである。あれは黄色くても噛み応えがあれば使ってくれ、5％くらい増えて、大変助かった。

また、イカナゴは大船団を組んで獲りに行っている。くぎ煮には小さいものを使うが、手作りがミソだ。生のイカナゴを買ってきて2時間以内に鍋に入れて炊く、本当に手間暇かかるもの。3月はイカナゴ貧乏の季節である。キロ500円、1,000円の時はまだ笑っていられたが、キロ5,000円ともなると、本当に泣いてる。明石の魚棚商店街ではいまだに行列を作ってくれるんだが、年金の一万札握って「何キロ買えるん？」と言って泣いているおばちゃんがいたりする。

瀬戸内海も昔は白砂青松で地形の多様性があり豊かな海だと言われるが、意外と貧栄養の海だったのである。そこに経済成長でどんどん地形が画一化していく。地形が画一化することにより、種々雑多な、明石でいうと200種類ほどの魚種が獲れていたのが、今では約20種類ほどになってしまった。そのうち売れるのは10種類くらい。富栄養化と港湾区域が拡大していく。環境政策としてきれいな海は推進された。処理技術は進み、機械化で処理場のスイッチをポンと押すだけで速くきれいにしてくれるが歯止めが利かない。

栄養塩管理運転というのを兵庫県が始めてくれているが、人間が介在し、行き過ぎたらハンドル戻す、という、人が操作しないとできない栄養管理なのである。これには少人数でやれと言われると労働者が過剰になるという矛盾が生じるなど、労働政策的な問題もでてくる。

いずれにしても、人工化した環境が過剰になると、それに貧栄養化と温暖化がダブルパンチで効いてきてどうにもならない。海だけで見ていると解決策が見えないため、大地との関係を見ていかないといけない。そして気候変動は無策で行くのか、あるいは変わった環境にどう対処していくのかが問題になって

いる。

　これからの環境づくりとしては、温暖化に対して、世界を挙げてIPCC勧告に従って使いすぎを何とかしないといけない。不漁と貧栄養化の原因を究明しないといけない。そして田舎の香水が消えた大地の貧困化は、過度な都市化をやめ、都市から田舎へという回帰が必要になっている。

　そして物質循環を大切にした食環境づくり。今は生産から廃棄まで一方通行である。廃棄されるものをもう一度生産現場に戻していくという考え方がある。

11）天の政策と民の対策　「里海づくり」という付き合い方

　政府はいろんなところで科学的知見に基づく施策だということを盛んに言うわけだけれど、科学というのは研究者の仕事なので、研究者という「科学」が今、政治的にどのように利用されているのかという話に少し触れたいと思う。

　科学というのはまさにスポットライトで、究明しようとするところに強い光を当ててよく見えるようにするが、反対にスポットライトが当たると影が深まる。実は科学、科学とやっていると、見えない部分が増える。私たちは庶民の感覚で科学的に解明したらいいじゃないか、と言うけれど、実はそのおかげで見えなくなっているものも多い、ということを考えないといけない。

　一方、漁師の経験値というのは、見えない部分をどうやって見ようかと目を凝らしてきた知恵なのである。だからそこは大事だ。また、研究者は研究費に弱い。出資者に忖度しがちという点、研究者の言葉と現場とは通訳が必要だ、ということを言っておきたい。

　それから環境省は瀬戸法50周年で記念イベントを予定しているが、どう見てもその資料には、トップダウンの霞が関で考えることしか書いてない。事件は現場で起こっているんだ、ということを再認識したい。

　政府の出してくる、まさに「天の政策」だ。それに対して民も対策があるんだというのが中国の古くからの諺だが、人の手が加わることで、生産性と多様性の高い沿岸、これをどう作るか。政府は鉄とコンクリートによる国土強靱化と言うが、木と水と土を生かした、人の手を関わらせた国土の柔軟化をしていかないと、これからの災害には耐えられない。

　瀬戸内海だけでなく全国で漁業異変が起り、北海道ではブリやトラフグが獲れても、使い方がわからず困ってしまう。下関では料理教室をやっているが、手間がかかる。多くは消費拡大のために実施しているが、私は消費の質を改善し、面倒くさい！から脱出し、手間をかけることはコストや負担ではなく、喜

びであり自身の癒しにもなるということ、人間が生きていくうえで大事なこと
だとこの教室を通じて紹介している。

　瀬戸内海の問題の発信に尽力され、先だって亡くなられた柳哲雄さんが提唱
された里海づくり。私たち民の側としてできることはこの里海づくりではない
かと、これを引き継いで、今、私たちは松田治先生らと一緒に取り組んでいる

第2部　パネル討論 ―――――――――――――――――――――――――

1. パネル討論を始めるにあたり

――――――――――――――――― 湯浅一郎（環瀬戸内海会議共同代表）

　1年間の活動の結果、二つの報告書が今日付けでできている。117漁協のアン
ケートと66漁協の聞き取り調査を一つに取りまとめた『漁協調査報告書』。沿
岸11府県自治体への自治体調査報告書。ひとまずこの二つの報告書を素材にし、
「未来への提言」をまとめ、市民社会、国、自治体などへ提言として問題提起
していく準備をするのが第2部の趣旨である。今後、アンケート調査にご協力
いただいた117漁協に『漁協調査報告書』を送り、コメントや具体的な提案を
お願いし、それも踏まえて12月初めには提言ができるようにしたい。

　提言は、大まかに三つで構成する。一つ目は、この一年間の調査で見えたこ
との整理だ。海に力が無い、魚がいない等。青野の報告のワードクラウドでは
「いない」という言葉が特徴として出ていたが、聞き取り調査では複数の漁協
が話していた。またダム、河川改修、垂直護岸、河口堰、埋立て、人工島、そ
ういった人工構造物が、川から海への一連の物質循環を断絶させていることの
弊害が、海で暮らしを立てている人たちから様々な形で見えている。さらには
鷲尾さんも話されたクラゲについては1990年代以降大量に増えたが、垂直護岸
が増えクラゲが死ななくなったとも考えられる。砂浜があった頃は夏場にシケ
が来ればクラゲが砂浜に打ち上げられ死んでいたと漁師が言っていた。また垂
直護岸にはクラゲが卵を産みやすい、それに加え水温の上昇とクラゲの増加が
関連しているのではないかという点。これらは両方とも人的な結果起きている。
陸から砂と栄養が運ばれないことで海底の生物が減り、その分ハモが増えた。
ハモは獰猛でタコやイカ、カレイなど何でも食べてしまうので他の生き物が減
る。加えて農薬や合成洗剤、放射性物質などの人工合成物質の問題も半世紀以

上続いている。

　自治体アンケートでは、灘別の漁獲統計を2006年から水産庁がやめて、それから15年以上経過する中、自治体の水産部局の担当者の問題意識の中に、湾灘ごとに漁獲統計を作る風習がないことに驚いた。湾灘別の対応を考える基礎資料すら持っていない状況がもう10数年も続いている、ちょっと異常な状態だ。要望事項の中に入れたが、灘別漁獲統計を復活させるよう自治体の水産部局と水産庁へ求めていく。

　二つ目に未来に向けてなさねばならないことを三つに分けて整理した。まず「物質循環を断絶させる人工構造物は必要最小限にし、陸・川・海の境界をできるだけ物質循環を断絶させない構造にしていく」という考え方での様々な取組みを進める。広島県の横島漁協は、芦田川河口堰は文字どおり河口に堰を作ってそこを閉じてしまう。農業用水や工業用水の目的はあるにしても、これは開放すべきこととして要望に入れた。一級河川は河川ごとに河川整備計画を国交省で作っているが、その全体が物質循環を途絶えさせている。生物多様性保持の観点から見直すべきだ。とりあえず残っている自然海岸や砂浜は今のまま残すモラトリアムと、とりわけ新たな埋立ては基本的に無くしていく方向は必要だ。

　次に「有機物汚染以外の汚染リスク要因の規制強化と除去」。農薬、合成洗剤あるいは放射性物質。再稼働した伊方原発3号機はトリチウム等の放射性物質も日常的に放出している。それから温排水の問題。

　三つ目は生物多様性に関するもので、瀬戸内法の2015年の改正で、生物多様性及び生物生産性の確保という理念が掲げられて、その観点からも現在進行中の国際的な取組みに対応した形で、今年3月に生物多様性国家戦略が作られた。生物多様性基本法に基づいて各県は地域戦略を作っているが、新たな国家戦略に対応した形で地域戦略の改定作業が現在進行中だ。例えば山口県は来年6月に向けて地域戦略を改訂する。

　国家戦略の行動目標1-1、「陸と海の30％以上を保護区にする」は30by30と言われるが、この「以上」というのは、じつは環瀬戸内海会議と辺野古土砂搬出反対全国連絡協議会のパブコメでの意見書の結果入ったものだ。行動目標1-2は「劣化した生態系の30％以上の再生を進め、生態系ネットワーク形成に資する施策を実施する」という、自然再生に関するところ。残念ながら人工構造物、瀬戸内では特に大阪、広島、姫路など、ほとんどが垂直護岸により海と陸が分断されており、そういう状況の下ではこの行動目標1-2も頭に入れていくべき

だ。その際に意味があると思われるのは、2014年3月に環境省が日本周辺の海について、「生物多様性の観点から重要度の高い海域」を抽出している。沿岸270カ所、沖合表層20カ所、底層31カ所と三つの枠組で抽出している。瀬戸内海には57カ所あり、それをどう活かせるのかを考える必要がある。そういう場所は保護区にすべきだというモラトリアムを行うよう求めていく。

例として山口県東部の「長島・祝島周辺」のど真ん中は上関原発予定地で、ここにきて使用済み核燃料中間貯蔵施設を作るのでまず調査するという。埋立てそのものは伴わないが、大きな港湾施設を造らなければならず、海を壊すことになる。また先ほど鷲尾さんの話にもあった大阪湾の東半分はまだ富栄養化している。下層は貧酸素化が慢性化しているが、実は重要魚種の産卵場があり生物多様性の観点から重要度の高い海域だ。

それらを踏まえて国や地方自治体にどう要望していくか整理していく。例えば水産部局に対しては灘別の漁獲統計をもう一度作り直すべきだということも入れる。

ではこのあと、3人のパネラーからそれぞれ発題をしていただきたい。

---

2. 玉島で干潟と鳥を見る立場から

——————————— 西井弥生 (たましま 干潟と鳥の会 代表)

1) 漁協の聞き取り調査に参加して

岡山県倉敷市の南西部に位置する玉島地域で、干潟環境にやってくる鳥を見て10年程になるが、その中でも海の変化を感じることがたくさんあった。見える魚が少なくなってくる、貝類が減ってくる、見える魚種が変わったなど。

私が聞き取り調査に参加した動機は、この変化を、海を生活の場とされている漁業者の方はどう感じておられるだろう、と思ったからである。

岡山県備讃瀬戸東・西部の4漁協にうかがい聞き取りをしたが、どの漁協にも共通して出たのが、人工物、埋立てによる影響であった。玉島沖の人工島、児島湾の締め切り堤防、水島工業地帯などについてだった。その詳細はぜひ『漁協調査報告書』にてご覧いただきたい。

2）カワウ・カモの食害について

　岡山県の漁協でも挙がっていたカワウの食害と、カモの食害について、専門家ではないが少しお話ししてみたいと思う。

　日本の代表的なウの仲間に、カワウとウミウがいる。瀬戸内海で多くみられるのはカワウ、海にいてもカワウだ。双眼鏡などでよく見ると口角の部分が尖っているのがウミウ。背中の羽根が茶褐色なのがカワウ、緑っぽいのがウミウ、といった特徴があるが、光線の具合など、屋外で見分けるのは容易ではない。

　カワウの増加の理由については先ほど湯浅さんから説明された提言案の中にもあったが、垂直護岸で魚を捕まえやすくなった、ということが言われている。カワウが増えている時期と沿岸開発の時期が重なっていることもあり、これが一因だろうと考えられているようだ。また、追い払いで生息域が拡大したとも言われている。どれもカワウが悪いということは一つもない、ということをもの言えぬ鳥の代弁者としては訴えたいと思う。

　それからカモによるノリの食害だが、そもそも被害が増えたのか？という点。カモの食害量の定量的な調査が瀬戸内海では行われていないようで、食害原因はボラやチヌにもある。またノリの生育不良は原因が解明されていない部分もあり、カモだけが悪者ではないはずだ。

3）未来への提言、豊かな海とは

　瀬戸内法の「豊かな海」とは何なのか。カワウ、カモなど漁業の邪魔者がいなければいいのか。それくらいの生きものを養ってもあまるくらいなのが「豊かな海」ではないだろうか。

　瀬戸内法の附帯決議の磯浜復元はとても有効であると思う。人工物によって人間が壊してしまった環境を復元し、豊かな環境を取り戻す、魚の隠れ場所や生育場所を取り戻す、そのことで連鎖的に他にもいい影響が出てくるはずである。ぜひこれ以上生きものに負担をかけず、豊かな海を目指す方法として試していただきたい。

　どう進めたらよいのかは、市民団体も様々なノウハウ、データをもっていることだし、市民団体と自治体、国などが協働し、調査、対策と進めることができれば良い結果が生まれると考えている。

4) 「生物多様性の観点から重要度の高い海域」・玉島の抱える現状

　2023年10月現在も浚渫土砂の処分を進めている玉島ハーバーアイランド沖46haには、環境回復事業として10haの干潟造成計画があり、環境大臣から国土交通大臣に意見も出ていた。だが、現在は細長い海浜をつくる計画となっており、事業者である岡山県に質問しても、今後の見通しについてはっきりした回答は得られていない。また、現地の環境アセスメントの結果公表は2006年だったが、2005年の山陽新聞の記事では、干潟の計画は凍結し予算14億も他に流用した、などと報じられていた。

　現地は環境省の「生物多様性の観点から重要度の高い海域」に指定されている。指定の基準3、昆虫類ではルイスハンミョウが挙げられているが、岡山県ではすでに絶滅してしまっている。それからシロチドリも(営)とされているが、現在は人工島工事現場の片隅の裸地や荒れ地で細々と繁殖している。

　笠岡も同じく「生物多様性の観点から重要度の高い海域」に指定されており、コアジサシが(営)とされているが、笠岡での繁殖は見られず、玉島の人工島の空き地を頼って繁殖にやってくる状況が続いている。こんな現状がある中、海浜などとお茶を濁している場合ではない。生物多様性保全について、市民の声を聞き、真剣に対策をしなければならない。現在の玉島地域は豊かな海とは程遠い現状なのだ。　　＊(営)=営巣の意味

---

3. 淡路島の海と大地と空を守りたい

──────── 安藤眞一（日本自由メソヂスト布施源氏ケ丘教会主任牧師）

1) 海を守る

　大阪湾の海底の生物調査や海岸線調査も讃岐田先生に指導していただいた。淡路島180kmの海岸線調査なども行ってきた。

　淡路島の大阪湾側に昔は志筑（シズキ）というところがあり、そこの233ha、甲子園球場の55個分が埋立てられたのだ。私たちは反対運動を頑張った。なぜならここに、数え切れないほどの石油コンビナート、原油基地をつくるという前提があったからだ。地元の人々、つなごう職員の会、医療協組、労働組合のみなさんと共に、とにかく5年頑張った。しかし漁業者との調印で漁業権放棄

するため残念ながら埋立てされた。

　しかし上物の石油CTS基地は阻止した。その結果年月はさかのぼり阪神淡路大震災。原油タンクというのは下に全く杭を打たず乗せているだけなので液状化したら爆発する。事実、阪神地区の原油タンクはみな爆発した。もしこの30基近くが爆発したら大阪湾は、津名町の街は火の海だったのだが、これを何とか阻止できた。その時は、これは負けた！と思っても、提言や阻止、変更させる、ということが、10年、20年、30年先絶対に、本当に自然を守る、命を守るということになっていくのだ。

2）大地を守る

　大地を守るということでは立ち木トラストだ。これはもう環瀬戸内海会議の大いなる支援を受け、10年程かかったのだが、新井組という小規模のゼネコンが、津名町の山間へき地を買い漁り、ゴルフ場を作ろうとしたのを立ち木トラストで食い止めた。ここはノシランというレッドデータブックに出てくる植物の自生地であった。主には立ち木トラストで絶対に譲らへん！ということで頑張った。

　それから淡路に関西空港、今泉佐野の沖だが、最初は淡路島だったのだ。中曽根運輸大臣が当時来て、淡路に決めた！と。ここから僕らの闘いが始まったわけだ。

　まず初めに立ち上がったのが室津の漁師。漁師がむしろ旗を立てて、兵庫県へ抗議に行っていたのだ。そういった強烈な反対運動をやって10年かかったが淡路から追い出した。

　しかし推進側は利権絡み、儲けたい、ということでどうしたかというと、点々と、高砂沖、神戸沖、最終的に泉州沖になったわけ。神戸沖の時は、今神戸空港作られているが、その時は反対決議がすごかった。その後は、残念ながら神戸空港は推進決議になってしまい神戸空港になってしまっている。

　明石海峡大橋も本当は作らせてはいけなかった。明石海峡大橋は最初、新幹線が通る大橋の計画だったのだ。左側に新幹線、右側に本土導水管。本土導水管だけは許したが、新幹線は止めた。それはもう空港がなくなったので、新幹線も消えた、ということになったわけであるが。

3）　空を守る

　それから淡路の空を守りたい、は30年ほど前からやっていることである。2023年8月10日の朝日新聞の大阪版に、「淡路の空、騒音から守りたい！飛行ル

ートの現状、東大阪の牧師・安藤さんに聞く」と記事が出た。これは朝日新聞としての思惑があり、飛行ルート問題は兵庫と大阪と和歌山の三府県が合わさっているため、大阪版に出すことによって問題提起をされているわけだ。淡路の空を守るということ、まとめとして命のバトンリレーは私たちの使命、ということである。実は50年間近くやっているが大変である。バッシングなど色々な目に遭う。でも喜びとともに頑張ろうな、ということをお伝えしたい。

　これは淡路島だけではなく、全国の小さな空港から大きな空港までとんでもないことを政府や財界がやっているということであり、広島空港とか皆さんのところにもあることなのだ。これは他人ごとではないのである。

4.「未来への提言」に関して

鷲尾圭司

1) 調査から見えてきたことに関して

　♦ この50年とはいえ、ここ10年の急変に驚いている。

　♦ 温暖化、貧栄養、人工海岸化の弊害、海砂不足、クラゲの海

　♦ 新漁業法の沿岸漁業軽視＋地方自治体の無策

2)「未来に向けて」に関して

　♦ 港湾部局は次の公共事業を求めていて、自然修復案を求めている。

　♦ 河川行政と海岸行政の分断から土砂供給の連続性を回復させる。

　♦ いまだに続く「埋立て」の背景：航路浚渫土砂、スラグの排出

　♦ 愛知目標の10%保護区は「日本型海洋保護区」として瀬戸内海の大部
　　分がすでに保護区（MPA）指定されている。・・・現場は知らない！

　日本のMPAは、①起源の異なる既存の制度を追認し、②水産資源管理を目的にしたものが多く、③行政主導型と地域主導型の管理手法を用いた制度が混在している。

　瀬戸内海の90数パーセントはすでに海洋保護区に設定されており、新たに加える余地がほとんどないというのが現状である。釣田・松田による表5-1は我が国の海洋保護区域がどうなっているかを表している。1〜5番が自然海浜保全

表5-1　日本のＭＰＡに該当する制度

（環境省2011、日本自然保護協会2012、Yagi et al.2010をもとに釣田・松田作成）

番号	名称		根拠法（制定年）	関係官庁	管理主体 国	地方公共団体	その他	領海＋FFZ面積比	数
1	海域公園地区及び普通地域・・自然公園	国立公園	自然公園法（1957）	環境省	◎	－	－	0.4165%	82
		国定公園	自然公園法（1957）	環境省	○	◎	－		
		都道府県立自然公園	都道府県条例	環境省	○	◎	－		
2	自然海浜保全地区		瀬戸内海環境保全特別措置法（1973）	環境省	○	◎	－	－	－
3	自然環境保全地域（海中特別地区）		自然環境保全法（1972）	環境省	◎	○	－	0.00003%	1
4	特別保護地区（鳥獣保護区、鳥獣保護区）	国指定	鳥獣の保護及び狩猟の適正化に関する法律（2002）	環境省	◎	○	－	0.0109%	23
		都道府県指定		環境省	○	◎	－		
5	生息地等保護区		絶滅のおそれのある野生動植物の種の保存に関する法律（1992）	環境省	◎	○	－	－	－
6	天然記念物		文化財保護法（1950）	文化庁	◎	◎	－	－	－
7	保護水面		水産資源保護法（1951）	水産庁	◎	○	－	0.0007%	52
8	沿岸域水産資源開発区域 指定海域（沿岸域水産資源開発区域、指定海域）		海洋水産資源開発促進法（1971）	水産庁	○	◎		6.9382%	
9	共同漁業権区域		漁業法（1949）	水産庁	○	◎	◎	2.0042%	616
10	各種指定区域（都道府県漁業者、団体等による）	採種規制区域	水産資源保護法（1951）水産業協同組合法（1948）	水産庁	○	○	◎	－	387
		資源管理規定対象水面、組合の自主管理区域	漁業法（1949）		○	○	◎	－	
合　計								9.37053%	1161

名称と根拠法：環境省2011　領海＋EEZ面積比：自然保護協会2012（重複面積を除いていない）
数：Yagi et al.2010　　◎：主体　○：関係組織　－：対処外・データ不足

出典：釣田いずみ・松田治「日本の海洋保護区制度の特徴と課題」、沿岸域学会誌、Vol.26 Ｎo.3、pp.93-104（2013年12月）

地区、国立公園などだが、5までが環境省の所管。その他、天然記念物は文化庁、以下、7〜10が水産庁、あるいは都道府県となる。面積的に言うと環境省が所管しているのは瀬戸内海の中で2〜3％である。だからあれこれやると言えるが、実態としては9番の共同漁業権区域。漁協の方にとって、まさに生活の場。目の前の海の共同漁業権区域、漁業権を持った海として設定されている、これが海洋保護区である。

　日本型の海洋保護区というのは、何らかの法的な枠組みで持続的に利用できるような話が書いてあればそれは保護区だ、とされている。そのため場合によってそこに構造物をつくるということも、漁業権者が同意すればできてしまうのが現状である。

　共同漁業権区域の外側にも沖合水域があるが、それはその次の指定区域、都道府県漁業者団体各種指定区域というのがあり、漁業調整委員会が管理している。これでほぼ90％の瀬戸内海はすでに海洋保護区になっている。

　日本全国で言うと、このかたちで8.3％の日本の周りの水域が海洋保護区に指定され、国連にも報告されている。ところが愛知目標では10％であった。残りの2％くらいは伊豆海嶺に沿った深海底にいる貴重な生きもののため海底の開発を止める、という新しい法律を作って、それで13％まで行っているのが現状だ。

　今後は30％に増やすことになっていて、同じような海洋保護区では間に合わないため、OECMといって何等かそれに代わる方法で指定できそうなところを物色している。わが国の二百海里水域というのはものすごく広くて、その中の底曳網漁業で管理しているところを指定すれば30％超えるんじゃないかというのが環境省と水産庁の皮算用だ。だがそれは国際的に、生物多様性条約に批准している国々に向けての説明のために環境省が机の上で鉛筆なめているだけの話である。

　ここに示されたものが海洋保護区だということはみなさんご存じないと思うし、共同漁業権区域を保護区にした覚えはない、というふうに思っているのが

現状である。これは都道府県の自治体職員もそうだ。環境省がトップダウンで発して国際的に説明しているだけのことで、国内的な国民のコンセンサスなんて一切取られていないというのが現状である。だからこの30by30もいかに進めていこうとも絵にかいた餅。ただし、そんなことをやっていたら、やがて国際機関が実際ちゃんとや

っているのかと査察に来る。その時に漁業者にインタ
ビューされ、知らんで！と言われたら困るので、イン
タビューされてもいいような場所を作らないといけな
い、ということで今慌てて自然海浜保全地区の中か
ら、自然共生サイトに登録してもらう、という作業を
やっている。

　大阪府阪南市の沿岸で、養浜の網の内側にアマモを植えて自然再生をしてい
る場所があるが、そこを自然共生サイトと認定している。自然海浜保全地区登
録が今、全国でこの1件だけである。そこをモデルにし、宣伝しようとしてい
るだけである。

　他にも里海づくりとしてアマモの再生などしているところがあるが、それが
環境省の自然共生サイトに登録しようと思ったらものすごく登録手続きがやや
こしい。だからそんなのいちいち手間かけてやっていられないとほったらかし
にされている、これが現状だ。

　また、海面まで出る埋立ては、瀬戸内法の関係でやりにくくなっている。そ
れで考えているのが環境修復のための、藻場干潟以前の、浅場づくり、という
ことだ。日の当たる浅いところが必要で、それは環境修復として認められやす
い。そこに、問題になっている浚渫土砂とか鉄鋼スラグ、製鉄所のガラ、そう
いったものを放り込もうと事務局は考えているようだ。

5.　[特別報告]
　　使用済み核燃料中間貯蔵施設に抗して

―――――――――――――――― 三浦 翠（原発いらん！山口ネットワーク）

　8月2日に中国電力が上関町に原発の使用済み核燃料中間貯蔵施設の立地可能
性調査をしたいと申し入れに来た。8月18日に町議会議員10人の意見を聴いて、
西哲夫町長は受け入れると回答してしまった。

　10人のうち30代、40代の3人が祝島出身でまちづくりのことを考えて反対し
たが、75歳の町長はじめ他の高齢議員は金のことしか考えていないのだ。上関
は1982年に原発計画が持ち込まれて、それから賛否両論に分かれ、推進の人た
ちは原子力村に洗脳されて放射能の危険性など考えていない。中間貯蔵施設に

ついても、茨城県東海村にある同じような貯蔵施設の保管容器（キャスク）に触ってみたけれど大丈夫だったから安全だと。こういうものなら来てもらってもいいと判断してしまった。

　調査地は、中国電力の所有地の中なので阻止することはなかなか難しい。詳しく話したいが時間がないので、別の機会にしたい。

＜補遺　中間貯蔵施設の問題点＞

　原発の使用済み燃料は、本来は再処理工場に運んでプルトニウムと燃え残りのウランを取り出す計画だったが、青森県六ケ所村で建設されている再処理工場の稼働のめどが立たず行き場をなくしている。運び出すことができなければ原発の使用済み燃料プールが満杯になり、原発の運転はできなくなる。そこで、その場しのぎの策として考えられたのが、使用済み核燃料を原発の敷地外で大規模に保管する中間貯蔵施設だ。「中間」と名前がついているが、50年間とされる貯蔵期間終了後に再処理工場に運び出せる見込みはなく、一度受け入れると永久的な貯蔵になることが懸念される。

　上関町に申し入れた中国電力は、「施設規模や経済性等を勘案する中で、当社単独での建設・運営は難しい」とし、関西電力との共同開発だと説明している。関電は既に原発を再稼働させていて、最も早く使用済み燃料プールが満杯になると想定されており、立地調査は関電のためというのが大方の見方だ。

　関電が使用済燃料対策推進計画で2030年頃に操業開始するとしてきたのは2000tU規模で、島根原発の使用済み燃料プールの管理容量680tUの約3倍に当たる。上関の施設規模は未定だが、2,000tUの使用済み核燃料には広島原爆6〜8万発分の死の灰が含まれている。中間貯蔵施設は、原発と比べれば事故の危険性は小さいかもしれない。しかし、使用済み燃料を集中保管するため、ひとたびテロや自然災害で放射能が漏れだすようなことがあれば、災害源としては原発よりも大きくなる可能性がある。

上関・中間貯蔵施設の計画が…
（2023.8.4中国新聞デジタル）

　中間貯蔵施設自体は、使用済み燃料を入れた容器を並べて保管する倉庫のようなものだが、原発から船で運ばれた輸送容器の搬入のための港が必要である。調査地点に隣接する場所に港を建設するとなると、浚渫、埋立て、防波堤の建設など大規模な海の改変工事が必要になる。上関原発候補地の田ノ浦海岸は貴重な生物の生息地として有名だが、田ノ浦海岸南東に位置す

る調査地区に面する海岸も含め長島、祝島一帯は、環境省が2016年に公表した「生物多様性の観点から重要度の高い海域」のひとつである。新生物多様性国家戦略で「陸域及び海域の30%以上を保護地域にする」との行動目標が掲げられる中、貴重な生態系を破壊する改変は許されない。

　また、調査地区は現在小高い森林であり、この場所に建設するとなれば、大規模な森林伐採と平地にするための切土造成工事が必要になる。陸域の大幅な改変が海に悪影響を与えることも容易に想像できる。

　突然の調査申し入れを説明されていなかった上関町周辺の市町は、なぜ関電の使用済み核燃料を山口県に持ってこなければならないのかと反発している。中国電力は、当初計画した2023年中の現地での伐採作業に着手することができなかった。調査を阻止することはできなくても、上関に中間貯蔵施設を作らせないことは十分可能だし、そうしなければならない。

コラム7 ◎ 播磨灘を守る会・青木敬介さんのこと

　播磨灘を守る会の略年表などによれば、1971年5月「瀬戸内海汚染総合調査団」が関西の大学生を中心に結成され、瀬戸内海全域の実態調査を進めていた。播磨では飾磨・岩見・家島の漁民・住民がこれに協力した。その中心に岩見の寺・西念寺の住職青木敬介さんがおられた。調査団では「東の青木、西の藤岡」と言われていたと聞く。西の藤岡とは、呉市の当時中学理科教師で「呉市周辺の生物種の変遷」の調査をしていた故藤岡義隆さんのこと。

　油汚染と赤潮による漁業の壊滅的被害が進んでいた7月、播磨灘では漁民と学生・住民の手で海水状況調査を進め、翌1972年5月「播磨灘を守る会」が発足した。以来、赤潮訴訟、油汚染、コンビナートの排水垂れ流し、ばい煙による松枯れ、更には廃PCB焼却、LNG基地建設のための埋立て差止訴訟、揖保川流域下水道・終末処理場反対運動…相次ぐ様々な環境破壊に取組んできた。

　1986年8月、播磨灘を守る会は15周年記念フォーラムを開催し、「播磨の海よ！蘇れ」シンポジウムの席上、参加漁民から「埋立て遊休地を浜へもどせ」の提案がされた。以後「磯浜復元」をキーワードに活動を進めることになった。また連動して足元の海・舞子海岸のラムサール条約湿地登録をめざした。

　そして、1990年5月の環瀬戸内海会議結成に参加し副代表として、環瀬戸内海会議の活動をけん引してきた。青木さんは、干潟・藻場の埋立てによる環境破壊を批判し、

早くから瀬戸内法を「ザル法」と断じ「法改正を、埋立てを止めろ、埋立て地を元に戻せ、磯浜復元を」と主張した。

環瀬戸内海会議は2003年6月、青木さんの地元・兵庫県たつの市で開催した第14回総会で青木さん起案の「脱埋立て宣言」を採択し、以来、瀬戸内法改正運動・署名活動を進めることを決議した。

そんな折、環瀬戸内海会議は2003年7月、第12回田尻賞を受賞した。環瀬戸内海会議副代表を務める青木さんたち播磨灘を守る会の30数年にわたる活動も評価されての受賞だった。賞の主宰者田尻宗昭記念基金が、受賞理由など取りまとめた『なにやってんだ行動しよう　田尻寄金賞の人びと』（アットワークス　2008年刊）には、次のように記録されている。「・・・同会議の中心的存在である『播磨灘を守る会』（兵庫県・青木敬介代表）は結成からすでに30数年を数えるが、播磨灘の自然環境破壊の状況を定点観測によって明らかにする継続的な取り組みを行ない、自然保護が情緒的でなく科学的な取り組みの積み重ねによって多くの人々の共感を得るものであることを示し、同会議の基本的なスタンスともなっている。・・・」田尻宗昭記念基金は、海上保安部に在職、海のGメン、公害Gメンといわれた故田尻宗昭氏（1990年死去）の活動の精神を伝えようと、香典と寄付を原資に92年に設立され、始まったのが田尻賞である。

ところで環瀬戸内海会議は2003年以後、各地での瀬戸内法改正フォーラムの開催、瀬戸内法改正キャラバン、街頭署名活動、そして国会議員への瀬戸内法改正に理解を求めるロビー活動をコツコツと積み上げてきた。取組みの中心には常に青木さんがいた。そして2015年の法改正、2021年の見直しと一歩進んだ。

青木敬介さんは残念ながら、2019年6月1日ご逝去された。2020年5月末「青木敬介さんをしのぶ会」開催の準備を進めたが、コロナ禍の急拡大で中止せざるを得なかった。それから3年余実現出来ていないことに忸怩たる思いである。

瀬戸内海の環境保全のためには不十分な法改正だが、青木さんが長年提起してきた「磯浜復元」など、環瀬戸内海会議の提案で2021年法改正時の附帯決議に盛り込まれたことを青木さんの墓前に報告したい。　　　　　　　　　　　　　　（文：松本宣崇）

2019年5月6日、自宅療養中の青木さんをお見舞いしました。この時がお会いした最後の場となりました。

第6章 未来への提言

　神戸シンポ第2部パネル討論「未来への提言」での議論を前提として、プロジェクト企画会議として数回の検討を重ね、12月1日、最終案を固めた。2023年を通して実施してきたプロジェクトの全体から、次の時代へ向けて社会に発信していくものである。

　立憲民主党の近藤昭一議員を紹介議員として、12月12日、衆議院第1議員会館面談室において、環境省・農林水産省・国土交通省に「瀬戸内法50年プロジェクト」活動の全体像を伝え、最後にまとめた「未来への提言」を提出した。申し入れには、予想を超える政府の担当者16人が参加した。提起した「未来への提言」をそのまま第6章とする。加えて、「未来への提言」における国への要望に対する回答を「資料2」（P299〜）とする。

写真：愛媛県八幡浜　佐田岬。戦時中は瀬戸内海への敵艦侵入を防御する要塞基地でもあった。今もその旧施設の一部が残る　（2006.7.17）

2022年11月にスタートした瀬戸内法50年プロジェクトは、ほぼ1年にわたり行動し、2023年10日1日、二つの報告書を刊行した。「瀬戸内海の水産・海洋生物と環境の変化に関する調査報告書」（以下「漁協調査報告書」）と「自治体アンケート調査報告書」（以下「自治体調査報告書」）である。

　これらの成果を基礎に、報告書に対する見解や反応、報告書から見えてきたことを踏まえて、状況を打開していくために何が求められているかを考察し、「未来への提言」を作成した。これを社会に向けて発信していきたい。

 ## 1. 調査から見えてきたこと

　なすべきことを考える前提として、調査から見えてきたことを改めて整理すると以下のようになる。

1）漁業、生態系の変遷

(1) 半世紀にわたる漁業の変遷は、大きく3期にわかれるが、最近10年の変化の劇的さが際立っている。漁獲量は1960年代後半からの富栄養化に伴い急増し、1985年にピークに達する。その後、減少傾向に入るが、2010年頃からのイカナゴ、タチウオ、カレイを初めとした多くの魚種の急激な減少が目立つ。これは瀬戸内海の環境が大きな変化をしつつある可能性を示唆しており、今、海の生態系や生物多様性に関して何が起きているのかを注視していく必要がある。

(2) 「海に力がない」「魚がいない」という言葉が各地で共通に聞かれた。具体的には、栄養塩の不足、動植物プランクトンが少ない、クラゲの大量発生などに伴う食物連鎖構造の変化などがあげられる。

(3) 漁業に深刻な影響をもたらしているクラゲの大量発生は、垂直護岸が増えたことで、シケが来てもクラゲが死ななくなったことや卵を産みやすくなるなど、及び水温の上昇などが重なって起きている可能性が高い。

(4) 各地でカワウが増え、稚魚を捕食するなどの食害が出ている。垂直護岸の増加で魚を捕まえやすくなったことが一因と言われる。

(5) 有機物汚染以外のリスク要因として、農薬、合成洗剤、放射性物質などの人工合成物質による環境への悪影響が重層的に作用している。カニ、エビなどの甲殻類は農薬（ネオニコチノイド系など）に特に弱いとされる。

(6) 長期にわたる生物相をモニタリングしてきた呉の海岸生物調査から生物種

数は1960年代からの10数年で一気に減少し、そこへの回復は見込めない。スナメリクジラは周防灘を中心に一定の生息が保持されてきたが、生息域が広島湾、大阪湾、備後灘などにやや拡大している。カブトガニは周防灘の海岸線を中心に生息が保持され、東限は竹原市周辺とみられてきたが、日生、松永湾でも生息の可能性がある。

2）人工構造物の漁業や生態系への影響

(1) この50年間、漁業者は日々、苦悩し、漁業の将来に展望や期待を見いだせないまま、先の見えない困難と闘いながら苦悩し、悲鳴をあげている。一方で、漁業者には、少しでも良くなるためなら何でもするという意欲があることも確認できる。

(2) 苦悩の要因は、埋立て・垂直護岸・河川工事・ダムなどの人工構造物による「海の環境の変化」、一次産業軽視の政策の中で漁業で生計を立てることの社会経済的困難性、後継者不足など多岐にわたる。

(3) ダム、河川改修、垂直護岸、河口堰、埋立て、人工島といった一連の人工構造物が、物質循環を断絶させていることの弊害が多様な形態で起きている。これは1960年代から半世紀以上にわたり瀬戸内海全域で共通に行われてきたことであり、その結果が、長年のつけとして表面化していることが、多くの漁民の証言からわかる。人工構造物による弊害を少しでも小さくすることが大きな課題である。

(4) 多くの漁業者が、ダムや堰堤により砂が陸から海に運ばれてこないことで、海底が泥っぽくなり、底物が軒並み減っているとする。同時に獰猛で、タコ、イカ、エビなどなんでも食べてしまうハモが増えている。またダムや河口堰により栄養塩の海への流入量が減少してしまった。陸から砂と栄養塩が来るようにする必要がある。この背景には、ダムの水が工業用、農業用、飲料水用にとられ、川に流れないことが関わっているとみられる。

3）自治体アンケートから

　自治体調査報告書で判明した瀬戸内海の全ての自治体の水産部局が、2006年以降、灘別漁獲統計を有していない事実は衝撃である。これは、担当する海域全体の水産生物や水産業の実情をトータルに把握し、問題点を見出そうとする姿勢がない可能性を示唆している。

　また、今後も海水温の上昇が避けられないと考えられる中、

その影響を緩和する適応策を実施している水産部局が少ないことも、将来に不安を感じさせる。

 2. 未来に向けてなすべきこと

1）物質循環を断絶させる人工構造物は必要最小限にし、陸・川・海の境界をできるだけ物質循環を断絶させない構造にしていく。

(1)垂直護岸を砂浜に戻す—「磯浜復元」により、潮汐に伴う海水の出入りにより自然の力で砂浜や磯場を復元する。

(2)埋立て地・人工島を元に戻したり緩傾斜護岸にすることは困難かもしれないが、垂直護岸に対して多様なエコシステム化技術を利用する。

(3)河口堰は開放するか、壊す（芦田川）。河口堰は川と海の境界を閉じてしまうので、砂、栄養が海に流れなくなった。

(4)河川では常に水が流れ、砂、栄養が海に移動することに配慮して、ダムを運用する。

(5)河川に何重にもある堰堤のありようを見直す。

(6)上記3〜5を含め各河川ごとに作られている河川整備計画の全体を物質循環の促進や生物多様性保持の観点から見直す。

(7)一方で、残された場（砂浜、干潟、岩礁海岸など）は残し、環境の悪化が認められる場合には、生物多様性保全の観点から良好な環境が保てるよう、積極的に保全や再生に取り組む。

(8)とりわけ新たな埋立ては小規模でも禁止する。

2）有機物汚染以外の汚染リスク要因の規制強化と除去

(1)農薬の使用基準を厳しくし、トータルな使用料を削減する。

(2)合成洗剤の使用量を削減する。

(3)3号機が再稼働している伊方原発からのトリチウム等の放射性物質の放出中止を求める。

(4)水温上昇による水産生物への影響が俎上に上っている今、常時、放熱する発電所を中心とした温排水の環境への影響を重視する。

(5)ステンレス製の釣り具を禁止し腐食性の金具にするなど、漁具、養殖資材や釣り具などは可能な限り自然に負荷を与えない方法に切り替えていく。

３）「生物多様性国家戦略」及び「生物多様性地域戦略」の思想を環境施策に盛り込む

(1) 環境基本計画の策定や施策に当っては「生物多様性国家戦略」及び「生物多様性地域戦略」推進との関係性を念頭に置き、環境省や各県の環境基本計画にそれらの行動目標を盛り込む。例えば、以下を盛り込む。

　（ア）行動目標1-1「陸域及び海域の30％以上を保護地域及びOECMにより保全する」（30by30）

　（イ）行動目標1-2「劣化した生態系の30％以上の再生を進め、生態系ネットワーク形成に資する施策を実施する」

　（イ）は人工構造物の弊害を減らす努力そのものであり、磯浜復元や緩傾斜護岸、多様なエコシステム技術の適用などは、それを具体的に実践することになる。

(2) 上記(1)（ア）は、沖合域を海洋保護区にすることで収めてしまうのでなく、市民の暮らしにもっとも身近な沿岸域を対象の中心に据えるべきである。

(3) 2020年までに「海の10％を保護区にする」とした愛知目標に沿って、水産資源開発区域指定海域と共同漁業権区域が海洋保護区として指定されたとされる。既に保護区に指定された海域は、2016年に環境省が公表した270の「生物多様性の観点から重要度の高い海域」の約68％に相当しているとされているが、環境省は、それらのすべてを地図で明確に示すよう要請する。

(4) 瀬戸内海にある57の「生物多様性の観点から重要度の高い海域」でも同様の構図とみられるが、「重要度の高い海域」で保護区になっていない海域をまず保護区にして、少なくとも人工構造物を設置しないモラトリアムを行う。

(5) 例えば、「長島・祝島周辺」（海域番号13708）の中で埋立てや使用済み核燃料の持ち込みに必要な港湾施設の建設などはせず、原発や使用済み核燃料「中間」貯蔵施設などの建設計画を中止するよう要請する。

(6) 「大阪湾」（海域番号13405）は半世紀を超えて貧酸素化が慢性化しており、複数の魚種の産卵域を保持するために貧酸素水塊を無くす方策を打ち出すべきである。環境省が音頭をとり大阪湾に関する湾・灘協議会を設置して検討すべきである。流入負荷の削減、神戸空港を初めとした多くの埋立て等による閉鎖性の強化などへの対応という大きな課題がある。

3. 国、地方自治体への要望

<政府機関>

[環境省]

1. 瀬戸内海環境保全基本計画に、第6次生物多様性国家戦略の行動目標1-1「陸と海の30%以上を保護区にする」(30by30)、行動目標1-2「劣化した生態系の30%以上の再生を進め、生態系ネットワーク形成に資する施策を実施する」を盛り込む。

2. それとは別に愛知目標の2020年までに「海の10%を保護区にする」に沿った瀬戸内海の海洋保護区をすべて地図で公開すること。

3. 行動目標1-1を推進するため、環境省が2016年に公表した「生物多様性の観点から重要度の高い海域」の中で瀬戸内海にある57海域で、まだ海洋保護区とされていない海域を「30by30」の対象とする方向で検討する。

4. 人工構造物による海への影響に関し見解をまとめるべきである。その際、漁業者の聞き取りをした漁協調査報告書を活かすよう要請する。

5. 瀬戸内法の第13条(埋立て等についての特別の配慮)を「すべての埋立てを禁止する」に改正する。

6. 瀬戸内法に規定されている湾・灘協議会を意義のあるものとするために、関係府県と協議すること。例えば大阪湾に関しては、大阪府、兵庫県が合同で組織化する必要があり、それを具体化するためには環境省も関わるべきである。

7. 海洋に流出するプラスチックごみの削減のため、使用量の大幅削減目標を定め、使い捨て製品での使用禁止を含む法的拘束力のある施策を検討、実施すること。特に洗い流しのスクラブ製品に含むマイクロビーズは禁止すること。

8. 3号機が再稼働している伊方原発からのトリチウム等の放射性物質の放出中止を求める。

[農林水産省]

1. 海域ごとの水産施策を考えるにあたって不可欠な資料として灘別漁獲統計を復活すること。

2. 食料自給率の低下が喫緊の課題となっているにもかかわらず、沿岸漁業の近未来は見えず、むしろいつまで続けられるのかという不安が渦巻いている。これを打開するために漁協調査報告書を素材として、漁業者の直面している課題とこれからにつき、議論を起こすこと。

3. 漁業従事者の減少に対する対策につき、経済的な自立のための支援を含め

包括的に見直すこと。

4. プラスチックごみの回収と回収にかかわった漁民への報酬が確保されるようなシステムをつくること。

[国土交通省]

1. 漁協調査報告書や漁業者から直接、意見を聞くなどして、ダム・河川工事・垂直護岸・海面埋立て・人工島など人工構造物により、「陸から海へ栄養塩や砂が流入しない」、「海底が泥っぽくなり、底ものが採れない」など水産業へ多くのマイナス要因となっていることがわかったことを確認すること。特にダムの水は工業、農業、飲料水にとられ、川には流れないことも重要である。こうした観点から各河川の河川整備計画など国土交通省の施策の在り方を物質循環の促進や生物多様性保持の観点から見直すこと。

2. 芦田川河口堰を開放すること。

3. 自然の水の流れを重視し、ダムの水を定期的に海に流すこと。

[厚生労働省]

1. 農薬の使用基準を厳しくし、トータルな使用料を削減する。

2. 合成洗剤の使用量を削減する。

＜自治体＞

[環境部局]

1. 瀬戸内海の保全再生は湾灘ごとの実情に応じて取り組むとした瀬戸内法2015年改正の方針を守り、各府県の環境保全計画が湾灘ごとの計画となるよう見直すこと。また、湾・灘協議会も湾灘ごとに設置すること。一つの海域に複数の府県が関わる場合は、環境省とも協議しつつ複数府県で湾・灘協議会を組織化すること。

2. 栄養塩管理計画の検討、策定にあたっては、市民団体代表を含む広範なメンバーで構成されるよう湾・灘協議会を改組して、その意見を踏まえること。

3. 2021年瀬戸内法改正で、「水際等で藻場等が再生・創出された区域等」も指定可能になった自然海浜保全地区に、新たに指定できる区域の有無を調査し、必要な指定を行うこと。

4. 各府県の環境保全計画に2023年国家戦略に対応して改訂される生物多様性地域戦略には、国家戦略の行動目標1-1「陸と海の30%以上を保護区にする」（30by30）、行動目標1-2「劣化した生態系の30%以上の再生を進め、生態系ネットワーク形成に資する施策を実施する」を盛り込むこと。

5. 行動目標1-1を推進するため、環境省が2016年に公表した「生物多様性の観点から重要度の高い海域」で瀬戸内海にある57海域を「30by30」の対象とする方向で検討すること。
6. 関係府県として人工構造物による海への影響に関し見解をまとめるべきである。その際、漁業者の聞き取りをした漁協調査報告書を活かしてほしい。

[水産部局]
1. 海域ごとの水産業の実態を分析するために、水産庁とも協議しながら灘別漁獲統計を復活させること。
2. 食料自給率の低下が喫緊の課題となっているにもかかわらず、瀬戸内海漁業の近未来は見えず、むしろいつまで続けられるのかという不安が渦巻いている。これを打開するために漁協調査報告書を素材として、漁業者の直面している課題とこれからにつき、議論を起こすこと。
3. 漁業従事者の減少に対する対策につき、経済的な自立のための支援を含め包括的に見直すこと。
4. 海水温の上昇に対する適応策を検討、実施すること。

 # 4. 市民としての取組み

1. 行政による湾・灘協議会が形式的な域にとどまっている現状においては、市民としての継続的な取り組みが重要である。「瀬戸内法50年プロジェクト」でできた漁協や市民とのつながりを活かしつつ、海域ごとの特性に応じたあり方の検討をめざして、漁民、釣り人など幅広く参加を呼びかけた意見交換会の開催などを播磨灘、燧灘、豊後水道、周防灘など具体化できそうなところから始める。
2. プラスチックごみの回収から対処にいたるプロセス全体の問題点を明らかにし、より良い方法を見出す方策を検討するために、先駆的な行動を進めている漁協とも連携した取り組みをモデル的に始める。
3. 長期にわたる生物多様性モニターの唯一の例である呉の海岸生物調査を継続する。スナメリクジラ、カブトガニのモニターを推進する。
4. 本プロジェクトの報告書を社会に発信し、生物多様性と生物生産性の確保を目指して社会全体の課題となるよう市民としての活動を継続する。そのために政府（環境省・農林水産省・国土交通省）、自治体（環境・水産部

局）への働きかけを進める。また政府や自治体の動きを活性化させるため、院内集会などを通じて国会議員、政党にプロジェクトの報告書や提言を提示し、共に行動しようと呼びかけていく。

コラム8 ◎ 住民がみた瀬戸内海－瀬戸内法から25年・50年を経て－

　環瀬戸内海会議は、1996年に瀬戸内法改正プロジェクトを立ち上げ、その一環として会員対象のアンケートを実施した（瀬戸内トラストニュース第14号・第15号参照）。2023年11月、同じ内容のアンケートをGoogleformで会員に実施したところ、28名から回答があった。ここでは、2回のアンケートの結果を比較して、住民目線から瀬戸内海の環境の変化を探ってみたい。

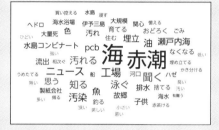

「瀬戸内海の危機」が叫ばれたころの思い出はあるか

　各回のアンケートで、半数程度の人が「はい」と回答している。両者の回答を合わせた頻出語は、高度経済成長により海洋汚染や富栄養化が発生し「瀕死の海」とさえ呼ばれた瀬戸内海を映し出している。

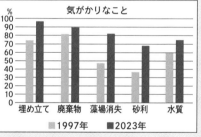

瀬戸内法成立後の25年間（50年間）の変化（複数回答）

　1997年の「悪くなった」理由では、埋立てやゴミ、川の汚染、豊島の産廃排水などがあった。2023年は「良くなった」が「悪くなった」を上回るが、「その他」が多い。これは、一見きれいになったように見えるが、生物多様性の点から疑問視する意見があることを示している。

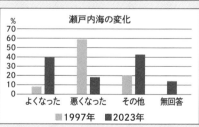

瀬戸内海の環境問題で気がかりなこと

　いずれも、今回の調査の方が比率が高くなった。問題意識の高い人からの回答が影響した可能性もある。航路浚渫土砂の処分、基地・原発予定地のための埋立て、プラスチック、原発の温排水、放射性廃棄物、藻場の消失、砂地の消失、貧栄養化などが新たに加わっている。

（文：青野篤子）

※テキストマイニングには、ユーザーローカル社のテキストマイニングツール（ https://textmining.userlocal.jp/ ）を使用した。

写真：岡山県瀬戸内市錦海塩田跡地。産廃処分場計画を瀬戸内市民、漁業者らの反対で阻止、今は西日本有数の規模のメガソーラー基地に（2009.4.26）

終章

本書は、環瀬戸内海会議が、「瀬戸内法50年プロジェクト」として2023年を通じて精一杯努力したことの集大成である。関西の学生・大学院生らが組織した「瀬戸内海汚染総合調査団」が1971年夏に実施した調査のB5版500ページの分厚い報告書『瀬戸内海』が、瀬戸内法ができる前年の1972年に刊行されているが、これに匹敵する調査を実施しようと考えた。同書には、瀬戸内海の現地を一周し、漁民からの聞き取りで得た半世紀前の海の状況に関する貴重な記録が残されている。その「漁民に学ぶ」を取り入れて、瀬戸内海の現在、そこに至る変遷に関わる情報を集め、少しでも灯りが見える「未来への提言」をつくろうと考えた。

　1章から6章は、相互に関連しつつも独立した取り組みである。その中で3章「漁民は語る」は、漁協へのアンケートと聞き取り調査の生の資料そのもので、読み物としての要素は少ない。第6章もプロジェクトとしてまとめた「未来への提言」をそのまま掲載しているだけで、作成の過程やこれをどう活かしていくのかについては触れていない。生資料と読み物が混在する書物全体としてのまとめとして、各章のポイントとそれらの相互の関係性につき整理して終章とする。

第1章　生物多様性、水産生物の変遷

　プロジェクトを始めるにあたり、生物多様性や生物生産性の現状につき既存資料から推測した。生物多様性の変遷を議論できる長期にわたるモニタリング調査はほとんどない。唯一のデータが、環瀬戸内海会議顧問でもあった故藤岡義隆氏が1960年から始めた呉市の6地点における海岸生物調査である。うち3地点を2015年から環瀬戸内海会議が引き継ぎ、2023年、両者を一つにつないだ図を作成した（図1-3）。この調査は、「提言」でも「市民の取り組み」として継続することを確認した。

　1994年、水産庁はカブトガニを絶滅危惧種とし「21世紀の早い段階で絶滅する」と予測していた。高度経済成長に伴う干潟や浅場の埋立て、加えて農薬や洗剤の使用増につれて急減した。2010年ころまでは周防灘沿岸の田布施、埴生、下関（山口県）、曽根（福岡県）、中津、杵築（大分県）などの河口干潟では、相当な規模で産卵、幼生、成体がそろって確認されている。東限としては少なくとも竹原市（広島県）で相当な生息が確認できていた。

　スナメリクジラの全域調査として、1976年、1999年の2回、粕谷らが三重大

練習船を用い全域を調査した12ルートでの目撃調査がある。1976年には12ルートすべてで確認され、全域の生息頭数は約5,000頭と推定している。これに対し1999年調査では、12ルートの内7ルートで全く発見されず、1976年の15%程度まで減少した。白木原が、2000年にセスナ機で南北ラインを決め調査した記録では、目撃は周防灘に多いが、それ以外の海域では拡がりを持って生息している形跡はなかった。1970年代と比べ生息数が大幅に減少していたとみられる。

瀬戸内海の漁獲量は、戦前のおよそ年間10万tから1960年代前半には25万t前後になり、高度経済成長初期の1965年には30万tになっている。1985年に過去最高の48万tを記録し、「獲れすぎ」とも言える高レベルは1995年頃まで続いた（＝富栄養化時代）。ところがその後は多くの魚種が減少する。2000年には25万t前後で1960年代前半と同レベルに戻る。その後は、2005年に20万t、2019年には12万tとなった。21世紀になってからの一方的減少は深刻で、多くの漁協が「海に力がない」、「魚がいない」と話していることと符合する。

第2章　瀬戸内法による国と自治体の施策を検証する

瀬戸内法に基づく施策の半世紀を批判的にふり返る観点から、瀬戸内海の環境問題は、赤潮など富栄養化による汚濁、ノリの色落ち被害が出る貧栄養化、生物多様性の確保など時代の変遷とともに対処すべき課題も変わり、それに応じて瀬戸内法も改正されてきたことを概観した。

瀬戸内法によるCOD負荷量削減の特別措置により1970年代初めの垂れ流し状態は規制され、大阪湾東部を除けば水質は徐々に改善した。その後、1978年に特別措置法へ移行しCOD総量規制制度が導入され、1980年代を通じて窒素、リンなど栄養塩負荷の規制が行われた。リンは1980年から、窒素は1996年からと規制にずれがあり、窒素過多の状況が10〜15年継続した。これによる低次生態系への影響が懸念される。

さらに2010年頃からは逆に栄養塩不足が問題となり、2015年の瀬戸内法改正において海域によっては栄養塩を増やすこともできる栄養塩類管理制度の導入が決まり、2021年法改正で新制度が創設された。また2015年改正では、初めて「生物多様性と生物生産性の確保」が理念として盛り込まれたが、その後、新たな理念を具体化させる施策はほとんどない。

瀬戸内法を施行する自治体へのアンケート調査で明らか

になったことは、法改正の趣旨を理解しているのかさえ疑わしい、前例踏襲主義による取組みしかしていない自治体の実態であった。また2006年に海面漁業生産統計が、県単位での集計に変更されてから湾灘ごとの実態把握すらできないことになっているが、これは、2023年12月12日、「提言」を提出した際の農林水産省とのやり取りから、人員予算の削減が原因であることが判明した。

これらから浮かび上がることは、行政任せにしていては、湾灘ごとの瀬戸内海のありうべき姿を議論することも、またその姿へ近づけることもできないであろうということである。私たち市民が行政を監視し、要求を続けていくことが重要であることが改めて確認された。

第3章　沿岸漁協へのアンケート調査と聞き取り調査

第1、2章を前提に汚染総合調査団の『瀬戸内海』の「漁民に学ぶ」を実践すべく2022年11月に瀬戸内海沿岸の全326漁協にアンケート調査を送付し117漁協から回答を得た。この結果は量的分析により海域ごとの傾向を探った。そのうちの66漁協を対象に2023年4月から聞き取り調査を実施した。それらの結果を4割の紙面を割いて第3章とした。

生の調査情報を並べたもので、読み物とはなっていないが、これらは漁民の叫びを直に知る一次情報であり、海の現状と変化を知るうえで最も重要な素材が満載である。第3章の3.〜6.に「調査から見えてきたこと」や若干の考察などを掲載した。これらは、第6章の「未来への提言」作成の基礎となっている。

1.　漁業の現状と漁獲量の変化

生活をかけ海と日々接している漁民の体験や思いには海の姿をリアルにとらえる素材が詰まっている。これらから瀬戸内法施行から50年という歳月を経て、瀬戸内海の水産生物や生物多様性、そして漁業が極めて深刻な事態にあることが浮かび上がった。

第1の要因は「海に力がない」という言葉に象徴されるように水産生物の漁獲が低下し、環境としての海の状態が芳しくないことである。とりわけ最近10年の変化の劇的さが際立っている。漁獲量は1985年にピークに達し、その後、減少傾向に入るが、2010年頃からのイカナゴ、タチウオ、カレイを初めとした多くの魚種の急激な減少が目立つ。これは瀬戸内海の環境が大きな変化をしつつある可能性を示唆している。「海に力がない」「魚がいない」という言葉が各

地で共通に聞かれた。

　第2は、社会経済的な要素で、若者の漁業離れが大きな課題となり、多くの漁協で高齢化が進み、ここ50年で組合員数は1/2ないし1/3ほどに減少している。女性も漁業に携わっていても正式に組合員に登録している人は少なく、ほとんどが男性である。多くの漁協から「将来が見えない」という悲痛な叫びが発せられている。

2.　希少種の生息状況
1）生息域が広がっているスナメリクジラ

　2000年頃まで周防灘では全域での面的な生息が確認されてきたが、今回も同様の傾向が続いていた。愛媛県の中島周辺は継続して生息していたとみられるが、聞き取りから周囲に拡大していることが分かった。中島の北側の倉橋島南方では「漁に出れば毎日見る」とされ、生息域や数が増えている。広島湾奥の宮島周辺でも定着したものが目撃されている。南側の中島に近い伊予灘東部でも近年増えており、3日に1回程度、5、6頭で現れる。さらに2000年頃には空白であった燧灘、大阪湾などに新たな生息地が広がっている。周防灘を中心としつつも、瀬戸内海の相当広い範囲で目撃されている。これは1998年の広島県から始まった海砂採取禁止措置が関係していることを示唆している。

2）生息域が保持されているカブトガニ

　周防灘で多く目撃される傾向（第1章）は今も続いている。関門海峡に近い埴生、王喜、才川3漁協は木屋川河口沖の小月干潟周辺が共通の漁場で、そこがカブトガニの大きな生息地とみられる。大分県杵築漁協は、守江湾に生息地があるが今は数が減ったとした。東部では岡山県日生の干潟で、時々、壺網に成体がかかる。松永湾の刺し網に年に1回ほどかかる。広島県の竹原市吉名やハチの干潟では他の調査から一定の生息が分かっているが、今回の聞き取りでは西隣の安芸津町で年に　1、2回刺網にかかることがあるとされた。総じて今回の聞き取りからは東限に関する決定的な情報は得られなかった。しかし第1章と比べて状況が悪化している様子は見られなかった。

　なお周防灘でスナメリクジラ、カブトガニが一貫して保持されてきた背景には、1970年代初め水深10mまでをことごとく埋立てることを目論んだ周防灘総合開発計画がとん挫したことがあることを特記しておく。

第4章　豊島シンポジウム

　プロジェクトは、節目で2回のシンポジウムを行った。漁協聞き取りの目途がついた2023年7月2日、浪費型文明の矛盾とその克服をめざし産業廃棄物処分を根本的に問う住民運動を展開してきた香川県豊島において第1回シンポジウムを行った。

　半世紀前、「瀬戸内海汚染総合調査団」に関わった山田國廣さんに「汚染調査団から50年を振り返り、これからの瀬戸内海を考える」と題して基調講演をいただいた。山田さんは「被害者の現場に行かずに語るヤツはニセモノだ」との宇井純さんの言葉を引用しながら、漁民こそが海でどんな環境破壊があったのかを一番知っている。その漁民に学ぶことを明確な方針にしていたことが強調された。汚染調査団は、養殖ハマチが大被害を受けた72年の播磨灘赤潮で漁民が起こした赤潮訴訟を全面的に支援した。

　プラスチックごみは、「陸から出さないこと、いま海底や離島にあるものを回収する」の2つを併行させることを前提とした上で、「漁民が底曳きですくい上げ、ごみを徹底的に分別し資源化するシステムを作り、漁民が金をもらう仕組みを作る」ことを検討すべきだと提案した。

　最後に山田さんは、伊方原発の温排水は3基計で141㎥/秒にのぼり、伊予灘、広島湾、周防灘、豊後水道の海水温を同時に上昇させたとした。その上で、周防灘のアサリ被害や豊後水道の渦鞭毛藻の有毒プランクトン赤潮による被害に影響している可能性があることを指摘した。

　この主張については環瀬戸内海会議メンバーからは多くの異論が出たことを付記しておきたい。まず伊予灘など4海域の水温が同じ挙動をしていることをもって伊方原発の温排水の影響を受けているとの主張だが、そのためには、4海域以外のデータが4海域と違う挙動をしていることを立証する必要がある。また温排水が周囲の表面水温を1℃以上上昇させる影響範囲は広めに見ても原発から10km範囲内にとどまると考えられる。さらに周防灘のアサリ被害や豊後水道の赤潮被害を伊方原発の温排水によるものと断定することには、他の考えるべき多くの要因があり無理があると考えるなどのコメントが出ている。

　これに関して山田さんは、「伊方原発の温排水による周辺海域の海水温上昇と漁業被害への影響については不明な点があるとするコメントに異論はない」とした。その上で、「ただし被害を受けている可能性のある漁民の立場に立つ

とき、伊方原発の温排水が周辺海域と漁獲や赤潮にどの程度、影響しているのかについて明らかにすることをめざした調査活動をすべきである」との提案をされている。これは今後の課題としておきたい。

　次いで廃棄物対策豊島住民会議の石井 亨さんが「豊島事件と瀬戸内海」と題して講演した。豊島事件は、悪質な事業者が13年にわたって豊島に大量の廃棄物を持ち込み、埋立てた事件である。事業者は逮捕され、有罪が確定したが、あとには膨大な廃棄物が残された。これを「撤去」か「現地封じ込め」かで議論があったが、封じ込めでは未来への先送りでしかなく「撤去」となった。その上で「最終的に全て原材料として人間の社会経済活動の中で使う形で処理することになる」。この事件の議論は、その後の各種リサイクル法などに繋がっていった。

　世界は循環型社会への転換をめざしてはいるが、人工合成物の総量は増え続けており、それに反比例して生物多様性の低下が続いている。ここからプラネタリーバウンダリー、地球の限界という考え方が出てくる。一般的には気候変動が典型だが、より深刻なのが生物多様性の問題だと指摘した。リヒトホーフェンが1868年に渡ったころの瀬戸内海の生物多様性に思いをはせながら、世界が直面している困難は、瀬戸内海そのものの姿であり、いま地球が置かれている環境問題は目の前の瀬戸内海のこととして考えていくことが、より重要だと締めくくった。

　本会共同代表湯浅一郎は「生物多様性の国際取り組みを活かそう」との短い講演を行なった。2022年12月、生物多様性条約第15回締約国会議が新たな国際合意「昆明・モントリオール生物多様性枠組み」を採択した。これを受け政府は、2023年3月、第6次生物多様性国家戦略を閣議決定し、「陸と海の30%以上を保護区域にする」(30by30)とした。両者は理念として「今までどおりから脱却する」、「社会、経済、政治、技術を横断する社会変革をめざす」としている。この理念に沿って30by30を進める際、環境省が2016年に公表した「生物多様性の観点から重要度の高い海域」を活かすべきである。瀬戸内海には57の重要海域がある。例えば原発予定地である上関町長島の田ノ浦海岸は、「長島・祝島周辺」という重要海域のど真ん中にある。スナメリクジラ目撃、タイの漁場など瀬戸内海の原風景を残すことが評価されている。この海域は是非とも保護区

にすべきである。生物多様性国家戦略に基づく施策が同時進行であることに照らしながら、プロジェクト活動をしていかねばならないとした。

第5章　神戸シンポジウム

　臨時措置法の公布日である10月2日を念頭に、第2回シンポジウムを10月1日、神戸で開催した。基調講演は、漁師と研究者・行政の通訳を自認して水産にこだわる鷲尾圭司元水産大学校理事長に「水産の立場から瀬戸内海の現在と未来を考える」との演題でお願いした。瀬戸内海では貝類など海底に棲む生き物がいなくなった。瀬戸内海では、それぞれの地先のいい漁場、磯を使い、特産魚を地域の食文化にしてきた。今、その漁師たちの「泣き声」がこの『漁協調査報告書』に現れており、これをどう乗り越えるのかが課題であるとされた。生態系ピラミッドが変形し、変形してできた隙間がクラゲになった。大部分のクラゲは海底に沈みヌタとなって海底を覆うから、海底の生き物は育たなくなる。

　1975年頃、明石海峡の全窒素は0.5mg/Lあった。今はどんどん貧栄養化し、栄養塩が豊富なのは大阪湾奥や大きな川の河口付近しか残っていない。特に大阪湾では関西空港と神戸沖空港を結んだ線で閉じこめられた形でピタッと止まっている。神戸沖空港は1999年着工だが、それまでは大阪湾の奥の茶色い水は、須磨沖を通って明石海峡に流れ込み、激しい潮で鹿の瀬まで行っていた。それにより明石の漁業生産は、他の地域に比べると長持ちした。だが神戸沖空港ができて、その流れは完全に止まってしまった。

　明石では、30年前、最高水温は9月の28℃、最低が8℃だった。それが2000年以降、温暖化によって水温が2℃上がり、最低水温が10℃、最高水温が30℃になった。イカナゴやタコなど生活史の中で餌に遭遇するタイミングが変化し、それぞれ漁獲が減った。

　経済成長でどんどん地形が画一化することにより、明石でいうと200種類ほどの魚種が獲れていたのが、今では約20種類ほどになり、そのうち売れるのは10種類くらい。人工化した環境が過剰になると、それに貧栄養化と温暖化がダブルパンチで効いてくる。海だけで見ていると解決策が見えないので、大地との関係を見ていかないといけない。

　環境省は瀬戸内法50周年で記念イベントを予定しているが、トップダウンの発想しかない。事件は現場で起きているんだということを再認識したい。それに対して民の対策として、人の手が加わることで生産性と多様性の高い沿岸をどう作るか。政府は鉄とコンクリートによる国土強靭化と言うが、木と水と土を生かした、人の手を関わらせた国土の柔軟化をしていかないといけない。民

の側としてできることは故柳 哲雄さんが提唱された里海づくりではないかと考え取り組んでいると結んだ。

このあと、当会の事務局次長青野が漁協アンケート及び聞き取り調査報告書、そして副代表末田が自治体アンケート報告書に関する報告をして第1部とした。

第2部は、これらを基礎に「未来への提言」をまとめるための議論をすべくパネル討論を行った。趣旨につき湯浅がプロジェクトとして準備したたたき台「未来への提言（案）」の概略を紹介し、これを受けて鷲尾さんを含む3人のパネラーが発言した。

「たましま干潟と鳥の会」代表の西井弥生さんは、玉島で見られる魚が少なくなり、貝類が減っているなどの経験を踏まえ、漁業者の聞き取りに参加したが、漁民は人工物、埋立てによる影響を共通に語っていた。カワウの増加が問題になっているが、要因の一つは垂直護岸になり魚を捕まえやすくなったことがあるとした。また磯浜復元は人工物によって人間が壊してしまった環境を復元し、魚の隠れ場所や生育場所を取り戻すことにつながり有効だと思うとした。玉島や笠岡は生物多様性の重要海域に含まれるが、抽出基準にあるルイスハンミョウやシロチドリの営巣などの実態はかなり貧相で、真剣な対策が必要であるとした。

次いで淡路島で牧師をされる安藤眞一さんが、淡路島の海、大地と空を守る半世紀近くにわたる住民としての闘いを力強くふりかえり、開発に抵抗し続けることの重要性を訴えた。命のバトンリレーが私たちの使命であると結んだ。

最後に鷲尾さんは、「見えていること」として、「この50年とはいえ、漁獲高で見たここ10年の急変に驚いている」とした。そのうえで、「未来に向けて」では、まず「河川行政と海岸行政の分断から、土砂供給の連続性を回復させる」ことが大きな課題であるとした。

生物多様性の保持に関わる愛知目標の「海の10%を保護区にする」問題では、日本型海洋保護区（MPA）という考え方で、瀬戸内海の大部分は既に海洋保護区になっているとした。それは、共同漁業権区域や自然海浜保全地区、国立公園など別の法律に基く枠組みで持続できる海域をMPAとみなす考え方である。

漁業権者が同意すれば保護区から外れてしまうこともしばしば起こる。このことは自治体職員や漁業者も含め多くの市民は知らないだろう。これは、かなり衝撃的な話だった。さらに環境省は、沖合域の底曳き網漁業の管理海域を指定すれば30by30もクリアーできると考えている

のではないかと指摘した。これでは、何のための国際合意かわからないことになる。

　その後、上関原発予定地に使用済核燃料「中間貯蔵施設」の立地可能性調査の問題が浮上したことにつき「原発いらん！山口ネットワーク」の三浦翠さんから「特別報告」をいただいた。同施設の建設には大型の港湾施設が必要になり、浚渫や防波堤の設置など海の変化や、陸上での大規模な伐採、切土や道路建設に伴う大幅な改変が見込まれる。生物多様性の豊かな山と海を改変することは新生物多様性国家戦略に反するという観点からの取り組みが求められる。周辺自治体からは懸念の声が出ていることも活かして何としても食い止めていきたいとした。

第6章　「未来への提言」

　プロジェクトは、神戸シンポジウム第2部パネル討論での議論を踏まえて、企画会議として数回の検討を重ね、12月1日、以下の4項目からなる「未来への提言」を作成した。

1. 調査から見えてきたこと
2. 未来に向けてなすべきこと
3. 国、地方自治体への要望
4. 市民としての取組み

　これは2023年を通して実施したプロジェクトから次の時代へ向けて社会に発信していくものである。詳細は

省庁への要請行動（2023.12.12）

第6章を参照していただくとして、ここでは「提言」の作成過程を振り返り、国との交渉の様子を報告する。

1.　調査から見えてきたこと
1）漁業、生態系の変遷

　この検討で最も依拠したのは第3章の漁民の証言である。漁業、生態系の変遷として、最近10年の変化の劇的さが際立っている。「海に力がない」「魚がいない」という悲鳴が各地で共通に聞かれたが、2010年頃からのイカナゴ、タチウオ、カレイを初めとした多くの魚種の急激な減少が目立つ。これは瀬戸内海の環境が大きな変化をしつつある可能性を示唆している。

2）人工構造物の漁業や生態系への影響

　第3章の漁民の証言からダム、河川改修、垂直護岸、河口堰、埋立て、人工島といった一連の人工構造物が物質循環を断絶していることによる弊害が共通に認識されていることが浮かび上がった。多くの漁業者が、ダムや堰堤により砂が陸から海に運ばれず、海底が泥っぽくなり、底物が軒並み減っているとする。同時に獰猛で、タコ、イカ、エビなどなんでも食べてしまうハモが増えている。この背景には、ダムの水が工業用、農業用、飲料水用にとられ、川に流れず、当然、海にも流れないことが関わっている。

　漁業に深刻な影響をもたらしているクラゲの大量発生は、垂直護岸が増えたことで、シケが来てもクラゲが死ななくなったことや卵を産みやすくなるなど、及び水温の上昇などが重なって起きている可能性が高い。その結果、イカナゴやカタクチイワシなど小魚に食べられていた動物プランクトンの相当部分がクラゲに食べられ、その分、イカナゴやカタクチイワシが減っており、食物連鎖構造が変質している。自然は縫い目のない織物（シームレス）である。どこか壊せば思わぬところに波及するのである。

3）自治体アンケートから

　自治体アンケートにより、灘別の漁獲統計を水産庁がやめてから、全ての沿岸自治体が灘別漁獲統計を有していないことが判明した。これは、海域としての水産生物の実情をトータルに把握するすべを持たないということを意味する。

2．未来に向けてなすべきこと

　未来に向けてなすべきことは、1.の分析から自ずと出てくるものを以下の3つに分けて整理した。

1）人工構造物は必要最小限にし、陸・川・海の境界をできるだけ物質循環を断絶させない構造にしていく。

　潮汐に伴う海水の出入りを原動力とした「磯浜復元」により自然の力で砂浜や磯場を復元する。川と海の境界を閉じ、砂・栄養が海に流れなくする河口堰は開放するべきである（芦田川）。国交省が作っている一級河川の河川整備計画を、物質循環を再生する観点から見直すべきである。残っている自然海岸や砂浜はそのまま残すモラトリアムと、とりわけ新たな埋立ては基本的に無くしていくべきだ。

2）有機汚濁以外の汚染リスク要因の規制強化と除去。

3）「生物多様性国家戦略」及び「生物多様性地域戦略」の思想を環境施策に

盛り込む。

　第5章の鷲尾報告にあるように瀬戸内海の多くは、共同漁業権海域であり、既に海洋保護区である。その保護区の生物多様性が、水産生物を含め「海に力がない」という状況であることは深刻である。ここで、瀬戸内海に57カ所ある2016年に環境省が公表した生物多様性の重要海域を活かすことを考えるべきである。重要度の高い海域と共同漁業権海域は多くが重なっているが、重なっていない重要度の高い海域については、すべて保護区にすべきである。

　また開発に関わって既に漁業権は消滅しているが、生物多様性は極めて豊かな海域がある。例えば山口県東部「長島・祝島周辺」のど真ん中には上関原発予定地がある。今、そこで使用済み核燃料中間貯蔵施設を作る計画が動き出している（第5章、特別報告）。電力会社の所有地とはいえ、生物多様性の豊かな陸と海を大規模に改変する行為は許されない。

3.　国、地方自治体への要望

　1.2.を踏まえて「3.国、地方自治体への要望」をまとめた。

　2023年12月12日、私たちは、立憲民主党の近藤昭一議員を紹介議員として、衆議院第1議員会館面談室において、環境省・農林水産省・国土交通省にプロジェクト活動の全体像を伝え、「未来への提言」を提出した。これに対する3省の回答が資料2（P299〜）である。16人もの担当者が参加し、私たちの取組みへの各省の関心の高さを感じた。

　環境省は、瀬戸内海環境保全基本計画に新生物多様性国家戦略の行動目標、例えば30by30などは次の機会に具体的に記載することを検討するとした。

　愛知目標の「海の10%を保護区にする」に沿った海洋保護区の地図での公開については、「データ公開の了解が取れている海域については、「海洋状況表示システム」において既に公開」しているとした。しかし、「表示システム」を見てもどう表示されているのかほとんどわからず、海洋保護区と明示して、全ての海洋保護区を図示すべきである。その上で、各保護区の現状を厳しく評価し、どう改善していくのかを打ち出すべきであろう。

　農林水産省は、「海域ごとの水産施策を考える上で不可欠な灘別漁獲統計を復活すること」という要請に対して、「海面漁業生産統計については全国、都道府県及び9の大海区の単位で」集計をしていると答えた。湾・灘別のものがなくなった背景や、現在それを集計しようと思えば実際はできるのかなどの質疑の中で、灘別漁獲統計を止めたのは統計部局の人員削減が原因であることが

分かった。政府が行革の一環で国として極めて重要な統計を軽視する体質が、重要な仕事を削除してしまったのである。改善のためには国会や政党への働きかけが必要である。

　国土交通省には、河川や港湾の整備計画に基づくダム・河川工事・垂直護岸・海面埋立て・人工島などの人工構造物により、「陸から海へ栄養塩や砂が運ばれなくなり、海底が泥っぽくなり、底ものが採れない」など多くのマイナス要因となっていることを踏まえ、河川整備計画など国土交通省の施策の在り方を物質循環の促進や生物多様性保持の観点から見直すことを求めた。これに対し、国土交通省の回答は、「生物がすみやすい河川環境を創出するため」などと言ってはいるが、従来の思想に基づいた回答であった。特に「芦田川河口堰を開放すること」という要望に対しては、「常時開放した場合、周辺地域における塩害の発生や、淡水域の塩水化により工業用水の利用ができなくなるため、常時開放することはできない」との冷ややかな回答であった。

　省ごとにニュアンスは違うが、今後、具体的な実態に基づいた調査もしながら問題点を追及していかねばならない。

4.　市民としての取り組み

　最後にプラスチックごみの回収から対処にいたるプロセス全体の問題点を明らかにする取り組み、長期にわたる生物多様性モニターとして呉の海岸生物調査の継続などを推進し、本プロジェクトの報告書を社会に発信し、政府、自治体、国会議員、政党へ働きかけていくことを確認した。

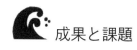 成果と課題

　以上で見てきたように本書は、瀬戸内法施行から50年間という時間軸と瀬戸内海という空間的視野を持って住民ネットワークが調査した記録である。そこには瀬戸内海の現在と過去からの変遷に関する117漁協のアンケート結果と66漁協からの聞き取り報告、自治体アンケート結果、及び「未来への提言」に対する環境省・農林水産省・国土交通省の回答が収められている。これらは、瀬戸内海の現場で何が起きているのかを知り、それに対して行政（国や自治体）がどう対処しているのかを知るための一次資料である。ここには、瀬戸内法施行から50年という歳月の中で、瀬戸内海全域で何が起こり、今どうなっている

のかを捉えていくための素材がある。近年、政府、自治体、研究者がこうした作業をしたということは聞いていない。また一住民ができる仕事でもない。そうした中で沿岸住民の一ネットワークである環瀬戸内海会議がプロジェクトを立ちあげ、一つの形にしたことは大きな成果である。

　ここで、豊島シンポジウム（第4章）で期せずして石井　亨、湯浅一郎がともに触れたフェルディナント・フォン・リヒトホーフェンの現代文明に対する懸念を想い起したい。彼は、シルクロードの命名者である地理学者だが、1868年9月1日、中国へ向かう船旅で瀬戸内海の風景と人々の営みを絶賛し、「この状態が今後も長く続かんことを私は祈る」とした後、「その最大の敵は、文明と以前知らなかった欲望の出現とである」と産業革命に端を発した近代文明の拡大への強い懸念を示した。

　それから150年強を経た今日、化石燃料に依存する物質文明により、海辺や河川の大規模な改変、核エネルギー、人工化学物質がいたるところに満ち溢れ、リヒトホーフェンが懸念した事態が深く進行している。人類は地球の環境容量という限界に直面し、気候危機や生物多様性の急激な低下をもたらしている。瀬戸内海で見えている現象は、その典型的な姿なのではないか。

　「提言」では、「ダムにより砂が陸から海に運ばれず、海底が泥っぽくなり、底物が軒並み減っている」「クラゲの大量発生は垂直護岸が増えたことで、シケが来てもクラゲが死ななくなった」など多くの事例を示した。人工構造物が物質循環を断絶していることによる弊害が表面化している現状を変えていくには、河川行政と港湾行政の分断を解消し、陸・川・海を一つの系としてとらえ、3者の境界をできるだけ物質循環を断絶させない構造にしていくことが必要である。それには社会全体がコンクリート漬けの思想からぬけだす、ある種の社会変革を進めねばならない。芦田川河口堰の開放の問題は、その典型例である。

　核エネルギーの利用は、「以前知らなかった欲望」そのものである。1977年、瀬戸内海の一角で四国電力伊方原発が稼働し、温排水が放出され始めた。1982年、中国電力の上関原発計画が浮上し、未だにその計画は完全には消えていない。そして2023年、中電所有地内で主として関西電力のための使用済み核燃料の中間貯蔵計画が表面化した。

　世界は循環型社会を目指すとしながらも、物質文明が生み出す人工合成物の総量は増え続けている。結果として各地で産業廃棄物処分場問題が後を絶たない。「廃棄物は最終的に全て原材料として人間の社会経済活動の中で使う形で処理する」循環型社会の形成は困難を極めている。

　生物多様性の保持・回復に関する新たな国際合意は、理念として「今までどおりから脱却する」、「社会、経済、政治、技術を横断する社会変革をめざす」としている。この「社会変革」の中身は必ずしも鮮明ではないが、「未来への提言」で例えば人工構造物による物質循環の断絶を変更することを提起したが、これを具体的に解いていくためには化石燃料に依存し、コンクリート漬けにする思想を「変革」することが必要である。20世紀末に目標としては、循環型社会をめざして、生物多様性と気候変動に対応する条約を作り、国際的努力を続けてきたが、どの領域でも成果らしいものはほとんど見えてこない。生物多様性に係る国際合意が提起する「社会、経済、政治、技術を横断する社会変革をめざす」をあらゆる領域で具体的に追及していくことが求められている。「提言」の推進を構想するとき、こうした大きな課題が見えている。

　最後になるが、本書を手にして皆さんはどのようなことを感じ、考えたであろうか。あなたが親しんできた瀬戸内海はどういうものだったか？ 海について感じていることと通じあう内容はあっただろうか？ そしてどんな瀬戸内海を未来に残したいか？ 色々思いうかべながら読まれたのではないか。それぞれの経験や環境に応じて見えていることも異なるはずなので、忌憚のないご意見を寄せていただければありがたい。

　提言を実現させることは容易ではない。国や自治体に任せておけば状況は良くなると考えることは幻想である。瀬戸内海の環境を少しでも良くして次世代に残していくためには、住民が横につながり、ともに連携し、力を出しあう新たな流れを作っていかねばならない。何かせねばという思いが沸き起こった方には、是非とも連絡をいただきたい。そしてともに歩む仲間になっていただくことをお願いしたい。

あとがき

　2022年10月、環瀬戸内海会議は、「瀬戸内法50年」をふり返り、次の近未来を考えようと「瀬戸内法50年プロジェクト」を立ち上げ、2023年を通して行動し続けた。その活動を1冊の本にまとめることとなった。プロジェクトは、本書の作成で一区切りとする。

　本書には、「漁民は語る」として117漁協のアンケート調査及び66漁協の聞き取り調査、環境行政を実施する11沿岸自治体へのアンケート調査、そして2023年12月、それらを活かしてまとめた「未来への提言」と、提言に対する環境省・農林水産省・国土交通省3省の回答がある。これら注目すべき多様な一次資料をそろえた形で1冊にまとめたものは例がないのではないかと思われ、それ自体、大きな成果である。

　しかし神戸シンポの基調講演で鷲尾さんが「50年もそうだが、ここ10年の変化に驚いている」と述べたことが気になっている。瀬戸内海の生物多様性や水産生物の世界で大きな変化が起きつつあるのか。この認識は、漁民の「海に力がない」、「魚がいない」などの言葉と重なる。

　一連の人工構造物が物質循環を断絶していることによる弊害が表面化している。例えばダムや堰堤により砂が陸から海に運ばれず、海底が泥っぽくなり、底物が軒並み減り、同時に獰猛で何でも食べてしまうハモが増えている。生態系ピラミッドの構造を変えているクラゲの大量発生は、垂直護岸が増えたことで、シケが来てもクラゲが死ななくなったことや水温上昇が重なって起きている。これを解くには、人工構造物は必要最小限にし、陸・川・海の境界をできるだけ物質循環を断絶させない構造にしていくことが必要である。コンクリート漬けの思想からぬけだす社会変革を進めねばならない。

　一方で、漁民の話から2010年頃まで減り続けていたスナメリクジラの生息地が、周防灘などに限定されるだけでなく、広島湾、燧灘、さらには大阪湾へと広がっていることが見えてきた。この一因として1998年の広島県に始まった海砂採取全面禁止の措置が考えられる。過去に海砂採取をしていない愛媛県の中島周辺で生息域が広がっていることも海砂採取の有無との関連性をうかがわせる。

　「海に力がない」として水産生物が激減していることと、スナメリクジラの生息域が増えていることのギャップをどう捉えるのかという問いには、現時点では明確な説明ができない。これは今後の課題である。

　また2010年の愛知目標で2020年までに「海の10％を海洋保護区にする」とした合意に対し、政府は日本型海洋保護区という概念を創り、共同漁業権海域を海洋保護区とした。瀬戸内海の大部分は既に海洋保護区である。しかも、この点について漁民や自治体職員はほとんど認識がない。私たちも、プロジェクトを通じて初めてこの点を明確に自覚した。問題は、その海洋保護区に対してどのような施策がなされているのかである。図面での明確な公開もされていない。生物多様性や生物生産性に関する調査をするといった動きすらない。漁民は「海に力がない」と話しているのである。予想以上に海は深刻な状態にあることを踏まえると、「共同漁業権海域を海洋保護区に指定」しただけでは何の意味もない。まずは海洋保護区とした共同漁業権海域の実態を評価する努力をすべきであろう。

　環瀬戸内海会議としては、これらの課題を一つ一つフォローしていくことを当面の任務と捉え、活動を続けていきたい。生物多様性の低下が世界的に大きな課題になっている今、瀬戸内海を例に進行中の事態をとりまとめ、「未来への提言」の具体化をめざして、「その恵沢を後代に継承」する努力の一端を担っていければと念じている。

　最後に一NGOグループからのアンケートや聞き取り調査に快く応じていただいた各地の漁協関係者の皆さんに深く感謝申し上げる。また財政面などで大きな支えとなったクラウドファンデイングにご協力いただいたすべての皆さんに心より感謝申し上げる。

　読んで自分も活動してみようかと思ったら是非とも連絡ください。ともに歩む仲間になりましょう。また本書が10年、20年、50年後のまだ見ぬ人々への何らかのメッセージになればと願っている。

編集長　　湯浅一郎

編集委員　青野篤子　末田一秀　西井弥生

資料編

写真：岡山県瀬戸内市で海岸生物調査（2009.6.20）

自治体アンケート

2023年6〜9月に調査票回収

■環境部局回答

質問1　2022年02月25日の「瀬戸内海環境保全基本計画」変更を受けて、貴府県の瀬戸内海環境保全計画の改定作業について、これまでの湾・灘協議会、環境審議会での議論状況、パブコメなどを含めて、教えてください。

和歌山県	当県では、令和4年度に関係団体の意見を聞き、令和5年度にパブリックコメントを実施し、計画の変更を行う予定です。
兵庫県	令和4年6月14日　兵庫県環境審議会へ諮問し水環境部会に付議 令和5年2月15日　播磨灘等環境保全協議会幹事会 　・内容：瀬戸内海の環境の保全に関する兵庫県計画の改定について（骨子案） 令和5年3月28日　兵庫県環境審議会水環境部会で審議 　・内容：瀬戸内海の環境の保全に関する兵庫県計画の改定について（素案） 令和5年5月2日　兵庫県環境審議会水環境部会で審議 　・内容：瀬戸内海の環境の保全に関する兵庫県計画の改定について（パブリック・コメント案） 令和5年6月13日　パブリック・コメントの開始 令和5年6月22日　播磨灘等環境保全協議会幹事会 　・内容：瀬戸内海の環境の保全に関する兵庫県計画の改定について（パブリック・コメントの計画案） 令和5年7月3日　パブリック・コメントの終了 ＊兵庫県環境審議会水環境部会の資料、議事概要については、以下のひょうごの環境HPに掲載 https://www.kankyo.pref.hyogo.lg.jp/jp/others/leg_283/leg_487 ＊パブリック・コメントの募集については、以下のひょうごの環境HPに掲載 https://www.kankyo.pref.hyogo.lg.jp/jp/info_list/23216
広島県	現行の府県計画が令和7年度に終了するため、改定に併せて、湾・灘協議会や環境審議会、パブコメ等を実施予定としており、現段階では実施しておりません。
山口県	変更について検討中であるため、現時点では実績等はありません。

福岡県	本県計画の改定作業にあたって、現在、関係機関及び関係市町村への意見照会を実施中。照会結果を反映後、順次、関係県との協議やパブリックコメント等を実施する予定です。
大分県	令和5年6月1日からパブリックコメントを開始し、環境審議会委員へ意見照会を行っています。
愛媛県	県計画の変更については、これまで愛媛県湾・灘協議会において、委員から栄養塩類管理に係る取組の検討、各水域の実情に応じた視点、目標達成に向けた着実な取組の推進等の御意見をいただいており、これらを踏まえ、現在パブリック・コメントを実施しています。

質問1-2　2022年02月25日の「瀬戸内海環境保全基本計画」変更を受けて、貴府県の瀬戸内海環境保全計画を変更されていますが、変更にあたっての湾・灘協議会、環境審議会での議論状況、パブコメの実施状況を教えてください。

大阪府	・大阪府では、令和4年10月に「『豊かな大阪湾』保全・再生・創出プラン（以下「豊かな大阪湾プラン」という。）」を策定しました。 ・策定にあたっては、大阪府環境審議会（水質部会）において、令和3年6月から令和4年6月まで5回審議し、漁業関係者や市民団体等の関係者への意見聴取を実施しました。 ・パブリックコメントについては、令和4年6月23日から 令和4年7月22日まで実施し、3名から4件の意見がありました。
岡山県	湾・灘協議会、環境審議会の開催実績につきましては、以下の県ホームページで公表しておりますので、ご確認ください。 なお、パブリック・コメントにつきましては、既に公表期間が終了致しました。 https://www.pref.okayama.jp/page/813881.html https://www.pref.okayama.jp/page/802798.html
香川県	令和4年7月29日〜8月29日　パブリックコメント実施 令和4年10月14日　かがわ「里海」づくり協議会（香川県の湾・灘協議会に位置付け） 令和4年10月26日　香川県環境審議会生活環境部会
徳島県	令和4年4月22日　徳島県環境審議会生活環境部会（計画の見直しについて） 令和4年6月20日　徳島県湾・灘協議会（計画の見直しについて） 令和4年8月29日　徳島県湾・灘協議会（計画素案について）

	令和4年10月19日　徳島県環境審議会生活環境部会（計画素案について） 令和4年11月25日から同年12月26日まで　パブリックコメントの募集 令和5年1月13日　徳島県湾・灘協議会（計画案について） 令和5年1月20日　徳島県環境審議会生活環境部会（計画案について）

質問1-3　貴府県の瀬戸内海環境保全計画の変更のポイントをお示しください。
（上記1-1府県は「計画案」）

和歌山県	瀬戸内海環境保全基本計画の変更内容に基づき、藻場の再生・創出に努めること、海洋プラスチック対策等について、記載しています。
大阪府	・「瀬戸内海の環境の保全に関する大阪府計画（以下「府県計画」という。）」及び「化学的酸素要求量、窒素含有量及びりん含有量に係る総量削減計画」に基づく施策を一体的に推進するため、一つの計画「豊かな大阪湾プラン」として取りまとめた。 ・「湾奥部の水質改善」については、底層DOの改善をめざすことを位置づけるとともに、国の総量削減基本方針を踏まえて、汚濁負荷量削減のための水質総量削減の規制の強化は行なっておりません。また、局所的な対策として、浅場の保全・再生の推進、小型の環境改善施設の設置、底質環境の改善として海底耕耘の継続的実施などを位置づけました。 ・「湾南部の栄養塩濃度の管理のあり方」については、短期的な検討が必要な、ノリ等の生物の生産性の確保等に支障が生じている特定の海域と、長期的な検討が必要な湾南部全体の海域の管理のあり方を分けて検討を進めることを新たに位置づけました。 ・その他、大阪・関西万博を好機とした取組みの推進や、瀬戸内海環境保全計画に新たに盛り込まれた海洋プラスチックごみ対策の推進を盛り込みました。
兵庫県	・栄養塩類管理の推進や藻場・干潟等の保全・再生・創出 ・気候変動や海洋プラスチックといった課題への対応
岡山県	質問1のとおり
広島県	現段階で変更案は未検討となっています。
山口県	変更について検討中であるため、現時点では回答できません。
福岡県	国計画の目標変更に伴い、「海洋プラスチックごみへの対応」や「気候変動への対応」について追記しています。

大分県	瀬戸内海環境保全基本計画におけるポイントと同様です。
愛媛県	国の新しい 瀬戸内海環境保全基本計画に沿って、「順応的な栄養塩類の管理」、「海洋プラスチックごみを含む漂流ごみ等の発生抑制等を含めた対応」、「気候変動への対応」等 について、県計画に追加しています。
香川県	香川県が全国に先駆けて取り組んでいる「里海づくり」を本計画の骨格に取り込み、「かがわ『里海』づくりビジョン」と一体となった取組の推進ができる旧計画の基本体系を維持しつつ、国の瀬戸内海環境保全基本計画の変更により追加された、①栄養塩類の管理、②気候変動への対応、③海洋プラスチックごみ対策　ほかを計画に盛り込み変更している。 ［県HPと同表記］https://www.pref.kagawa.lg.jp/kankyokanri/mizudo-jou/taisaku/setonaikai.html
徳島県	別紙1（計画概要）のとおり（別紙略）

質問1-4　湾灘ごとの実情に応じた対策が求められていますが、計画では湾灘ごとに目標や対策を書き分けられていますか。そうでない場合は、その理由をお示しください。（上記1-1府県は「計画案」）

兵庫県	水質の保全及び管理の推進や底質環境等の改善については、大阪湾と播磨灘を分けて記載しています。
岡山県	瀬戸内海の環境の保全に関する岡山県計画につきましては、以下の県ホームページで公表しておりますので、ご確認ください。https://www.pref.okayama.jp/page/detail-5444.html
広島県	現段階で変更案は未検討となっています。現行計画でも湾灘ごとの課題に対応するよう作成しており、次期計画においても考慮すべき項目と認識しています。
山口県	変更について検討中であるため、現時点では回答できません。
福岡県	湾灘で実情、対応が異なる場合は書き分けて記載しています。
大分県	計画案では可能な限り湾灘ごとに実情を整理し目標設定をしています。
愛媛県	県計画は本県の区域において実施すべき施策について定めたものであるため。ただし、各種施策の実施に当たっては、各水域の課題や実情等を踏まえ、取組を推進する旨記載しています 。
香川県	香川県では県面積が小さいこともあり、県全域で、県民みんなで

	里海づくりに取組んでいることから、個別には分けず、県内一体とした計画で取組んでいる。

質問2　湾・灘協議会の委員名簿（役職名で可）をご提供ください。

兵庫県	京大名誉教授、環境省近畿事務所長、水産庁瀬戸内海漁業調整事務所長、国交省近畿整備局企画部長、同港湾空港部長、海上保安庁第5管区警備救難部長、沿岸関係市町長、県漁連会長、県環境保全管理者協会長、県環境部長
岡山県	質問1のとおり
広島県	別添のとおり
山口県	本県においては、山口県瀬戸内海環境保全協会を湾・灘協議会と位置付けており、当協会は県、市、町、民間団体（県漁協、工場・事業場等）98団体により構成されております。
愛媛県	別添「愛媛県湾・灘協議会設置要綱」のとおり。
香川県	下記団体で構成しており、役職までは指定していない。 県漁連、県農協、土地改良事業団体連合会、県森林組合、県環境保全公社、四国環境パートナシップオフィス、県連合自治会、県消費者団体連絡協議会、香川経済同友会、県観光協会、県PTA連絡協議会、ボーイスカウト香川連盟、香川大学、市長会、町村長会、環境省中国四国地方事務所、国交省四国整備局、農水省中国四国農政局、林野庁香川森林管理事務所、水産庁瀬戸内海漁業調整事務所、香川県
徳島県	別紙2のとおり

（湾・灘協議会未設置の和歌山県、大阪府、福岡県、大分県は除く）

■広島県別添（広島県湾・灘協議会構成団体等）

広島県東部	【漁業者】福山地区水産振興対策協議会、尾三地区水産振興協議会、広島県漁業協同組合連合会【活動団体】環境市民ネットまつなが、特定非営利活動法人しまなみの心、特定非営利活動法人さとうみ振興会【地域住民】一般財団法人広島県環境保健協会、各市町の公衆衛生推進協議会【市町】三原市、尾道市、福山市、府中市、庄原市、世羅町、神石高原町【国】国土交通省中国地方整備局、環境省中国四国地方環境事務所広島事務局【県】広島県※オブザーバー【国】海上保安庁第6管区海上保安本部
広島県中部	【漁業者】呉芸南水産振興協議会、尾三地区水産振興協議会、広島かき生産対策協議会、広島県漁業協同組合連合会　　【活動団

	体】SSFC海辺の清掃実行委員会、くるくるみはら発見隊、特定非営利活動法人さとうみ振興会【地域住民】一般財団法人広島県環境保全協会、各市町の公衆衛生推進協議会【市町】呉市、竹原市、三原市、尾道市、東広島市、熊野町、大崎上島町【国】国土交通省中国地方整備局、環境省中国四国地方環境事務所広島事務局　【県】広島県 ※オブザーバー【国】海上保安庁第6管区海上保安本部
広島県 西部	【漁業者】広島地域水産振興協議会、広島県西部漁業振興対策協議会、呉芸南水産振興協議会、広島かき生産対策協議会、広島県漁業協同組合連合会【活動団体】特定非営利活動法人自然環境ネットワークSAREN、永田川カエル倶楽部、広島環境サポーターネットワーク、みやじま未来ミーティング、広島干潟生物研究会、特定非営利活動法人さとうみ振興会【地域住民】一般財団法人広島県環境保全協会、各市町の公衆衛生推進協議会【市町】広島市、呉市、大竹市、東広島市、廿日市市、安芸高田市、江田島市、府中町、海田町、熊野町、坂町、安芸太田町、北広島町【国】環境省中国四国地方環境事務所広島事務局【県】広島県 ※オブザーバー【国】国土交通省中国地方整備局、海上保安庁第6管区海上保安本部

■愛媛県別添（愛媛県湾・灘協議会構成団体等）

【民間団体】愛媛県漁業協同組合、宇和海漁業協議会、伊予灘漁業被害対策協議会、一般財団法人えひめ産業資源循環協会、特定非営利活動法人愛媛県環境保全協会、公益社団法人愛媛県紙パルプ工業会【国】環境省中国四国地方環境事務所、第6管区海上保安本部松山海上保安部、国土交通省四国地方整備局松山河川国道事務所【市町】松山市、今治市、宇和島市、八幡市、新居浜市、西条市、大洲市、伊予市、四国中央市、西予市、東温市、上島市、松前町、砥部町、内子町、伊方町、愛南町【県関係課】県民環境部環境局環境・ゼロカーボン推進課、県民環境部環境局循環型社会推進課、県民環境部環境局自然保護課、農林水産部水産局水産課、農林水産部水産局港湾課、土木部河川港湾局河川課、土木部河川港湾局港湾海岸課、土木部道路都市局都市整備課

■徳島県別添（徳島県湾・灘協議会構成団体等）

団体	【学術・研究】国立大学法人徳島大学【林業】公益社団法人徳島森林づくり推進機構【環境】一般財団法人自然公園財団鳴門支部、公益社団法人徳島環境技術センター、特定非営利活動法人環境首都とくしま創造センター、徳島小松島港清港会【漁業】徳島県漁業協同組合連合会【事業者】大塚製薬株式会社徳島本部

行政機関	【国】環境省中国四国地方環境事務所、国土交通省四国地方整備局徳島河川国道事務所、国土交通省四国地方整備局那珂川河川事務所、国土交通省四国地方整備局小松島港湾・空港整備事務所【市町】徳島市、鳴門市、小松島市、阿南市、松茂町【県】徳島県（環境管理課、グリーン社会推進課、環境指導課、保健製薬環境センター、水産振興課、生産基盤課、スマート林業課、農林水産総合技術センター水産研究課、運輸政策課、河川整備課、水・環境課、

質問2-1　湾・灘協議会のこれまでの開催実績をお示しください。

兵庫県	播磨灘等環境保全協議会幹事会を年1〜2回程度開催しています。
岡山県	質問1のとおり
広島県	直近では、H29年度に海ごみ対策と水質管理にかかる検討会を実施しています。
山口県	山口県瀬戸内海環境保全協会の湾・灘協議会としての開催実績は、平成28年以降はありません。
愛媛県	第1回：令和5年3月23日（木） 第2回：令和5年5月19日（金）
香川県	平成28年1月27日、3月29日、平成29年3月27日、平成30年3月22日、平成31年3月28日、令和2年3月24日、令和3年3月24日、令和4年3月24日、10月14日、令和5年3月20日
徳島県	令和4年6月に設置し、これまでに3回開催（開催状況は質問1の回答のとおり）

質問2-2　湾・灘協議会を設置していない理由をお示しください。

和歌山県	個別に各関係者等から意見を聴いているため。
大阪府	府県計画の改定にあたっては、計画の関係者に意見聴取を行い、大阪湾再生会議や大阪湾環境保全協議会などと連携し、広域的に取り組んでいます。
福岡県	環境省水・大気環境局長通知（平成27年10月6日環水大大水発第1510061号）に基づき、関係機関及び関係市町村への意見照会、隣接県との協議並びにパブリックコメントの実施により広く意見を求め、海域の実情に応じたものとなるように取り組んでいます。
大分県	漁業協同組合やおおいたうつくし作戦県民会議の委員から意

	見を聞くなどにより代替しているためです。

質問2-3　湾・灘協議会を湾灘ごとに設置していない理由をお示しください。

兵庫県	播磨灘・紀伊水道については、播磨灘等環境保全協議会を平成28年度に設置しています。 大阪湾については、湾・灘協議会の設置に向けて、関係府県・市との意見交換に努めていきます。
岡山県	瀬戸内法第4条第2項では、「湾、灘その他の海域等を単位として関係者により構成される協議会の意見を聴き、その他広く住民の意見を求める等、必要な措置を講ずるものとする。」とされており、本県では平成27年度に関係者による播磨灘・備讃瀬戸環境保全岡山県協議会を設置しています。
山口県	湾・灘協議会あてに意見を聴くにあたって、幅広い意見聴取も可能であると考えています。
愛媛県	本県では、協議会運営を効率的に行うため、県全域の関係者からなる体制としております。なお、より詳細なエリアでの協議等が必要な場合は、ワーキンググループの活用等も想定しております。
香川県	（質問2の回答と同じ）

質問3　栄養塩類管理計画の策定予定について教えてください。また、策定に向けた調査等を実施している場合は、併せてお示しください。策定予定が未定の場合は、その理由を示してください。

和歌山県	栄養塩類管理計画の策定については未定。 当県の瀬戸内海区域で依然として赤潮の発生がみられること、藻場の再生・創出がより急務であると考えられることから、現時点では、近隣府県の取組について情報を収集することとしています。
大阪府	・「豊かな大阪湾プラン」において、新たに位置づけた「湾南部における栄養塩濃度管理」について、効果的な管理手法を検討しています。 ・栄養塩類増加措置による効果及び周辺環境への影響の事前評価に活用できる簡易シミュレーションモデルを令和5年度に構築予定です。
岡山県	既に実施されている下水処理場の管理運転の状況や、今後追加で

	実施可能な施策の内容、環境保全との両立、沿岸府県の取組状況など、様々な情報を整理し、関係部局で連携しながら研究しております。
広島県	策定については検討中ですが、栄養塩類と水産資源の関連性等の科学的知見の集積を目的として、昨年10月に下水道事業における実証実験に関する基準を創設し、情報収集を進めています。
山口県	栄養塩類をコントロールする制度の導入を検討しているところです。
福岡県	栄養塩類管理計画の策定は未定です。 本県海域においては、下水処理場による季節別運転管理の実施・試行が検討されておらず、「栄養塩類管理制度」の活用について検討する前段階として、各種調査による現状把握と知見集積を行う予定です。
大分県	策定予定は未定です。理由は、一部の海域では赤潮による被害が発生していること、栄養塩類と生産性が低下している水産資源との因果関係が不明であること、県北で実施している下水道の季節別運転管理の効果が現時点では不明であり、引き続き効果の検証が必要であることから、慎重に検討する必要があると考えているためです。
愛媛県	今年度から計画策定に取り組んでおり、令和7年度までの策定を目途としています。
香川県	令和5年度内の策定を目指している。また、策定に際し必要な水質調査や、海域環境シミュレーションを実施している。
徳島県	未定。湾・灘協議会の部会で栄養塩類の管理の方向性について検討しているところ。

質問3-2　環瀬戸内海会議では、栄養塩類管理計画の策定にあたっても瀬戸内海環境保全計画と同様に湾・灘協議会の意見を聞くべきだと考えています。その予定はありますか。(兵庫県は「そうされましたか」)

和歌山県	必要に応じて栄養塩類管理計画の策定を検討する際には、関係者の意見を聞くことが必要と考えます。
大阪府	栄養塩類管理の策定の必要性については、現在検討しています 。
兵庫県	兵庫県栄養塩類管理計画の策定(令和4年10月)にあたっては、令和4年3月に播磨灘等環境保全協議会幹事会を開催し、計画(案)

	について、意見を聴きました。
岡山県	ご意見は今後の参考とさせていただきます。
広島県	瀬戸内法で計画区域内の関係者等から意見を聴く必要があると定められており、計画を策定する場合、意見を聴く場として湾・灘協議会を実施予定です。
山口県	栄養塩類をコントロールする制度の導入を検討中であるため、現時点では回答できません。
福岡県	栄養塩類管理計画の策定は未定です。
大分県	該当なし（計画策定が未定であるため）
愛媛県	栄養塩類管理計画の策定においても、愛媛県湾・灘協議会を、有効に活用していきたいと考えています 。
香川県	漁業関係者、学識経験者等で構成する香川県栄養塩類管理推進協議会を設置し、広く意見を伺っている。
徳島県	湾・灘協議会など関係者等から意見を聞くことが重要であると考えている。

質問4　改正瀬戸内法を受けて自然海浜保全地区の指定に関する条例を改正する必要がありますが、貴府県のHPでは改正が確認できません。改正されていないのでしょうか。改正予定について示してください。

和歌山県	改正予定はありません。
兵庫県	現状、条例の改正は行っていません。環境省が実施した保全すべき藻場・干潟の調査結果などを参考に、自然海浜保全地区の指定の要否について検討を進めており、進捗状況に応じて条例改正を検討します。

質問4-2　改正瀬戸内法により自然海浜保全地区を指定できる範囲が広がり、藻場の保全などを強化できるようになりました。新たな自然海浜保全地区の指定に向けて行っている取り組みを示してください。

和歌山県	特にありません。
大阪府	自然海浜保全地区の新規指定地候補の有無について、現在確認しています。
兵庫県	指定の要否について検討を進めているところです。

岡山県	本県では、新たな地区指定を検討するための事前調査（候補地の藻場調査等）を実施しています。
広島県	引き続き県内の環境保全に努めるとともに、指定に向けては適宜検討してまいります。
山口県	瀬戸内法の改正を受け、山口県自然海浜保全地区条例の改正を行いました。
福岡県	本県の周防灘沿岸で確認されている藻場は22ha(H30藻場・干潟分布状況調査)で、小規模な藻場が散在している状況であるため、新規の自然海浜保全地区の対象として、現在検討している箇所はありません。 周防灘では透明度が上昇していることから、これまで藻場のなかった海域で小規模な藻場の発生が認められるようになってきている。そのため、水産基盤整備として、投石により海藻の着底気質を整備し、藻場の拡大を図っています。
大分県	現在、新たな自然海浜保全地区の指定にあたり、関係市町村、地元等からの要請はありません。法改正に伴い、昨年度、大分県自然海浜保全地区条例の改正を行ったところです。
愛媛県	瀬戸内法の一部改正を踏まえ、県自然海浜保全条例を改正し、法に準じ指定対象の拡充を図ったところ。今後、藻場・干潟等の再生・創出状況等を踏まえ、自然海浜保全地区制度の活用も含め、再生・創出等の取組を推進することとしています。
香川県	県自然海浜保全条例を一部改正（令和4年4月1日施行）し、新たな自然海浜保全地区の指定に向け情報収集を行っている。
徳島県	瀬戸内法改正を受け、令和4年7月に徳島県自然環境保全条例を改正したところ。 新たな自然海浜保全地区の指定にあたっては、関係市町村、関係団体及び住民等の御意見も踏まえて検討していきたい。

質問5 2015年の瀬戸内法改正で新設された第2条2で「生物の多様性や生産性の確保」が基本理念に盛り込まれたが、貴府県の環境保全計画において、その理念をどのように盛り込んでいますか。具体的にお示しください。

和歌山県	目標に、藻場・干潟の保全・創造等を含む必要な環境整備の一層の推進に努めること、生物多様性の保全上重要な地域について引き続き保全を推進すること、等を掲げています。 また、第5次和歌山県環境基本計画第3章第2節「自然共生社会の

	推進」に記載しています。
大阪府	・施策としては、湾奥部における生物が生息しやすい場の創出の推進や、栄養塩類の管理等の具体的な検討内容、大阪府海域ブルーカーボン生態系ビジョンに基づく取組み、おおさか海ごみゼロプラン（大阪府海岸漂着物等対策推進地域計画）に基づく取組みの推進などを追加しました。 ・施策の実施の留意点として、「施策の実施に伴うコベネフィットな効果を十分に踏まえて推進する点」があります 。例えば、多様な生物を育む場の創出は、栄養塩の吸収や溶存酸素の供給に加え、CO_2の吸収（ブルーカーボン）や生物多様性の向上が期待される。」を追記しました。
兵庫県	策定中の瀬戸内海の環境の保全に関する兵庫県計画（案）では、豊かで美しいひょうごの里海の実現に向けて、「栄養塩類管理の推進」や「底質環境等の改善」、「環境配慮型構造物の採用」、「藻場・干潟等の保全、再生及び創出」、「自然海浜の保全等」などの施策について定めております。
岡山県	質問2のとおり
広島県	環境基本計画の施策体系の中で、「地域環境の保全」や「自然環境生物多様性の保全」といった分野に反映しております。
山口県	瀬戸内海の環境の保全に関する山口県計画の第3の4（P8）をご覧ください。
福岡県	現在、本県計画を作成中です。
大分県	生物多様性・生物生産性の確保の重要性にかんがみ、栄養塩類管理等について効果的な取組を検討すること、藻場・干潟等についてはできるだけ保全・再生・創出に努めることを盛り込んでいます。
愛媛県	現行計画では、水質の管理や水産資源の持続的な利用の確保を目標に位置付けるとともに、施策としては、水質管理の順応的な取組、水産資源の適切な保存及び管理、水質管理等に関する調査研究等を推進することとしています。
香川県	県環境基本計画「1-3-2里海づくりの推進」に、豊かな海の実現を目指した取組みとして記載している。
徳島県	計画の目標で、山・川・里・海の水循環・物質循環を一体的に捉え、県民総ぐるみによる、水質が良好で、生物多様性・生物生産性の確保されたきれいで豊かな「とくしまのSATOUMI」の実現を

	掲げている。

質問5-2　2022年12月の昆明・モントリオール生物多様性枠組みを背景として本年3月31日に閣議決定された「生物多様性国家戦略2023-2030」では、「今までどおりから脱却し」、「社会、経済、政治、技術など横断的な社会変革」をめざすという基本理念を掲げたうえで、「陸と海の30％以上を保護区にする（30by30）」などの行動目標が盛り込まれています。貴府県の環境保全計画に、瀬戸内法第2条2などを考慮して、生物多様性国家戦略の行動目標を盛り込む検討をしていますか。検討している場合は、その内容をお示しください。検討していない場合は、その理由を教えてください。

和歌山県	本県では今年度に第2次生物多様性和歌山戦略を策定予定であり、当該戦略は国家戦略の基本理念を基に4つの基本戦略及び行動目標、数値目標を定めています。また、当該戦略において海域の30％は環境省の判断にも示されているとおり、各都道府県の海域面積を確定することは現実的ではないため、本県では沿岸域を中心に保全に努めることを目標としています。
大阪府	府県計画の策定（令和4年10月）より後に国家戦略が閣議決定されているため、具体的な行動目標は定めていませんが、湾奥部における生物が生息しやすい場の創出や大阪府海域ブルーカーボン生態系ビジョンに基づく取組み等を推進していくこととしています。
兵庫県	瀬戸内海の環境の保全に関する兵庫県計画（案）の6頁の「自然公園等の保全」において、目標を示しております。
岡山県	瀬戸内海の環境の保全に関する岡山県計画につきましては、国の基本計画に基づき、令和5年3月に変更したところであり、今後の変更等についても、国の基本計画に基づき、行うこととしております。
広島県	環境基本計画は令和3年3月に施行しており、生物多様性国家戦略の行動目標については、次期改定時に考慮が必要と認識しています。
山口県	変更について検討中であるため、現時点では回答できません。
福岡県	現在、本県計画を作成中です。
大分県	「生物多様性国家戦略（2023～2030）」の閣議決定を受けて、「生物多様性おおいた県戦略」の改訂を行う予定です。 今後、専門家を交えた策定委員会において行動目標を含め検討を行うこととしています。

愛媛県	県計画の目標については、瀬戸内海環境保全基本計画の目標と整合をとる必要があると認識。なお、生物多様性国家戦略の具体的施策等については、県計画と多くの項目で重複しています。
香川県	県環境保全基本計画には、「生物多様性の保全」なども位置付けている。生物多様性国家戦略の行動目標を盛り込むことについては、国の動向などを注視しながら、今後、検討する。
徳島県	令和5年3月に変更した計画の進捗を踏まえつつ、今後の検討に努める。

質問5-3 「陸と海の30％以上を保護区にする」を具体的に想定した場合、「愛知目標2010‐2020」の基礎資料として、2016年に環境省が抽出した『生物多様性の観点から重要度の高い海域』を活用することができ、可能な限り保護区に指定すべきと考えますが、その予定、または貴府県の考えをお示しください。

和歌山県	5-2に同じ
大阪府	海洋に関する保護区の指定については、現時点では検討していません。
兵庫県	各府県の指定状況や環境省が実施した既存の藻場・干潟の変化や沿岸での事業状況に関する調査結果等を参考に、検討を進めていきます。
岡山県	質問5-2のとおり
広島県	引き続き県内の環境保全に努めるとともに、保護区の指定にあたっては各種データも参考に適宜検討してまいります。
山口県	検討中であるため、現時点では回答できません。
福岡県	本県は「福岡生物多様性戦略」を定めており、その中で事業者やNPO等による保全の取組について情報収集及び情報発信を行い、民間等による取組の促進を行うこととしています。
大分県	環境省が主導する30by30目標は、大分県のこれまでの取組と軌を一にするものであり、「生物多様性のための30by30アライアンス」に名を連ねたところです。 また、改定を予定している「生物多様性おおいた県戦略」にも盛り込んでいくこととしており、保全地域の拡大に努めていきます。
愛媛県	環境省が選定した「生物多様性の観点から重要度の高い海域」は、海洋の生物多様性の保全と持続可能な利用の推進のため、重要と考えており、自然海浜保全地区の指定（区域の拡充）等、今後、地元市町等からの要望等を踏まえ、検討することとしています。

香川県	県自然環境保全条例の保全地区については、国の動向を注視する。水産動植物の保護培養等のため設定している保護水面等については、今のところ見直しの予定はない。
徳島県	現在本県の「生物多様性戦略」の改定を検討しているところ。新たな保護区の指定にあたっては、関係市町村、関係団体及び住民等の御意見も踏まえて検討していきたい。

質問6　瀬戸内法第13条では埋立て等についての特別の配慮が規定されているにもかかわらず、効果的な埋立て抑制にはつながりませんでした。その原因や改善策についての貴府県の考えをお示しください。

和歌山県	本県では、公有水面埋立許可申請の審査の際には、瀬戸内海環境保全特別措置法第13条第2項の基本方針に基づき、環境保全に配慮することを求めているところであり、埋立て抑制に一定の効果があったものと考えています。
大阪府	「公有水面埋立法」第2条第1項の免許又は同法第42条第1項の承認に当たっては、「瀬戸内海環境保全特別措置法」第13条第1項の埋立てについての規定の運用に関する同条第2項の基本方針に沿って、海域環境、自然環境及び水産資源の保全に十分配慮するなど、埋立ての回避、埋立て必要規模の最小化を図っています。
兵庫県	計画（案）の17頁に「埋立てにあたっての、環境保全に対する配慮」について施策を示しております。
岡山県	本県の施策等につきましては、以下の県ホームページで公表しております瀬戸内海の環境の保全に関する岡山県計画を御確認ください。 https://www.pref.okayama.jp/page/detail-5444.html
広島県	埋立ての実施については、関係機関等と連携し、適切な手続きを行った上で、判断していくことが重要と認識しており、特別な配慮については、具体の事例を整理することが必要と思われます。
山口県	ご指摘の効果的な埋立て抑制の指すところが定かではないため、回答できません。
福岡県	本県が免許（承認）する公有水面埋立てについては瀬戸内海環境保全特別措置法に基づき、適切に環境影響評価を実施することにより環境保全に十分配慮しています。
大分県	瀬戸内海環境保全臨時措置法が制定され、埋立ては厳に抑制すべきであり、やむを得ず行う場合でも特別の配慮をする方針の下、

	本県においても、公有水面の埋立ての際は、環境配慮に努めているところです。
愛媛県	瀬戸内法が施行された後、埋立ては大幅に減少したと認識しています。
香川県	公有水面埋立免許出願の際には関係各課に意見照会し、関係法令について確認しているところである。
徳島県	【港湾区域について】 免許又は承認にあたっては、瀬戸内海の特殊性につき十分配慮するとともに、公害防止・環境保全上の見地から支障がないよう審査が行われているところ、「基本的な方針」で示された海域での埋立ては行っていない。 【漁港区域について】 埋立てについては、漁業施設として必要な最低限の面積について許可をしているところ。今後とも必要最低限面積に限り許可するよう努める。

質問7　2021年の法改正にあたって、参議院環境委員会の附帯決議では「未利用埋立て地等を利用し、自然の力をいかした磯浜の復元に努めること」とされています。貴府県に開発計画の遅延等により当面利用予定のない遊休埋立て地は存在しますか。仮に把握できていない場合は、調査を行う予定や調査の必要性に関する考えをお示しください。

和歌山県	存在しています。
大阪府	ありません。
兵庫県	当県が把握している限り、遊休埋立て地は存在しません。
岡山県	法律案に対する附帯決議への対応については、国において検討されるものと考えています。
広島県	県内に当面利用予定のない遊休埋立て地は存在しません。
山口県	本県においては、開発計画の遅延等により当面利用予定のない遊休埋立て地はありません。
福岡県	未利用の埋立て地はありません。
大分県	現時点で遊休埋立て地はありません。
愛媛県	環境省の「瀬戸内海における各種調査の結果」において、県内に埋立て未利用地はありません。

香川県	当面利用予定のない遊休埋立て地は存在しない。
徳島県	【港湾区域について】 当面利用予定のない遊休埋立て地は存在しない。 【漁港区域について】 埋立て地については、すべて漁業施設として活用されており、遊休埋立て地はない。

質問8　私たちは市民として「瀬戸内法50年をふり返る」作業をしているのですが、貴府県として、瀬戸内法に基づく環境行政につき、50年をふり返り、総括する作業をしていますか、または総括した文書・資料を作成していますか。作成していれば、それを提供してください。その作業は、1970年の公害国会でようやく始まった日本の環境行政の歴史を、瀬戸内海という事例で振り返る極めて意義のあるものと考えますので、是非とも公開していただきたいと考えます。

和歌山県	総括する作業を行っていません。
大阪府	作成しておりません。
兵庫県	当課においては資料等を作成していません。
岡山県	ご指摘の作業、文書等の作成予定はありません。
広島県	広島県における瀬戸内海環境保全特別措置法施行50年に関する文書を作成する予定はございません。
山口県	総括する作業、文書・資料の作成等は行っておりません。
福岡県	現在、総括、また総括した文書・資料の作成は行っていません。
大分県	本県において総括する作業は行っていません。
愛媛県	今年度、瀬戸内海環境保全知事・市長会議において、瀬戸内法制定50周年記念事業の実施を予定しています。
香川県	総括作業はしていない。
徳島県	瀬戸内海環境保全知事・市長会議において、関係府県と連携し、そのような作業を実施予定である。

■水産部局回答

質問9　瀬戸内法では、湾灘ごとの実情に応じた対策が求められています。漁業灘別統計を作成しなくなってから、相当な年月が経ちますが、湾灘ごとの漁業の現状を把握できるデータをお示しください。

和歌山県	該当データはありません。
大阪府	質問該当せず（大阪湾のみ）
兵庫県	本県の湾灘ごとの漁業の現状を把握できるデータは持ち合わせていません。
岡山県	湾灘ごとの漁業統計は把握していません。
広島県	湾灘ごとの栄養塩類濃度と漁獲高の関係を示すデータはありません。
山口県	当県瀬戸内海側は、周防灘、伊予灘、広島湾の面しているが、漁業経営体ごとに漁業の種類、規模、漁場及び出荷先などが異なるため、湾灘ごとのデータ収集は困難（湾灘ごとに漁業の現状を評価したデータはない）。
福岡県	最新のデータとして、「福岡県農林水産業・農山漁村の動向―令和3年度農林水産白書―」の「付属統計・資料（水産編）」が該当します。 ダウンロードできるURLは下記のとおりです。「豊前海区」が周防灘に該当します。 https://www.pref.fukuoka.lg.jp/uploaded/life/665238_61556532_misc.pdf
大分県	本県では、湾灘毎の漁獲量を整理しておりません。漁獲量で公表されているのは農水省海面漁業生産統計調査（県全体もしくは大分(太平洋南部海区、瀬戸内海区)）のみです。
愛媛県	湾灘ごとの漁業の現状を把握できるデータは保有しておりません。
香川県	湾灘ごとの漁業の現状を把握できるデータはありません。なお、香川県の漁業生産量（出典：漁業・養殖業生産統計は別紙のとおりです。（別紙略）
徳島県	湾灘ごとの漁業の現状を把握できるデータはございません。

質問10　漁獲高の減少に関して、栄養塩類の不足が原因とする声があります。湾灘ごとの栄養塩類濃度と漁獲高の関係を示すデータをお持ちでしたらお示しください。

和歌山県	該当データはありません。
大阪府	当課では、栄養塩類濃度と漁獲高の関係を示すデータは持っていません。
兵庫県	湾灘ごとではありませんが、本県では、播磨灘・大阪湾海域の栄養塩（DIN）濃度とイカナゴ資源の減少との関係を明らかとした調査結果があります。別添の調査事業成果概要資料を提供させていただきます。（別添省略）
岡山県	湾灘ごとの栄養塩類濃度と漁獲高の関係を示すデータはありません。
広島県	湾灘ごとの栄養塩類濃度と漁獲高について関係を示す解析データを所有しておりません。
山口県	湾灘ごとの漁獲高は把握していないことから、両者の関係を示すデータはない。
福岡県	特にありません。
大分県	漁獲高と栄養塩減少の関係については、対象種の整理に向けた検討を進めているところです。
愛媛県	湾灘ごとの栄養塩類濃度と漁獲高の関係を示すデータを保有しておりません。
香川県	湾灘ごとの栄養塩類濃度と漁獲高の関係を示すデータはありません。
徳島県	湾灘ごとの栄養塩類濃度と漁獲高の関係を示すデータはございません。

質問11　栄養塩類濃度の管理のために行っている施策についてお示しください。

和歌山県	定期的なモニタリング調査を実施しています。
大阪府	当課では、栄養塩類濃度の管理のための施策は行っておりません。
兵庫県	本県では令和元年10月に「環境の保全と創造に関する条例」を改正し、望ましい栄養塩類濃度（下限値）を設定しました。 令和4年10月には、改正瀬戸内海環境保全特別措置法（令和3年6月）に基づき、「兵庫県栄養塩類管理計画」を策定し、工場・事業場、下水処理場からの計画的な栄養塩類供給を進めています。また、漁業者による海底耕耘など豊かな海に向けた取組を支援しています。
岡山県	関係機関と連携して下水処理施設等の管理運転を実施しているほか、漁業関係者及び林業関係者による河川源流部への植樹、漁業者による海底耕耘を実施しています。

広島県	栄養塩類管理計画策定にあたり、栄養塩類濃度と水産生物の関連性に関する科学的根拠が必要なことから、栄養塩類とカキ・アサリの関係性を把握するための調査をしています。
山口県	水産部局としては、ノリ養殖場において、養殖時期に栄養塩類の動向をモニタリングし、調査結果を関係機関に情報提供している。
福岡県	栄養塩類濃度の管理を検討する前段階として、定期的な海洋観測調査によって現状把握を行っています。 参考文献：後川ら「豊前海の長期環境変動に関する研究」、福岡県水産海洋技術センター研究報告第32号、2022年3月、43－50ページ　https://www.sea-net.pref.fukuoka.jp/info/kenkyu/upLoad/k32-6.pdf
大分県	本県では、一部の地域で終末処理場の季節別運転管理、海底耕耘を行っています。
愛媛県	栄養塩類濃度の管理のために行っている施策はありませんが、ノリの養殖時期には漁場の栄養塩類の濃度を、調査し、ノリ養殖業者にお知らせしております。
香川県	海域の貧栄養化が養殖ノリの色落ちの原因と考えられていることから、県内の下水処理施設5か所において、主に冬季の窒素排出量を増加させる栄養塩調整運転を試験的に実施しています。
徳島県	定期的に漁場の栄養塩類濃度を調査し、漁業関係者にお知らせしております。また、藻類養殖業を対象とした新しい施肥技術の開発等に取り組んでおります。

質問12　漁獲高の減少に関して、海水温の上昇が原因とする声があります。
灘ごとの海水温と漁獲高の関係を示すデータをお持ちでしたらお示しください。

和歌山県	該当データはありません。
大阪府	当課では、海水温と漁獲高の関係を示すデータは持っていません。
兵庫県	本県の湾灘ごとの水温と漁獲高の関係を示すデータは持ち合わせていません。
岡山県	湾灘ごとの海水温と漁獲高の関係を示すデータはありません。
広島県	湾灘ごとの海水温と漁獲高について関係を示す解析データを所有しておりません。
山口県	湾灘ごとの漁獲高は把握していないことから、両者の関係を示すデータはない。

福岡県	前述のとおり、定期的な海洋観測を実施していますが、漁獲高との関係を示すデータはありません。
大分県	本県では、灘毎の漁獲量を整理しておりません。水温データは、大分県農林水産研究指導センター水産研究部が、「資源・環境に関するデータの収集・情報の提供として漁海況予報事業（国庫委託）」において、伊予灘、別府湾、豊後水道北部、豊後水道中部、豊後水道南部の調査を行っています。詳細は大分県農林水産研究指導センター水産研究部事業報告に掲載しております。https://www.pref.oita.jp/site/nourinsuisan/jigyouhoukoku.html
愛媛県	湾灘ごとの海水温と漁獲高の関係を示すデータを保有しておりません。
香川県	湾灘ごとの海水温と漁獲高の関係を示すデータはありません。
徳島県	湾灘ごとの海水温と漁獲高の関係を示すデータはございません。

質問13　海水温の上昇に対する適応策として行っている施策についてお示しください。

和歌山県	市場調査等モニタリング、高水温下における藻類の研究に取組んでいます。
大阪府	当課では、海水温の上昇に対する適応策として行っている施策はありません。
兵庫県	ノリ養殖において、高水温化に対応した養殖品種の開発を行っています。
岡山県	海水温の上昇に対する適応策は別紙1のとおりです。 岡山県地球温暖化対策実行計画（2023年3月改訂）
広島県	海水温の上昇に対象を絞った適応策の施策については実施しておりません。
山口県	特になし。
福岡県	周防灘（豊前海）において行っている施策は特にありません。
大分県	漁船漁業：水温上昇に伴う魚種変遷（低利用魚・未利用魚等）に対応した加工開発 養殖漁業：高水温でも養殖可能なヒラメ種苗の創出
愛媛県	海水温の上昇に対する適応策として行っている施策はありません。
香川県	抜本的な対策はありませんが、水温等の海洋環境の変化を踏まえ

	た資源管理や養殖管理を実施することが肝要と考えています。
徳島県	藻類における高温耐性品種の開発等に取り組んでおります。

質問14　近年、急激に漁獲高が減少している府県があるように見受けられますが、貴府県としてどう認識していますか。また第2次世界大戦終了後の約80年弱の漁業の歴史において、漁獲高は大きく変遷し、特に80年代半ばのピークを前後して、顕著な変化を遂げていますが、貴府県として、漁獲高の変遷をどう認識し、評価しているでしょうか。それらをとりまとめた文書があれば提供してください。

和歌山県	平成29年度に策定した和歌山県長期総合計画において、「海面漁業では、主要魚種であるタチウオ・アジ類の資源減少、熱帯域から本県沿岸域へのカツオの回遊量の激減に加え、水産物消費の減少などにより、生産量及び生産額が10 年前に比べ約3 割減少しています。」を、水産業の振興における現状・課題の一つとして挙げています。 該当文書はありません。
大阪府	・国の海面漁業生産統計調査より、大阪府の昭和32年以降の漁獲量は次のとおりである。（表省略） ・当課には、大阪府の漁獲高の変遷を評価した文書はありません。
兵庫県	本県瀬戸内海の漁船漁業による漁獲量は昭和60 年代から平成７年には6〜8万tで推移していたものが、その後減少に転じ、平成16 年以降には4万t台に急減し、令和3年現在では3万t台となっています。 漁獲量が減少し低迷している主な魚種は、イカナゴのほか、カレイ類やエビ類、アサリなど、底生性で瀬戸内海内部で資源循環している生物が多く、栄養塩類（特に窒素）の減少に影響を受けているものもあると考えられます。これら生物の減少を包括して評価、とりまとめた文献はありませんが、イカナゴについては、回答2の資料を参照願います。
岡山県	漁獲高の変遷と評価は別紙　岡山県水産振興プラン2022のとおりです。
広島県	広島県では、令和3年に「2025広島県農林水産業アクションプログラム（令和3〜7年度）」を策定しており、「これまでの取組により漁獲量が増大した魚種がある一方で、減少を続ける魚種も多く見られ、全体の漁獲量は減少しています。」という整理をしております。（参考URL略）

山口県	[山口県全体として]海面漁業・養殖業生産量は、H2年までは20万t台を維持してきたものの、H4年を最後に遠洋漁業が撤退したことや沖合漁業の不振等により生産量は急速に減少し、R2年23,798t。漁業生産額はR2年140億円で、前年に比べ6億円減少。近年の海面漁業・養殖業生産量の減少は、漁業構造を支える様々な要因が大きく影響。その要因の例を挙げると、漁業経営体数は漸減傾向にあり、H30年2,858経営体で、H25年3,618経営体に比べ760経営体（21.0%）の減少となり、経営体のほとんどは零細な個人経営で、全体の97.6%を占めている。漁業就業者はH30年3,923人で、H25年に比べ1,183人減少し、65歳以上の占める割合（高齢化率）は58.6%と高く、年々高齢化が進行。その他の要因として、燃油・資材高騰、魚価安、資源動向（資源量・漁場形成等）などが考えられる。 <出典：漁業センサス、山口県農林水産統計年報、海面漁業生産統計調査、漁業産出額>
福岡県	回答なし
大分県	海面漁獲量は、平成21年38,448ｔから令和4年29,063ｔと減少しています。この要因として、水温上昇をはじめとする様々な海洋環境の変化や、水産資源の減少が考えられます。まとめている文書等はありません。
愛媛県	近年の漁獲高の減少は認識しているところでありますが、県として漁獲高の変遷をどう認識し、評価しているかを取りまとめたものはありません。
香川県	近年、漁獲量は大幅に減少しており、これに水温上昇や栄養塩類濃度の減少が関わっている可能性は否定できませんが、因果関係には不明な点が多いと認識しています。なお、漁獲高の変遷についての認識・評価を取りまとめた文書はありません。
徳島県	近年の漁獲高が減少傾向にあることは認識しております。 また、県として漁獲高の変遷をどう認識し、評価しているかを取りまとめたものはございません。

資料 2

「未来への提言」に対する
環境省・農水省・国交省からの回答
（2023年12月12日）

■環境省

[提言1] 瀬戸内海環境保全計画に、第6次生物多様性国家戦略の行動目標1-1「陸と海の30％以上を保護区にする」（30by30）、行動目標1-2「劣化した生態系の30％以上の再生を進め、生態系ネットワーク形成に資る施策を実施する」を盛り込む。

- 現行の瀬戸内海環境保全基本計画（令和4年2月策定）において、既に、30by30とも目的を一にする、令和3年6月に開催されたG7首脳会議の成果文書の一部として合意された「自然協約」について記載しており、その流れを踏まえて策定された第6次生物多様性国家戦略にも、当計画は当然貢献していくものであると考えています。
- 現行計画は令和4年2月に策定したため、その後、世界目標となった30by30への言及はできておりませんが、次回の検討にあたっては、「具体的な記載を検討いたします。」

[提言2] それとは別に愛知目標の2020年までに「海の10％を保護区にする」に沿った瀬戸内海の海洋保護区をすべて地図で公開すること。

- 我が国では、総合海洋政策本部で了承された定義に該当すると考えられる以下の制度が、海洋保護区として整理されています。・自然公園・自然海浜保全地区・自然環境保全地域・沖合海底自然環境保全地域・鳥獣保護区・生息地等保護区・天然記念物・保護水面・沿岸水産資源開発区域、指定海域・共同漁業権区域
- これらの制度の「該当海域のうちデータ公開の了解が取れている海域については、『海洋状況表示システム』において既に公開されています。」

[提言3] 行動目標1-1を推進するため、環境省が2016年に抽出した「生物多様性の観点から重要度の高い海域」の中で瀬戸内海にある57海域で、まだ海洋保護区とされていない海域を「30by30」の対象とする方向で検討する。

- 「生物多様性の観点から重要度の高い海域」であることをもって、直ちに

30by30目標の対象となる訳ではありません。

・ 30by30目標の達成に向けて、海域では新たに約17%の保全が必要であり、「生物多様性の観点から重要度の高い海域」等の既存の科学的知見を踏まえ、検討を進めています。

・ なお、令和5年度から、民間等の取組によって生物多様性が保全されている区域を「自然共生サイト」として認定する取組を開始しており、瀬戸内海をはじめとする沿岸域も含めて、藻場・干潟の保全といった民間の取組を後押ししていくこととしています。

[提言4] 人口構造物による海への影響に関し見解をまとめるべきである。その際、漁業者の聞き取りをした報告書を活かすように要請する。

・ 例えば、護岸については、瀬戸内海環境保全基本計画において「生物共生型護岸等の環境配慮型構造物を採用する必要がある」ことを記載しており、人工構造物における環境配慮は重要と考えています。

・ 一方、海の環境変化には、様々な要因が作用しているため、人工構造物によるもののみ取り出して、その影響に関する見解を取りまとめることは困難です。

・ 報告書については、内容を拝見し、今後の施策の参考とさせていただきます。

[提言5] 瀬戸内法の第13条（埋立て等についての特別の配慮）を「すべての埋立てを禁止する」に改正する。

・ 瀬戸内海における埋立ては、瀬戸内海の環境に影響を及ぼすものであるという認識に立ち、「瀬戸内海環境保全臨時措置法第13条第1項の埋立てについての規定の運用に関する基本方針」に基づく運用を行うこととしており、当該方針に基づき引き続き適切に対応してまいります。

[提言6] 瀬戸内法に規定されている湾・灘協議会を意義のあるものにするために、関係府県と協議すること。例えば大阪湾に関しては、大阪府、兵庫県が合同で組織化する必要があり、それを具体化するためには環境省も関わるべきである。

・ 環境省としても、湾灘ごとに多様化する課題に対応するために、湾・灘協議会は重要なものと考えており、「地域の関係者の多様な意見を集める場として例示された、湾・灘協議会を活用することも有効と考えられることから、

各府県において当該協議会等を設置し、更に、広域的な課題については府県域を越えて連携・協調していくことが望ましい。」と瀬戸内海環境保全基本計画に記載しております。

・ 一方で、湾・灘協議会の運営主体となる関係府県からは、「湾・灘協議会の設置意義が関係者間で統一できていない。」、「府県をまたぐ湾・灘協議会は関係者が更に増え、合意形成が困難」といった課題もあると聞いています。

・ 環境省としては、引き続き、関係府県に湾・灘協議会の重要性を伝える等、地域の取組みを支援したいと考えています。

[提言7] 海洋に流出するプラスチックごみの削減のため、使用量の大幅削減目標を定め、使い捨て製品での使用禁止を含む法的拘束力のある施策を検討、実施すること。特に洗い流しのスクラブ製品に含まれるマイクロビーズは禁止すること。

・ 海洋環境等におけるプラスチック汚染対策には、発生抑制・回収・処理の施策を一体的に行うことが重要と認識しています。

・ 環境省では、大阪ブルー・オーシャン・ビジョンや広島G7コミットメントの達成に向けて、プラスチック資源循環法やプラスチック資源循環戦略のもと、これら対策に取組んでいます。

・ また、洗い流しのスクラブ製品については、2019年1月に業界団体が自主規制を決定しており、2020年の環境省の調査において、その効果も確認しております。

・ マイクロビーズを含むマイクロプラスチックについては、企業の先進的な取組を取り上げたグッド・プラクティス集を国内外に発信するとともに、代替素材開発の実証支援も行っているところです。引き続き様々な主体と共に対策を総合的に推進していきます。

■農林水産省

[提言1] 海域ごとの水産施策を考えるにあたって不可欠な資料として灘別漁獲統計を復活すること。

・ 漁業・養殖業生産統計は、国や地方公共団体の水産行政などに係る資料を整備することを目的としており、こうしたニーズに対応し、海面漁業生産統計については全国、都道府県及び9の大海区の単位で、内水面漁業生産統計に

ついては湖沼、河川の単位で、それぞれ集計を行って公表しています。

[提言2] 食料自給率の低下が喫緊の課題となっているにもかかわらず、沿岸漁業の近未来は見えず、むしろいつまで続けられるのかという不安が渦巻いている。これを打開するために漁協調査報告書を素材として、漁業者の直面している課題とこれからにつき、議論を起こすこと。

[提言3] 漁業従事者の減少に対する対策につき、経済的な自立のための支援を含め包括的に見直すこと。
・ 沿岸漁業の振興や漁業従事者の確保に向けて、水産庁としては、昨年3月に閣議決定した水産基本計画に記載のとおり、「次世代への漁ろう技術の継承、漁業を生業として日々操業する現役世代を中心とした効率的な操業・経営、漁業種類の転換や新たな養殖業の導入などによる漁業所得の向上にあわせ、海業（うみぎょう）の推進や農業・加工業など他分野との連携等漁業以外での所得を確保することが、地域の漁業と漁村地域の存続には必要である。」と考えます。
・ 水産庁としては、本計画に基づき、資源管理を推進しながら、継続して漁業者が操業していくための支援を総合的に実施しています。
・ 具体的な取組の一つとしては、例えば、漁村地域の活性化に向けた地域の漁業の課題解決のため、漁業者をはじめとした関係者が議論をし、漁業者の所得向上を目標として作成する「浜の活力再生プラン」に基づく取組をソフト・ハード双方から支援しています。

[提言4] プラスチックごみの回収と回収にかかわった漁民への報酬が確保されるようなシステムをつくること。
・ 環境省と連携し、環境省の海岸漂着物等地域対策推進事業を活用して、海洋ごみの漁業者による持ち帰りを促進するとともに、漁業者や漁協等が環境生態系の維持・回復を目的として、地域で行う漂流漂着物等の回収・処理に対し、水産多面的機能発揮対策事業による支援を実施しています（出典：令和4年度水産白書）。

■国土交通省

[提言1] 漁協調査報告書や漁業者から直接意見を聞くなどして、ダム・河川工事・垂直護岸・海面埋立て・人工島など人口構造物により、「陸から海へ栄養や砂が流入しない」、「海底が泥っぽくなり、底ものが採れない」など水産業へのマイナス要因となっていることが分かったことを確認すること。特にダムの水は工業、農業、飲料水にとられ、川には流れないことも重要である。こうした観点から各河川の河川整備計画など国土交通省の施策の在り方を物質循環の促進や生物多様性保持の観点から見直すこと。

・ 河川においては、生物がすみやすい河川環境を創出するため、調査、計画、設計、施工、維持管理等の河川管理におけるすべての行為を対象に多自然川づくりに取り組んでいます。
・ 具体的には、河川水辺の国勢調査等で把握した環境情報をもとに、河川整備計画に環境の保全・創出の目標や取組を位置づけ、河川が有する瀬・淵や水際環境の保全、河川敷を掘り下げることによる湿地の再生、堰への魚道の設置などの取組を推進しております。
・ 港湾においては、大阪湾や広島湾においては、関係省庁及び関係地方公共団体などが連携して、各湾の水質環境改善のための行動計画を策定し、総合的な施策を推進しています。
・ 具体的には、人工干潟の整備による藻場の創出や、浚渫土砂等を有効活用し貧酸素水塊の一因である深堀跡の埋め戻しなど、藻場・干潟等の保全・再生・創出や底質・水質の改善に取り組んでいるところです。
・ 引き続き、河川等における環境の保全・創出の取組を進めてまいります。

[提言2] 芦田川河口堰を開放すること。
・ 芦田川河口堰は、洪水の安全な流下、海水の遡上防止、工業用水道の開発を目的として建設された多目的堰です。
・ 芦田川河口堰を常時開放した場合、周辺地域における塩害の発生や、湛水域の塩水化により工業用水の利用ができなくなるため、常時開放することはできません。
・ なお、洪水時等においては、洪水の安全な流下のために芦田川河口堰のゲートを全開しています。

[提言3] 自然の水の流れを重視し、ダムの水を定期的に海に流すこと。
- ダムは、洪水時に流水の一部を貯留することで、下流域の浸水被害を防ぐとともに、必要な水量をダムから補給することで、農業用水、水道用水、工業用水等の水資源を開発しています。
- また、本来、河川が持っている機能を正常に維持するために、平常時には、ダムから河川に必要な量の水を補給しています。
-

資料 3　「瀬戸内法50年プロジェクト」活動記録

■クラウドファンディング

1. 目的
　クラウドファンディング（crowdfunding、CF）とは、主にインターネットを通じて多くの人々（crowd）から寄付を募る（funding）もの。日本では東日本大震災以降大きな広がりを見せたと言われている。CFは単に資金を得るというだけではない。社会的課題の存在を世間に訴え、その解決に人々の力を結集するという意味をもっている。「瀬戸内法50年プロジェクト」はまさにCFを行うにふさわしい事業であり、CFを実施することがこのプロジェクトの大きな推進力になると考え、これに着手した。

「瀬戸内法50年プロジェクト」HP

2. クラウドファンディングの概要
(1) 業者：READYFORのフルサポートプラン
(2) 目標額：当初の目標は130万円
(3) 寄付のコース
　　・1万円コース（リターンは調査報告書紙媒体、希望があれば調査報告書の氏名掲載）
　　・5千円コース（リターンは調査報告書CD版）
　　・3千円コース（リターンは調査報告書PDF版）
(4) 資金の使途
　　1)「瀬戸内海の水産・海洋生物と環境の変化に関する調査」の実施と報告書作成のため

https://readyfor.jp/projects
/setouchi_anniversary
クラウドファンディング
QRコード

の費用（聞き取り調査旅費20万円、紙媒体の報告書70万円、CD版の報告書10万円）
2）「瀬戸内法50年記念シンポジウム」第一部・
第二部開催のための費用（講師謝礼・旅費・会場費など30万円）

3. 経過

2023年

1月6日	第4回「瀬戸内法50年プロジェクト」企画会議で実施を決定
1月31日	READYFORのフルサポートプランに応募
3月15日	「瀬戸内法50年プロジェクト」の公開

募集期間は5月15日まで。瀬戸内トラストニュース79号で紹介、新聞報道（毎日新聞4月19日のweb版を皮切りに瀬戸内海沿岸府県の地方版に順次掲載、愛媛新聞5月1日など）、チラシの作成

4月20日	当初の目標額を達成

豊島シンポでの「環境学習ツアー」と報告書作成費の補充用を見込みネクストゴールの設定（160万円）

5月13日	募集の終了、193人から総額1,728,000円（目標額の132%）の寄付
7月10日	READYFORより、手数料・消費税を差し引いた1,404,864円の入金
10月9日〜18日	リターンの送付
10月21日	クラウドファンディングによる事業の終了と今後の活動について報告

※この間、31本の活動報告をアップした。クラウドファンディングのHPは半永久的に存続するので、環瀬戸内海会議の活動について報告していく予定である。

4.寄せられた応援コメントの一部

◆ 50年前の瀬戸内海汚染総合調査団に参加していました。こうして50年後を検証して下さること、心より感謝しています。がんばって下さい

◆ 瀬戸内海の美しい景観と健全な生態系の維持のための大切な活動と思います。本来は行政等が取り組むべき活動だと思いますが、頑張って下さい

◆ 子ども時代、瀬戸内海のそばで育ちました。応援しています

◆ 応援する人の、知・情・意のどこかに響くように訴えかけ続けて下さい。応援致します

◆ 立ち木トラストから始まって瀬戸内を守るためのこのプロジェクトを応援します。「みんなの海」だから

◆ 瀬戸内海に生きる生きものや、そこで生活する多くの人の声を掬い上げていく素晴らしいプロジェクトですね。ワクワクします。瀬戸内海が瀬戸内海であるがまま残っていくように、プロジェクトが大きく広がっていきますように！

◆ 環瀬戸内海会議という会の名前がとても良いと思っています。そして，環地球市民でありたいと思っています
◆ 経済成長＆開発一辺倒の世の中から、自然と環境の再生へと向かってほしいです

■企画会議

第1回　「瀬戸内法50年プロジェクト」企画案の検討（2022年10月12日/Zoom）

第2回　「瀬戸内法50年プロジェクト」企画案の検討（続）（2022年10月25日/Zoom）

第3回　漁協アンケート進捗状況、聞き取り調査の企画、クラウドファンディング（2022年12月2日/Zoom）

第4回　漁協アンケート進捗状況、聞き取り調査対象の選定（2023年1月6日/Zoom）

第5回　漁協聞き取り調査担当チーム・リーダーの選出、調査スケジュール（2023年1月28日/Zoom）

第6回　聞き取り調査ガイド、質問項目、クラウドファンディング（2023年2月10日/Zoom）

第7回　漁協聞き取り調査進捗状況、クラウドファンディング、豊島シンポ（2023年4月30日/Zoom）

第8回　漁協聞き取り調査進捗状況、クラウドファンディング、豊島シンポ（続）（2023年5月17日/Zoom）

第9回　漁協聞き取り調査進捗状況、クラウドファンディング、豊島シンポ（続）（2023年5月31日/Zoom）

第10回　豊島シンポ、環境学習ツアー、漁協聞き取り調査進捗状況（2023年6月12日/Zoom）

第11回　漁協聞き取り調査担当者の懇談会、豊島シンポ開催要項、自治体アンケート（2023年7月1日/総会時・対面）

第12回　漁協聞き取り調査進捗状況、自治体アンケート回答状況、豊島シンポ総括、神戸シンポの企画、調査報告書の企画（2023年7月20日/Zoom）

第13回　漁協調査報告書進捗状況、自治体アンケート回答状況、神戸シンポの計画（2023年7月29日/Zoom）

第14回　漁協調査報告書進捗状況、未来への提言の検討、神戸シンポの計画（2023年9月1日/Zoom）

第15回　未来への提言の検討、調査報告書の検討、神戸シンポの確認（2023年9月25日/Zoom）

第16回　未来への提言の検討、プロジェクト全体のまとめ方（2023年10月16日/Zoom）

第17回　単行本『瀬戸内法50年』(仮題)の出版について、未来への提言のまとめ
第18回　(2023年11月17日/Zoom)
　　　　未来への提言の確認、環境省・農林水産省・国土交通省への要請行動
第19回　(2023年12月1日/Zoom)
　　　　単行本の出版に向けて（2024年1月6日/Zoom）

■報道リスト

2023.4.23	毎日新聞・岡山版を皮切りに瀬戸内海沿岸府県の地方版に順次掲載。『瀬戸内法50年』プロジェクト発足とクラファン開始の案内
2023.5.1	愛媛新聞「『豊かな海に』住民提言」　漁協へのインタビュー
2023.7.3	愛媛新聞「瀬戸内法施行でシンポ」　豊島シンポの報道
2023.7.3	山陽新聞「瀬戸内法50年シンポin豊島」　豊島シンポの報道
2023.7.11	神戸新聞「瀬戸内法50年のビジョン」　播磨灘を守る会の活動と漁協調査について
2023.7.16	中国新聞「瀬戸内法制定50年」　山田國廣氏へのインタビュー
2023.7.24	京都新聞社説WEB版「瀬戸内法50年　豊かな海の回復：京滋からも」（山田國廣氏へのインタビュー）
2023.7.25	毎日新聞・そこが聞きたい（全国版）「『瀬戸内法』施行50年」共同代表　湯浅一郎へのインタビュー
2023.9.1	週刊金曜日「海で何が起きているのか　生物多様性の観点から検証」
2023.10.2	愛媛新聞「瀬戸内法50年シンポin神戸」漁協への聞き取り調査、自治体調査の報告
2023.10.12	毎日新聞・香川版を皮切りに瀬戸内海沿岸府県の地方版に順次掲載。「10.1瀬戸内法50年シンポin神戸」鷲尾圭司氏基調講演。提言とりまとめに向けた意見交換
2023.10.13	週刊金曜日「生物多様性の観点から提言へ」
2023.11.2 ～11.9	愛媛新聞「里海を目指して」①～⑦　①で本プロジェクトの漁協調査を紹介
2023.12.13	中国新聞「瀬戸内海保全求め3省へ提言」
2023.12.13	愛媛新聞「瀬戸内海の環境保全へ提言書　愛媛など住民組織が3省に提出」
2024.1.25	毎日新聞「瀬戸内法50年　陸・川・海も循環再生を　NGOが国に提言」

環瀬戸内海会議のあゆみ

	開催地	開催日	テーマ
結成総会	広島市	1990年6/16	環瀬戸内海会議結成総会《瀬戸内海の自然を取り戻そう》
第2回	松山市	1991年5/18〜19	全国ゴルフ場問題全国ネット交流集会
第3回	岡山市	1992年6/13〜14	全国湾会議交流集会
第4回	大分県国東町	1993年5/15〜16	埋立て問題に取り組み
第5回	広島県上下町	1994年5/21〜22	源流から渚まで《立ち木バンク 産廃問題へのトラスト》
第6回	神戸市	1995年6/3〜4	地球からのメッセージを受け止める《立ち木ボランティア発足》
第7回	岡山県邑久町	1996年7/6〜7	これまでの6年、これからの6年《豊島産廃問題への取り組み 瀬戸内法改正・ゴミ問題のプロジェクト立ち上げ》
第8回	高松市	1997年6/28〜29	今しか守れない・好きです"瀬戸内海"《豊島・埋立て・ゴルフ場訴訟 豊島未来の森》
第9回	福山市加茂町	1998年6/27〜28	子らに伝えよう瀬戸内海の山と海 守りたい天空の里・広瀬《海砂問題 産廃反対立ち木トラスト》
第10回	今治市	1999年6/12〜13	「しまなみ」と「織田ヶ浜」から瀬戸内海の21世紀を考える《立ち木トラスト10年精査》
第11回	東広島市	2000年6/24〜25	ゴルフ場問題は終わったのか？《三つを骨子とした瀬戸内法改正案》
第12回	山口県上関町祝島	2001年6/16〜17	とっておきの瀬戸内海 それでも原発いりますか？
第13回	竹原市	2002年6/22〜23	環瀬戸内海会議の12年を振り返り今後を語る《海砂採取ストップさせた》
第14回	明石市	2003年6/21〜22	脱埋立て宣言〜瀬戸内法、30年のおごり《脱埋立て宣言 瀬戸内法改正署名開始》
第15回	高松市	2004年6/5〜6	よみがえれ瀬戸内海、瀬戸内法改正運動の現場から《フォーラム「よみがえれ瀬戸内海」》

第16回	神戸市	2005年 7/2〜3	瀬戸内海 いま むかし〜脱埋立てへ	
			2005.4.23 岡山県備前片上湾の生物調査 生物調査担当 故小西良平さんが備前市のキッズクラブとともに調査	
第17回	八幡浜市	2006年 7/15〜16	自然の多様性とエネルギー問題を考える	
			第17回総会 オプションツアーで佐田岬半島を縦断。佐田岬は戦時中は瀬戸内海への敵艦侵入を防御する要塞基地でもあった。今もその旧設備に一部が残る	
第18回	瀬戸内市	2007年 6/16〜17	リサイクルを騙る廃棄物〜狙われる塩田跡地	
第19回	上関町 祝島	2008年 7/12〜13	「周防の海」から日本の里海を考える	
第20回	福山市 鞆の浦	2009年 6/13〜14	瀬戸内（法）〜歴史的景観と生態系	
第21回	今治市 宮窪町	2010年 5/22〜23	瀬戸内の島のくらしと漁業	
			2010.6.24ゴミ処理場建設反対立ち木トラスト運動	
第22回	松山市	2011年 7/9〜10	瀬戸内海と原発	
第23回	大分市	2012年 7/14〜15	原発による海洋汚染と震災がれき	
第24回	姫路市	2013年 5/25〜26	瀬戸内法40年 その功罪	
			第24回総会 オプションツアーで、採石で裸になった家島群島西ノ島を視察	
第25回	香川県 豊島	2014年 6/21〜22	豊島の今 瀬戸内海の明日	
第26回	西予市 三瓶町	2015年 6/6〜7	ゴミ問題と瀬戸内法	
第27回	姫路市 夢前	2016年 7/2〜3	ふるさとを廃棄物から守ろう	
第28回	周南市	2017年 6/24〜25	瀬戸内海をよみがえらせるために	

第29回	呉市	2018年 6/16〜17	生物多様性の変遷を見つめて《藤岡調査地の継続調査》
第30回	岩国市	2019年 6/29〜30	瀬戸内海の基地と原発、そして沖縄《岩国基地》 第30回総会　米軍岩国基地を視察。愛宕山から見た岩国基地はあまりに広く、カメラでは全体を捉えられない。しかも岩国市民が暮らす住宅が隣接する
第31回	リモート開催	2020年 7/5	瀬戸内海を生きる！今日まで、そして明日から
第32回	リモート開催	2021年 6/27	豊島に自然を取り戻そう！
第33回	今治市 波方町	2022年 7/16〜17	自然を壊す残土・産廃処分場〜公災害の実態と法的課題〜
第34回	香川県 豊島	2023年 7/1〜2	瀬戸内法50年を振り返る 高校生、大学生も参加した豊島シンポ。瀬戸内海の50年をふり返り未来に希望を繋げたい！という熱気にあふれていた

資料 5

瀬戸内海のおもな出来事

年	出来事
7000年前頃	現在の瀬戸内海の海域がほぼ形成された
350年頃	大和政権が成立する
571	遣新羅使の派遣始まる。瀬戸内海を通って、朝鮮半島に向かった
630	遣唐使の派遣始まる
934	瀬戸内海に海賊が横行し、朝廷が追捕海賊使任命
1152	平清盛が安芸国厳島神社の社殿を修復
1172	平清盛が大輪田泊（神戸）の築港などで日宋貿易
1185	屋島の合戦、壇ノ浦の戦いで、平家が滅亡
1555	毛利元就が村上水軍の来援で、陶氏を厳島で討つ
1588	豊臣秀吉が海賊禁止令を出す
1607	朝鮮通信使が初めて来日

1672	河村瑞賢が日本海から大坂、江戸への西廻り航路を開く。北前船で活況
1863	長州藩が関門海峡を通る外国船を砲撃（下関戦争）
1868 明治元年	ドイツの地理学者、リヒトホーフェンが米国から中国への船旅で瀬戸内海の美しさを賞賛。その最大の敵は、文明と以前知らなかった欲望の出現とである」と警鐘を鳴らした
1934	瀬戸内海が雲仙、霧島とともに、日本初の国立公園指定
1962	新産業都市建設促進法が成立、沿岸部の工業化へ
1969	新全国総合開発計画（新全総）閣議決定。その中に周防灘総合開発計画が組み込まれる
1970	広島湾、周防灘などで赤潮被害が出始める
1971	環境庁発足。瀬戸内海汚染総合調査団が調査開始。
1972	播磨灘全域での大規模赤潮で養殖ハマチが大量斃死
1973	瀬戸内海環境保全臨時措置法（瀬戸内法）議員立法で成立。1978年に特別措置法として恒久法化
1974	岡山県の三菱石油水島製油所で重油流出事故
1977	瀬戸内海で初の原発となる伊方原発（四国電力）が運転を始める
1982	中国電力の山口県上関町長島に上関原発建設計画が浮上
1987	多様な余暇活動とリゾート産業の振興を民間活力で整備する総合保養地域整備法（リゾート法）制定。関西国際空港第I期埋立て工事に着手。開港は1994年
1990	リゾート法のもとでリゾート・ゴルフ場建設の波が瀬戸内海沿岸各地に押し寄せ、その乱開発を止めようと環瀬戸内海会議を結成
1997	米軍岩国基地の滑走路沖合移設埋立て工事着工
1998	広島県が海砂採取を禁止。その後、岡山県、香川県、愛媛県と順次、禁止へ
1999	本四架橋のしまなみ海道開通、3ルートが完成。神戸沖空港の埋立て工事着工。開港は2006年
2000	大量の産業廃棄物が不法投棄された香川・豊島で公害調停成立
2011	東日本大震災、上関原発建設工事が中断
2015	瀬戸内法の一部改正。瀬戸内海を豊かな海とするために藻場干潟の保全再生や創出の措置を講じること、湾、灘その他の海域ごとの実情に応じて取り組むことを盛り込む
2021	瀬戸内法の一部改正。一部の海域では、ノリの色落ちなど貧栄養が指摘されるようになり「豊かな海」を目指して、関係府県知事が栄養塩類の管理計画を策定する制度の創設などが盛り込まれた
2023	政府は、「生物多様性国家戦略2023-2030」（新戦略）を閣議決定。2030年までに「陸と海の30％以上を保護区にする」などを盛り込む。一方、中国電力は関西電力と共同で山口県上関町に所有する自社用地に、使用済み核燃料の「中間貯蔵施設」立地可能性調査を開始

■執筆者紹介（あいうえお順）

青野篤子（環瀬戸内海会議事務局次長）
1953年鳥取県生まれ。博士（心理学）。2019年まで大学でジェンダー心理学を教授・研究。日本心理学会理事、人文社会科学系学協会男女共同参画推進連絡会委員長などを歴任。主な著書『新版ジェンダーの心理学』（ミネルヴァ書房、共著）等。

阿部悦子（環瀬戸内海会議共同代表）
1949年愛媛県生まれ。子どもの学校給食問題から政治に関心を持ち、1999年から16年間愛媛県議。現在「辺野古土砂搬出反対全国連絡協議会」共同代表。「愛媛新聞を糺す読者の会」共同代表。

安藤眞一
1950年兵庫県生まれ。関西学院大学神学部卒業。日本自由メソヂスト教団牧師。1970年ごろから淡路島と大阪湾の環境破壊に取り組み、立ち木トラストや淡路島環境会議の活動を継続。1993年から神戸空港と関西空港の淡路島上空飛行監視活動を開始(淡路の空を守る会)。

石井 亨（環瀬戸内海会議顧問）
1960年香川県豊島生まれ、1984年BBCC（USA）卒業、1993年～2000年まで豊島公害調停申請人代表。1999年～2007年香川県議会議員。主な著書『もうゴミの島とは言わせない』（藤原書店）等。

末田一秀（環瀬戸内海会議副代表）
1957年大阪府生まれ。京大衛生工学科卒。1980年から2018年まで大阪府庁で環境行政に従事。はんげんぱつ新聞編集長。著書『関西電力原発マネースキャンダル』（南方新社）、共著『原発ゴミは「負の遺産」』（創史社）等。

田嶋義介（環瀬戸内海会議元幹事）
1943年山口県生まれ。1965年、東大経済学部卒。三菱自動車工業を経て、1969年から2000年まで朝日新聞社記者。島根県立大名誉教授、環瀬戸内海会議元幹事、著書は『地方分権事始め』（岩波新書）など。

西井弥生
1976年鳥取県生まれ。2021年「たましま干潟と鳥の会」を立ち上げ、岡山県倉敷市玉島地域の渡り性水鳥、シギ・チドリ類のモニタリングや干潟環境の保全につながる啓発活動などに取り組んでいる。「NPO法人 ラムサールネットワーク日本」理事。

松本宣崇（環瀬戸内海会議事務局長）
1947年和歌山県生まれ。1972年、岡山大学法文学部史学科卒。大学時代は全共闘運動に参加、大学卒業後は森永ヒ素ミルク中毒被害者の闘いを支援、以来、流域下水道,ゴルフ場乱開発など様々な公害・環境問題に取り組む。

三浦 翠
1939年生まれ。広島大学文学部哲学科卒業。有吉佐和子著『複合汚染』を読んで無農薬有機の自給農をはじめる。チエルノブイリ原発事故に衝撃を受け、夫、友人、知人と共に「原発いらん！山口ネットワーク」をつくり、祝島の人達の反原発運動を支えたいと活動。現在にいたる。

山田國廣
1943年大阪生まれ。京都精華大学名誉教授。京都工芸繊維大学大学院修了。工学博士。専門は環境学。1969年から瀬戸内海汚染総合調査団に参加、1980年からゴルフ場乱開発問題などに取り組む。2011年から放射能汚染問題に取り組む。主な著書『ゴルフ場亡国論』（藤原書店）など。

湯浅一郎（環瀬戸内海会議共同代表）
1949年東京都生まれ。1973年、東北大学理学部卒。1975年から2009年まで呉市で産業技術総合研究所員として瀬戸内海の環境汚染問題に取り組む。専門は海洋物理学。主な著書『海の放射能汚染』（緑風出版）など。

若槻武行（環瀬戸内海会議幹事）
1945年生まれ、島根県出身。岡山大卒。農協系出版文化団体を経て、食と農・環境フリーライター。首都圏と地元で市民・文化団体に参画。著書に『協同の炎／永遠に』（韓国でも翻訳出版）、『南米日系農協の年史』など。

鷲尾圭司
1952年京都市生まれ。京都大学大学院修了。1983年林崎漁業協同組合、2000年京都精華大学教授、2009年(独)水産大学校理事長ほかを歴任。海の環境問題と漁業・魚食文化を専門として沿岸漁業の技術指導や魚食普及を通した人材育成に従事。日本伝統食品研究会会長、里海づくり研究会議副理事長など。

■環瀬戸内海会議

　1990年6月、「瀬戸内海を毒壺にするな」を合言葉に瀬戸内地方のリゾート・ブームによる乱開発やゴルフ場に歯止めをかけようと、沿岸11府県の65団体の住民が集まって結成。以来、27か所で立ち木トラスト運動を展開し、24のゴルフ場計画をストップさせてきた。2003年に「脱埋立て宣言」をあげ、その後、瀬戸内法改正運動を展開し、2015年、2021年の瀬戸内法改正に際しては意見書を出すなどのロビー活動をし、両者ともに審議や附帯決議作成などに大きな影響を与えてきた。
　連絡先：〒700-0973 岡山市北区下中野318-114 松本方　TEL&FAX 086-243-2927

■執筆分担

序　章　　　　　　　　　　　　　　　　　　　　　　　　　　湯浅一郎
第1章　生物多様性、水産生物の変遷　　　　　　　　　　　　湯浅一郎
第2章　瀬戸内法による国と自治体の施策を検証する　　　　　末田一秀
第3章　漁民は語る　　　　　　　　　　　　　　　　　　　　青野篤子
第4章　豊島シンポジウム　　　　　　　　　　　　　　　　　石井　亨
第5章　神戸シンポジウム　　　　　　　　　　　　　　　　　西井弥生
第6章　未来への提言
終　章　　　　　　　　　　　　　　　　　　　　　　　　　　湯浅一郎
資料編　1　自治体アンケート　　　　　　　　　　　　　　　末田一秀
　　　　2　「未来への提言」に対する環境省・農林水産省・国土交通省からの回答
　　　　3　「瀬戸内法50年プロジェクト」活動記録　　　　　青野篤子
　　　　4　環瀬戸内海会議のあゆみ　　　　　　　　　　　　坂井　章
　　　　5　瀬戸内海のおもな出来事　　　　　　　　　　　　田嶋義介

コラム　1　「環瀬戸内海会議」発足物語　　　　　　　　　　阿部悦子
　　　　2　海岸生物調査　　　　　　　　　　　　　　　　　坂井　章
　　　　3　2015年の瀬戸内法改正を巡って　　　　　　　　　若槻武行
　　　　4　「瀬戸内トラスト」で24か所のゴルフ場をストップ　阿部悦子
　　　　5　私と瀬戸内法　―アシカ磯と織田ケ浜―　　　　　阿部悦子
　　　　6　豊島と環瀬戸内海会議　　　　　　　　　　　　　石井　亨
　　　　7　播磨灘を守る会・青木敬介さんのこと　　　　　　松本宣崇
　　　　8　住民が見た瀬戸内海　―瀬戸内法から25年・50年を経て―　青野篤子

■漁協聞き取り調査実施者（あいうえお順）

青野篤子、秋田和美、阿部悦子、荒木龍昇、安藤眞一、石井　亨、井出久司、
大島浩司、大野恭子、大畠隆珍、尾島保彦、塩飽敏史、末田一秀、坪山和聖、
西井弥生、原戸祥次郎、松田宏明、松本宣崇、三浦　翠、望月保子、湯浅一郎

■写真提供（あいうえお順）

青野篤子、阿部悦子、岡田和樹、西井康晴、松田宏明、松本宣崇

瀬戸内法 50 年—未来への提言—

2024 年 6 月 10 日　初版第 1 刷発行　　　　　　定価 3000 円＋税

編著者　環瀬戸内海会議 ©

　　　　共同代表 阿部悦子（愛媛）、湯浅一郎（東京）

発行者　高須次郎

発行所　緑風出版

　　　〒 113-0033　東京都文京区本郷 2-17-5　ツイン壱岐坂

　　　［電話］03-3812-9420　［FAX］03-3812-7262　［郵便振替］00100-9-30776

　　　［E-mail］info@ryokufu.com　［URL］http://www.ryokufu.com/

装　幀　石岡真由海

印刷・製本・用紙　中央精版印刷

◎緑風出版の本

■全国のどの書店でもご購入いただけます。
■店頭にない場合は、なるべく書店を通じてご注文ください。
■表示価格には消費税が加算されます。

海の放射能汚染

湯浅一郎著

A5判上製
一九二頁
2600円

福島原発事故による海の放射能汚染を最新のデータで解析、また放射能汚染がいかに生態系と人類を脅かすかを、惑星海流と海洋生物の生活史から総括し、明らかにする。海洋環境学の第一人者が自ら調べ上げたデータを基に平易に説く。

海・川・湖の放射能汚染

湯浅一郎著

A5判上製
二三六頁
2800円

3・11以後、福島原発事故による海・川・湖の放射能汚染は止まることを知らない。山間部を汚染した放射性物質は河川や湖沼に集まる。海への汚染水の流出も続き、世界三大漁場を殺しつつある。データを解析し、何が起きているかを立証。

原発は滅びゆく恐竜である
——水戸巌著作・講演集

水戸巌著

A5判上製
三三八頁
2800円

原子核物理学者・水戸巌は、原子力発電の危険性を力説し、彼の分析の正しさは、福島第一原発事故で悲劇として、実証された。彼の文章から、フクシマ以後の放射能汚染による人体への致命的影響が驚くべきリアルさで迫る。

原発の底で働いて
——浜岡原発と原発下請労働者の死

高杉晋吾著

四六判上製
二一六頁
2000円

浜岡原発下請労働者の死を縦糸に、浜岡原発の危険性の検証を横糸に、そして、3・11を契機に、経営者の中からも上がり始めた脱原発の声を拾い、原発のない未来を考えるルポルタージュ。世界一危険な浜岡原発は、廃炉しかない。

チェルノブイリと福島

河田昌東 著

四六判上製
一六四頁
1600円

チェルノブイリ事故と福島原発災害を比較し、土壌汚染や農作物、飼料、魚介類等の放射能汚染と外部・内部被曝の影響を考える。また放射能汚染下で生きる為の、汚染除去や被曝低減対策など暮らしの中の被曝対策を提言。